高等职业院校水利类专业立体化新形态教材

水力分析与计算

主　编　易进蓉　陈一华
副主编　陈吉琴　韩冬梅　潘菲菲

电子工业出版社
Publishing House of Electronics Industry
北京·BEIJING

内 容 简 介

本书是按照高职高专水利大类专业国家教学标准编写而成的新形态教材。本书根据职业教育课程模块化、项目化教学改革要求，对接真实任务，串联水力分析与计算的知识点和经典案例，以水工建筑物的类型为主线，对课程内容进行重构。本书分为 4 个模块：挡水建筑物水力计算、取水建筑物水力计算、输水建筑物水力计算、泄水建筑物水力计算，每个模块由浅入深展开，对知识点进行分解，融入每个任务中，突出了高职院校人才培养的特色。

本书配有课程 PPT、微课视频、动画等资源，便于学生更好地掌握相关教学内容。在各个任务中引入我国典型水利工程，融入新时代水利精神、党的二十大精神等课程思政元素，落实课程育人的任务。

本书适合高职院校水利类专业学生使用，也适合水利工程技术人员使用。

未经许可，不得以任何方式复制或抄袭本书之部分或全部内容。
版权所有，侵权必究。

图书在版编目（CIP）数据

水力分析与计算 / 易进蓉，陈一华主编. -- 北京：电子工业出版社, 2024.8. -- ISBN 978-7-121-49893-0
Ⅰ. TV131.4
中国国家版本馆 CIP 数据核字第 2025D29C20 号

责任编辑：胡辛征
印　　刷：三河市华成印务有限公司
装　　订：三河市华成印务有限公司
出版发行：电子工业出版社
　　　　　北京市海淀区万寿路 173 信箱　邮编：100036
开　　本：787×1 092　1/16　印张：12.75　字数：326 千字
版　　次：2024 年 8 月第 1 版
印　　次：2024 年 8 月第 1 次印刷
定　　价：43.00 元

凡所购买电子工业出版社图书有缺损问题，请向购买书店调换。若书店售缺，请与本社发行部联系，联系及邮购电话：(010) 88254888，88258888。
质量投诉请发邮件至 zlts@phei.com.cn，盗版侵权举报请发邮件至 dbqq@phei.com.cn。
本书咨询联系方式：(010) 88254137，maxz@phei.com.cn。

前　言

　　本书是遵循《关于推动现代职业教育高质量发展的意见》等文件精神，结合高职高专教育教学的实际需求及课程体系构建的要求，以高职高专水利大类专业国家教学标准为主要依据编写的教材。

　　本书的主要特点如下。

　　(1) 以水工建筑物的类型为主线，用水工建筑物水力计算的工作过程串联课程的知识点和经典案例，形成挡水建筑物水力计算、取水建筑物水力计算、输水建筑物水力计算和泄水建筑物水力计算4个模块。

　　(2) 以培养学生知识、技能和素养为目标，结合典型水利工程和日常生活中的水力学现象介绍本课程的知识点、技能点，将知识传授和能力培养融为一体，增加了教材的趣味性、直观性和实用性。同时，融入新时代水利精神、党的二十大精神等课程思政元素，实现课程育人和价值塑造，达到润物无声的育人效果。

　　(3) 紧跟高等职业教育高质量发展的需求，校企融合，紧密对接岗位技能要求、行业技术变革，将新技术、新规范、新方法、新设备等有机融入教材。

　　(4) 以学生为中心，围绕知识点内涵设计案例和任务，形成依托工作过程层层递进且紧密联系的内容设计。4个平行的模块能让学生在案例和任务学习中，不断强化、巩固工作过程和知识点，由浅入深地体会和领悟知识点的内涵、应用场景，实现融会贯通和知识迁移，培养学生良好的职业能力。

　　(5) 针对课程中抽象的概念、复杂的计算等内容，本书配有课程PPT、微课视频、动画等丰富多样的优质课程资源，几乎涵盖了本课程所有的知识点，助力教师线上线下混合式教学和学生课下线上自学。

　　本书由长江工程职业技术学院易进蓉、陈一华担任主编，由长江工程职业技术学院陈吉琴、新疆石河子职业技术学院韩冬梅、长江勘测规划设计研究有限责任公司潘菲菲担任副主编，易进蓉负责全书统稿。本书编写工作的具体分工如下：易进蓉编写模块2，以及模块4的任务1和任务2，陈一华编写模块1的任务1和任务2，陈吉琴编写模块3的任务1，韩冬梅编写模块3的任务2，潘菲菲编写模块4的任务3。

　　由于编者水平有限，书中疏漏之处在所难免，恳请读者，特别是使用本书的教师和同学积极提出批评和改进建议，以便今后对本书进行完善和提高。

编者

目 录

模块 1　挡水建筑物水力计算 ··· 1

 任务 1　平面类挡水面静水总压力计算 ··· 1
  1.1.1　任务导入 ··· 1
  1.1.2　重力坝上静水总压力的特点分析 ·· 3
  1.1.3　重力坝上静水总压力的计算方法 ·· 11
  1.1.4　拓展案例 ··· 16
 任务 2　曲面类挡水面静水总压力计算 ··· 21
  1.2.1　任务导入 ··· 21
  1.2.2　拱坝上静水总压力的特点分析 ··· 22
  1.2.3　拱坝上静水总压力的计算方法 ··· 26
  1.2.4　拓展案例 ··· 26

模块 2　取水建筑物水力计算 ··· 30

 任务 1　流动的水世界探秘 ·· 30
  2.1.1　任务导入 ··· 30
  2.1.2　水流运动的特点分析 ··· 32
  2.1.3　水流运动的计算方法 ··· 38
  2.1.4　拓展案例 ··· 53
 任务 2　水头损失的计算 ··· 61
  2.2.1　任务导入 ··· 61
  2.2.2　水头损失的特点分析 ··· 62
  2.2.3　水头损失的计算方法 ··· 67
  2.2.4　拓展案例 ··· 74
 任务 3　简单管道的水力计算 ··· 78
  2.3.1　任务导入 ··· 78
  2.3.2　有压管流的特点分析 ··· 79
  2.3.3　有压管流的计算方法 ··· 82
  2.3.4　拓展案例 ··· 88

模块 3　输水建筑物水力计算 ··· 96

 任务 1　明渠恒定均匀流的水力计算 ··· 97

3.1.1　任务导入 ··· 97
　　3.1.2　明渠恒定均匀流的特点分析 ································· 98
　　3.1.3　明渠恒定均匀流的计算方法 ································· 103
　　3.1.4　拓展案例 ··· 108
　任务2　明渠恒定非均匀流的水力计算 ··································· 112
　　3.2.1　任务导入 ··· 112
　　3.2.2　明渠恒定非均匀流的特点分析 ······························ 114
　　3.2.3　明渠恒定非均匀流的计算方法 ······························ 124
　　3.2.4　拓展案例 ··· 131

模块4　泄水建筑物水力计算 ·· **140**
　任务1　堰流的水力计算 ··· 142
　　4.1.1　任务导入 ··· 142
　　4.1.2　堰流的特点分析 ··· 143
　　4.1.3　堰流的计算方法 ··· 145
　　4.1.4　拓展案例 ··· 160
　任务2　闸孔出流的水力计算 ··· 165
　　4.2.1　任务导入 ··· 165
　　4.2.2　闸孔出流的特点分析 ··· 167
　　4.2.3　闸孔出流的计算方法 ··· 170
　　4.2.4　拓展案例 ··· 173
　任务3　消能防冲的水力计算 ··· 177
　　4.3.1　任务导入 ··· 177
　　4.3.2　消能防冲的特点分析 ··· 178
　　4.3.3　消能防冲的计算方法 ··· 183
　　4.3.4　拓展案例 ··· 193

参考文献 ··· **198**

模块 1　挡水建筑物水力计算

学习情境描述

在水利工程中，所有水工建筑物在与水接触时，都会受到水压力的作用。要发挥水工建筑物的作用和工程效益，首先必须保证其在各个时期（施工期、竣工期及运行期）安全可靠。在安全可靠性分析中，一项关键任务是考虑水利枢纽中水工建筑物的各种受力情况，而在水工建筑物的受力中，水压力占据着举足轻重的地位。在诸多挡水建筑中，挡水面有平面也有曲面，如重力坝、土石坝、平板闸门受压面一般为平面类挡水面，弧形闸门、U形渡槽、拱坝坝面等为曲面类挡水面。为了分析挡水建筑物所受的静水总压力情况，下面我们来分别讨论挡水建筑物平面类挡水面和曲面类挡水面上静水总压力的计算问题。

学习指导

（1）了解静水压强的基本概念。
（2）能运用静水压强的基本特性和重力作用下的静水压强分布规律解决问题。
（3）能运用图解法和解析法计算作用在平面类挡水面上的静水总压力。
（4）能计算作用在曲面类挡水面上的静水总压力。

任务 1　平面类挡水面静水总压力计算

1.1.1　任务导入

三峡工程

三峡工程即长江三峡水利枢纽工程，又称三峡水电站，位于湖北省宜昌市夷陵区三斗坪镇。三峡工程建筑由三峡大坝（见图 1-1）、水电站厂房和通航建筑物三大部分组成。1992 年，三峡工程获得全国人民代表大会批准建设，1994 年正式动工兴建，2003 年 6 月开始蓄水发电，2009 年全部完工。

在三峡工程的建设过程中，广大建设者展现出了强烈的爱国主义精神。他们奋力拼搏，突破重大工程节点，攻克了大坝防渗、高边坡稳定等一系列世界性难题，为我国的水电事业树立了丰碑。三峡工程是当今世界上最大的水利枢纽工程。在西班牙第二大城市巴塞罗那召开的全球超级工程会议上，它被列为世界超级工程。三峡工程在工程规模、科学技术和综合利用效益等许多方面都站在世界级工程的前列。它不仅为我国带来了巨大的经济效益，还为世界水利水电技术和有关科技的发展作出了重要贡献。

三峡工程主要有三大效益：防洪、发电和航运。其中，防洪被认为是三峡工程最核心的效益。三峡工程建成后，为人民的生命财产和长江流域的生态调度提供了坚实的保障，其巨大库容量所提供的调蓄能力使下游荆江地区能抵御百年一遇的特大洪水，也有助于洞庭湖的治理和荆江堤防的全面修补，彰显了巨大的社会效益。

三峡工程的机组总装机容量为 2250 万千瓦，远远超过位居世界第二的巴西伊泰普水电站。习近平总书记在党的二十大报告中指出：我们要推进美丽中国建设，坚持山水林田湖草沙一体化保护和系统治理，统筹产业结构调整、污染治理、生态保护、应对气候变化，协同推进降碳、减污、扩绿、增长，推进生态优先、节约集约、绿色低碳发展。三峡工程的建设有力地推动了我国能源结构优化，为我国的绿色发展提供了有力支撑，每年减少煤炭消耗约 5000 万吨，减少二氧化碳排放约 1.6 亿吨，为改善环境质量，实现可持续发展作出了巨大的贡献。

通航建筑物位于左岸，双线 5 级船闸，是世界上第二大船闸，全长 6.4km，其中船闸主体部分 1.6km，引航道 4.8km。三峡大坝坝前正常蓄水位为海拔 175m 高程，而坝下通航最低水位为 62m 高程，船闸上下落差达 113m，船舶通过船闸要翻越 40 层楼房的高度，是世界上水位落差最大的船闸。船闸分为五级之后，上下级之间最大水头还有 45.2m，大大超过世界最大一级船闸 34.5m 的水头。为建设船闸，建设者们削平了 18 座山头，硬是在坝区左岸山岗中开辟出一条道来，同时面临着如何保持高边坡岩体内的稳定和控制边坡变形的世界级难题。船闸的设计者和施工者艰苦奋斗、勇于奉献、团队协作、精益求精，经过多年潜心攻关，攻克多项难题，创造出一个个水利奇迹。

图 1-1 三峡大坝

任务：三峡大坝为混凝土重力坝，大坝长 2335m，底部宽 115m，顶部宽 40m，高程为 185m，正常蓄水位为 175m。在正常蓄水位时，坝体受到的静水压力是多少？

1.1.2　重力坝上静水总压力的特点分析

一、静水压强

处于静止状态的水体对与其接触的壁面有压力作用。图 1-2 所示为涵洞式水闸中设置的平板闸门，当上游有水时，开启平板闸门需要比上游无水时开启平板闸门更大的拉力，其原因是上游的水对平板闸门作用了很大的压力，使平板闸门紧贴闸门槽而产生较大的摩擦力。

微课视频

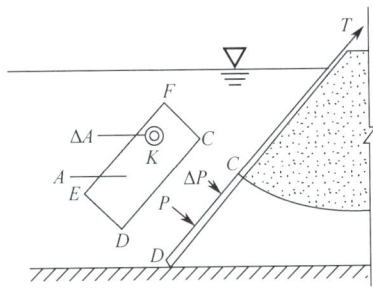

图 1-2　涵洞式水闸中设置的平板闸门

我们把水处于静止状态时所产生的压力叫作静水压力，常以字母 P 表示。在国际单位制中，静水压力的单位为牛（N）或千牛（kN）。

（一）平均压强

单位面积上所承受的静水压力为受压面上的平均静水压强，简称平均压强。

在图 1-2 所示的平板闸门上，取微小面积 ΔA，令作用于其上的静水压力为 ΔP，则

$$\bar{p} = \frac{\Delta P}{\Delta A} \tag{1-1}$$

式中　$\bar{p}$——ΔA 上的平均压强。

在国际单位制中，平均压强的单位为牛/米²（N/m²）、千牛/米²（kN/m²），它们又分别称为帕斯卡（Pa）、千帕斯卡（kPa）。

（二）点压强

用式（1-1）计算出的平均压强，表示 ΔA 上受力的平均值。只有在受压面受力均匀的情况下，平均压强才真实反映受压面上各点的受压状况。通常受压面的受力是不均匀的，平均压强不能代表受压面上各点的受压状况。

为了反映受压面上各点压强的变化情况，需引入点压强的概念。图 1-2 中，当 ΔA 无限缩小并趋于点 K 时，比值 $\frac{\Delta P}{\Delta A}$ 的极限值定义为点 K 处的静水压强，即

$$p_K = \lim_{\Delta A \to 0} \frac{\Delta P}{\Delta A} \tag{1-2}$$

点压强用 p 表示。在之后的内容中，若无特别说明，则提到的压强均指点压强。

（三）静水压强的特性

（1）静水压强的方向永远垂直指向受压面。

静水不能承受剪切力，因为静水一旦受到剪切力的作用，就会发生连续不断的变形运动。静水也不能承受拉应力，否则它就会发生膨胀运动。基于静水的基本特性可知，静水压强的方向不能与受压面相切或斜交，只能垂直指向受压面。

微课视频

（2）静水中任一点处各方向上的静水压强大小相等，即静水压强的大小和受压面的方位无关。

分析静止液体平衡方程式可以得出，静止液体中任一点处各方向上的压强都是大小相等的。也就是说静水中任一点处各方向上的静水压强大小相等，与受压面的方位无关。

静水压强两个基本特性的应用如图 1-3 所示。挡水坝边壁转折处的点 A，对不同方位的受压面来说，其静水压强的作用方向不同（各自垂直于它的受压面），但静水压强的大小是相等的，即 $p_1 = p_2$。

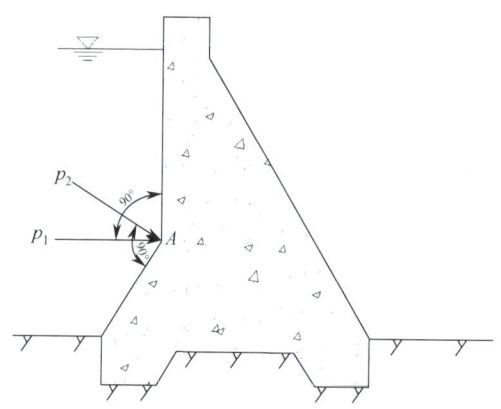

图 1-3 静水压强两个基本特性的应用

（四）绝对压强、相对压强、真空压强

计算压强大小时，根据计算基准的不同，任意点的压强可表示为绝对压强和相对压强。

微课视频

1. 绝对压强

以设想没有气体存在的绝对真空状态作为基准（如图 1-4 中的 0—0 面）计算的压强称为绝对压强，用符号 $p_绝$ 表示。

2. 相对压强

以工程大气压 p_a 作为基准（如图 1-4 中的 0′—0′面）计算出的压强称为相对压强，用符号 $p_相$ 表示。

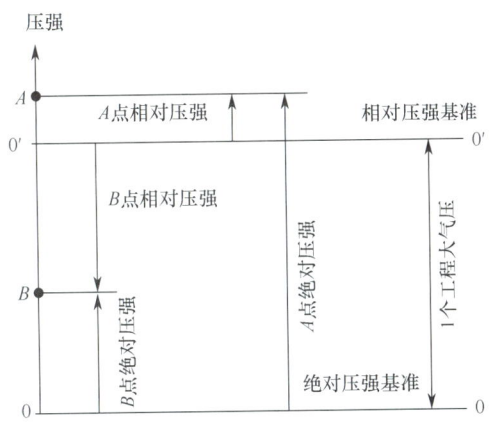

图 1-4 相对压强和绝对压强的关系

绝对压强和相对压强是由不同的基准（零点）计算所得的压强，二者的数值相差 1 工程大气压 p_a，如图 1-4 所示。对于某一点来说，它的相对压强 $p_{相}$ 较绝对压强 $p_{绝}$ 小 1 工程大气压，即

$$p_{相} = p_{绝} - p_a$$

在水利工程中，建筑物表面和水面存在大气压的作用，以工程大气压 p_a 作为计算压强的基准（如图 1-4 中 $0'—0'$ 面）进行水力计算比较方便，这种以工程大气压为基准计算所得的压强称为相对压强，即在水力计算中不计入大气压。

3. 真空压强

绝对压强总为正值，而相对压强既可以是正值，也可以是负值，要根据该压强与工程大气压的关系（大于或小于）来决定其正负。当液体中某点的绝对压强小于工程大气压 p_a 时，则该点的相对压强为负值，称为负压，也称该点存在真空。此时相对压强的绝对值称为真空压强，用符号 $p_{真}$ 表示。

根据前面的讨论可知，$p_{真}$、$p_{绝}$、$p_{相}$ 及 p_a 的关系可表示为

$$p_{真} = p_a - p_{绝} = |p_{相}| = -p_{相} \tag{1-3}$$

在之后讨论压强或具体进行压强计算时，若无特殊说明，则均指相对压强，直接以符号 p 表示。

练一练（判断题）

1. 静水压强的方向永远垂直指向受压面。（   ）
2. 静水压强在任一点处各方向上的大小相等，即静水压强的大小和受压面的方位无关。（   ）
3. 当某点的相对压强为负值时，称该点存在真空。（   ）
4. 若某点的绝对压强为 118kPa，则该点的真空压强为 20kPa。（   ）

二、静水压强的基本规律

（一）任一点静水压强方程式

图 1-5 所示为仅在重力作用下的平衡均质液体，液体的表面压强为 p_0，下面分析静水压强的分布规律，即建立 $p=p(x,y,z)$ 的具体函数关系。

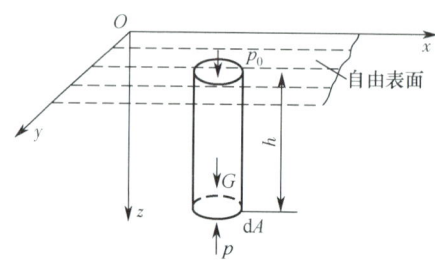

图 1-5 仅在重力作用下的平衡均质液体

在静止液体中任取一点 A，该点在液面以下的淹没深度为 h，压强为 p。围绕 A 点取一微小面积 dA，以 dA 为底、h 为高，取一铅直液柱为脱离体进行受力分析。

（1）液柱的自重（重力）$G=\gamma h dA$，方向铅直向下。

（2）作用于液柱顶面的总压力为 $p_0 dA$，方向铅直向下，作用于液柱底面的总压力为 pdA，方向铅直向上。

（3）由于液柱侧面皆为铅直面，因此侧面所受的压力皆为水平力，又因液柱处于平衡状态，所以水平方向上的力相互平衡。在铅直方向，因液柱也处于平衡状态，所以作用于液柱上的所有外力之和等于零，列液柱沿铅直方向的平衡方程式，得

$$-pdA + p_0 dA + \gamma h dA = 0$$

上式两边同时除以 dA，可写为

$$p = p_0 + \gamma h \tag{1-4}$$

式中 h——计算点在液面以下的淹没深度，简称水深；

p——位于水深 h 处的某点的压强；

p_0——液面处的压强；

γ——液体的容重。

单位体积液体的重力称为重度或容重，用符号 γ 表示。$\gamma = \dfrac{G}{V} = \dfrac{mg}{V} = \rho g$，单位为 N/m^3，在水力计算中，常取 4℃ 纯净水的密度 $\rho = 1000 kg/m^3$，因此水的容重为 $9800 N/m^3$ 或 $9.8 kN/m^3$。

式（1-4）为仅在重力作用下的平衡均质液体的平衡方程式，也称为静水压强基本方程。它表明仅在重力作用下，静止液体中任一点的静水压强 p 等于液面压强 p_0 和该点在液面以下的深度 h 与液体容重 γ 的乘积之和（γh 又称液重压强）。由式（1-4）可以看出，液面压强可以不变大小地传递到液体内部的任意一点，这就是中学物理中学

过的帕斯卡定律。

在水利工程中，为了计算简便，常取江河渠道液面上的大气压为98kPa，称为工程大气压，用p_a表示。若江河渠道液面上的压强为工程大气压，即$p_0 = p_a$，则式（1-4）可写为

$$p = p_a + \gamma h$$

当不考虑液面上的工程大气压，用相对压强表示时，则式（1-4）可改写为

$$p = \gamma h \tag{1-5}$$

水利工程中常用式（1-5）计算静止液体中任一点处的静水压强。

（二）任意两点静水压强关系式

如图1-6所示，若在静水中任取1、2两点，水深分别为h_1、h_2，高度差$\Delta h = h_1 - h_2$，压强分别为p_1、p_2，则利用式（1-4）或式（1-5）容易得到

$$p_2 - p_1 = \gamma \Delta h \tag{1-6}$$

式（1-6）表明，水下任意两点的压强差为两点淹没水深的差值乘水的容重。

（三）静水压强方程式的意义

前面介绍的静水压强基本方程是用水深h确定压强的。若取一水平面0—0为基准面，用点距基准面的高度（位置高度z）确定压强的大小，如图1-6中的z_1、z_2，即$\Delta h = z_2 - z_1$，则将其代入式（1-6）可得

$$z_1 + \frac{p_1}{\gamma} = z_2 + \frac{p_2}{\gamma} \tag{1-7}$$

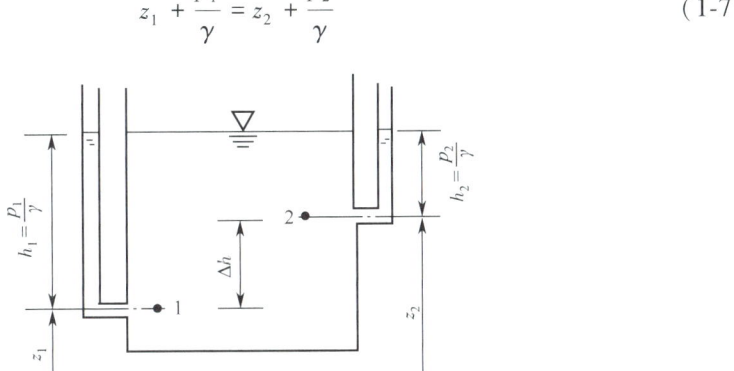

图1-6 水体中的压强

式（1-7）为静水压强基本方程的另一种表达方式。它表明仅在重力作用下的平衡均质液体中，位置高度越大，即液体淹没深度越小，静水压强越小；位置高度越小，即液体淹没深度越大，静水压强越大。由压强相等的点所构成的平面或曲面称为等压面。

由式（1-7）可以看出，仅在重力作用下的平衡均质液体中，位置高度相等的点，压强相等，即等压面是水平面。即仅在重力作用下的均质、

连通的静止液体中,水平面为等压面,这就是连通器的原理。如图 1-7 所示,2—2、4—4 为等压面,1—1、3—3、5—5 不符合等压面条件。

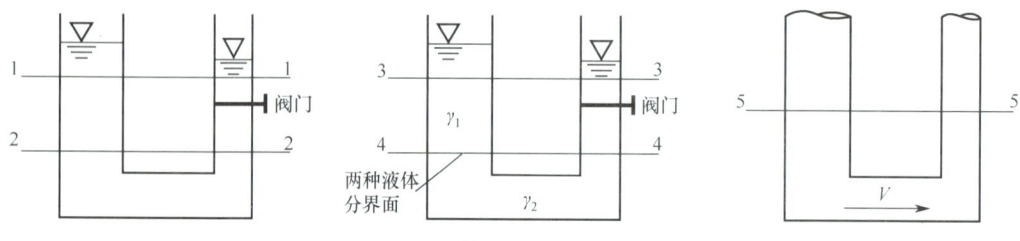

图 1-7 等压面和非等压面

1. 静水压强基本方程的几何意义

对于图 1-6 所示的容器,分别在水深为 h_1、h_2 的边壁上开两个小孔,在孔口处分别连接垂直向上的开口玻璃管,在压力作用下玻璃管中水面升起,管中液面压强为大气压,根据静水压强的基本方程可知,1、2 点处的相对压强分别为

$$p_1 = \gamma h_1, \quad p_2 = \gamma h_2$$

因此

$$h_1 = \frac{p_1}{\gamma}, \quad h_2 = \frac{p_2}{\gamma}$$

显然,在连通的容器中,对于同种均质液体,玻璃管中液面上升的高度能反映相应点处压强的大小。这种玻璃管称为测压管,$h = \frac{p}{\gamma}$ 称为测压管高度。不难看出,当液体容重 γ 一定时,一定的测压管高度可以表示一定的压强。

在水力学中,把静水压强基本方程中的位置高度 z 称为位置水头,测压管高度 $\frac{p}{\gamma}$ 称为压强水头,两者之和 $z+\frac{p}{\gamma}$ 称为测压管水头,用 H_p 表示。

式(1-7)表明,仅在重力作用下的平衡均质液体中,各点测压管水头 H_p 为一常数,即

$$H_p = z + \frac{p}{\gamma} = C \tag{1-8}$$

在式(1-8)中,常数 C 的大小随基准面的位置而变,选定了基准面,C 值就确定了。

2. 静水压强基本方程的物理意义

设想在图 1-6 所示的容器中,围绕 1 点取质量为 dm 的液体,则该液体的位置势能为 $dmgz_1$,1 点处的压强为 p_1。在 1 点开孔后,在压强的作用下,可以使质量为 dm 的液体上升 $\frac{p_1}{\gamma}$ 的高度,这说明 1 点处的压强具有潜在的做功能力,称为压强势能,1 点处

的压强势能为 $dmg\dfrac{p_1}{\gamma}$。位于 1 点处质量为 dm 的液体所具有的总势能为

$$dmgz_1 + dmg\dfrac{p_1}{\gamma} = dmg\left(z_1 + \dfrac{p_1}{\gamma}\right)$$

则单位质量的液体所具有的总势能为

$$\dfrac{dmgz_1 + dmg\dfrac{p_1}{\gamma}}{dmg} = z_1 + \dfrac{p_1}{\gamma} \tag{1-9}$$

式中 z_1——1 点处单位质量液体所具有的位置势能，简称单位位能；

$\dfrac{p_1}{\gamma}$——1 点处单位质量液体所具有的压强势能，简称单位压能；

$z_1+\dfrac{p_1}{\gamma}$——单位势能，在工程中常用符号 $E_{势}$ 来表示。

式（1-9）表明，仅在重力作用下的平衡均质液体中，各点的单位势能 $E_{势}$ 均相等。

$$E_{势} = z + \dfrac{p}{\gamma} = C \tag{1-10}$$

 练一练（判断题）

1. 单位质量液体所具有的能量称为单位能量。　　　　　　　　　　　　　（　　）
2. 压强水头又称测压管水头。　　　　　　　　　　　　　　　　　　　　（　　）
3. 液体内同一水平面即为等压面。　　　　　　　　　　　　　　　　　　（　　）

三、压强的单位和测量

（一）压强的单位

1. 以应力单位表示

微课视频

压强用应力单位表示，应强即单位面积上所受到的力，这是压强的基本表示方法，压强的单位为 N/m^2（又称帕斯卡，简称帕，用 Pa 表示，$1Pa=1N/m^2$，kPa 为 $10^3 N/m^2$，可记为 $1kN/m^2$）。

2. 以工程大气压表示

物理学中规定：以海平面的平均大气压 760mm 高水银柱的压强为 1 标准大气压（atm）。水银的容重 γ_m 为 $133.28kN/m^3$，则

$$1atm = 133.28 \times 0.76 \approx 101.3kPa \approx 1.03kgf/cm^2$$

在水利工程中，为了便于计算且统一标准，同时满足工程精度的要求，一般规定

$$1\text{ 工程大气压} = 1.0kgf/cm^2 = 98.0kPa$$

3. 以水柱高度表示

水利工程中还常用水柱高度作为压强单位，这是因为在一般的水力计算中，水的

容重可视为常量，所以水柱高度 $h=\dfrac{p}{\gamma}$ 就能代表压强的大小。

例如，1 工程大气压相应的水柱高度为

$$h=\dfrac{p}{\gamma}=\dfrac{p}{\rho g}=\dfrac{98000\text{N/m}^2}{1000\text{kg/m}^3\times 9.8\text{N/m}^2}=10\text{m 水柱}$$

不难得出，三种压强单位之间的关系为

$$1\text{ 工程大气压}=98\text{kPa}=10\text{m 水柱产生的压强}$$

（二）压强的测量

目前，用于测量液体、气体压强的仪器较多，它们具有精度高、自动化、智能化等优点，下面仅介绍利用水静力学原理制作的液压计。液压计构造简单，使用方便、可靠，在实验室和实践中被广泛使用。

简单的测压管是图 1-8（a）所示的向上开口的玻璃管，管中液柱高度就能反映容器或管道中点 A 处的相对压强 P_A。

$$P_A=\gamma h_A$$

如果被测点的压强较小，则为了提高测量精度，应增大测压管内液柱的长度，这样可减少读数的相对误差。一般可用两种方法，一种是将测压管倾斜放置，如图 1-8（b）所示，此时液柱长度比液柱高度大一些，B 点的压强应为

$$P_B=\gamma h_B=\gamma L_B\sin\alpha$$

另一种方法是在测压管内装入与水不相掺混的轻质液体（如汽油、乙醇等），此时相等的压强下可以得到较大的液柱高度。当然还可以采用二者相结合的方法，使测量精度更高。

如果被测点的压强较大，则会因测压管内液柱高度过高而使测量不便。这时可以采用 U 形水银测压管，如图 1-8（c）所示。

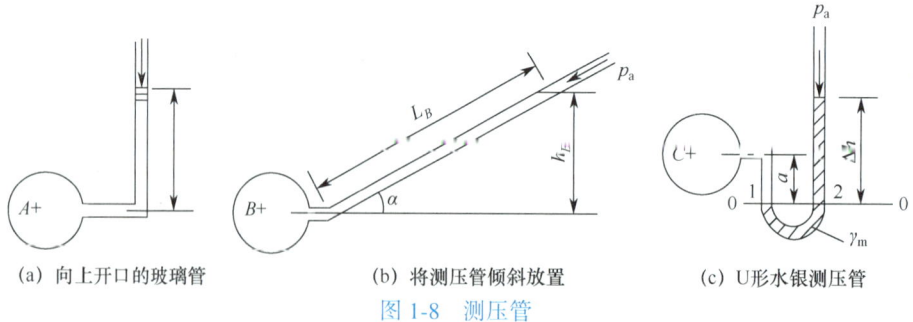

(a) 向上开口的玻璃管　　(b) 将测压管倾斜放置　　(c) U 形水银测压管

图 1-8　测压管

根据连通器原理，0—0 面为等压面，则

$$p_1=p_C+\gamma a$$

$$p_2=\gamma_m\Delta h$$

因为 $p_1=p_2$，所以

模块 1 挡水建筑物水力计算

$$p_C + \gamma a = \gamma_m \Delta h$$
$$p_C = \gamma_m \Delta h - \gamma a$$

式中　γ——水的容重；

γ_m——水银的容重。

此式说明，只要从 U 形水银测压管中测出 Δh 和 a，就可以算出点 C 处的静水压强。

1.1.3　重力坝上静水总压力的计算方法

一、作用在矩形平面壁上的静水总压力的计算方法——图解法

三峡大坝的挡水面为矩形，平板闸门等受压面也是矩形，这是水利工程中遇到最多的情况。计算这类平面壁上的静水总压力时，比较简便的方法是利用静水压强分布图，此法称为图解法，又称压力图法。

（一）静水压强分布图

根据静水压强基本方程 $p=\gamma h$ 可知，压强 p 的大小与水深 h 成线性函数关系，因此可以将受压面上的压强沿水深的分布绘制成几何图形，即静水压强分布图。

微课视频

静水压强分布图的绘制方法如下。

（1）根据静水压强基本方程计算出静水压强的数值，用比例线段长度代表该点静水压强的大小。

（2）在线段一端添加箭头以表示静水压强的方向（垂直于受压面）。

（3）连接线段的另一端构成几何图形，即受压面上的静水压强分布图。

对于平面类受压面，压强 p 沿水深 h 方向呈直线分布，只要确定两个点的压强，就可以确定该直线。

若一矩形平板闸门，一面受静水压力作用，其在水下部分为 $ABB'A'$，深度为 h，宽度为 b，则图 1-9（a）所示为作用在该闸门上的静水压强分布图，为一空间压强分布图；图 1-9（b）所示为垂直于闸门的剖面图，为一平面压强分布图，p 与 h 为一次方关系，故在水深方向静水压强呈直线分布，只要直线上两个点（一般选受压面的两个端点）的压强已知，就可确定该压强分布直线。

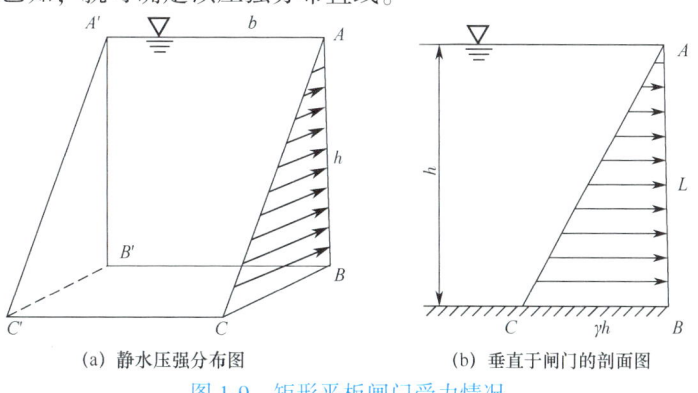

(a) 静水压强分布图　　(b) 垂直于闸门的剖面图

图 1-9　矩形平板闸门受力情况

图 1-10 所示为几种代表性受压面的静水压强分布图。同学们也可以按照上述静水压强分布图的绘制方法自己来绘一绘。

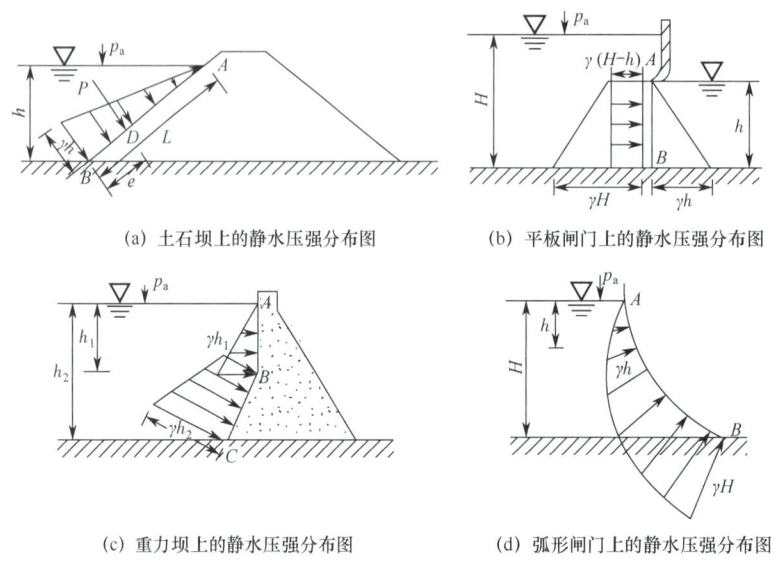

(a) 土石坝上的静水压强分布图　　(b) 平板闸门上的静水压强分布图

(c) 重力坝上的静水压强分布图　　(d) 弧形闸门上的静水压强分布图

图 1-10　几种代表性受压面的静水压强分布图

对于挡水建筑物上下游都受静水压力的情况，静水压强分布图可以叠加，如图 1-10（b）所示，叠加之后的静水压强分布图为矩形，这样做可简化静水总压力的计算。

 练一练（判断题）

1. 静水压强分布图可能为直角三角形、梯形和矩形。　　　　　　　　　（　　）
2. 静水压强分布图要绘制在受压面有水的一侧。　　　　　　　　　　　（　　）
3. 静水压强分布图是根据静水压强基本方程 $p=\gamma h$ 绘制的。　　　　（　　）
4. 静水压强分布图不可以叠加。　　　　　　　　　　　　　　　　　　（　　）
5. 静水压强分布图是根据绝对压强绘制的。　　　　　　　　　　　　　（　　）

（二）静水总压力的计算

静水总压力的计算包括确定静水总压力的方向、大小和作用点。

1. 静水总压力的方向

由于平面上各点的静水压强均垂直指向受压面，求解静水总压力属于平行力系求合力的问题，故静水总压力必定垂直指向受压面。

微课视频

2. 静水总压力的大小

静水总压力一般用 P 表示。如图 1-11 所示，倾斜受压面 $EFF'E'$ 的长度为 L、宽度为 b，EE' 平行于水面，E 点的水深为 h_1，F 点的水深为 h_2。在水面下任一深度取微面积 dA，$dA=bdy$。因微面积 dA 上各点的压强均为 p，则作用于微面积 dA 上的静水

压力为

$$dP = pbdy$$

作用于整个受压面上的静水总压力为

$$P = \int_A dP = b\int_0^L pdy$$

式中，$\int_0^L pdy$ 就是静水压强分布图的面积，用符号 S 表示，则

$$P = Sb \tag{1-11}$$

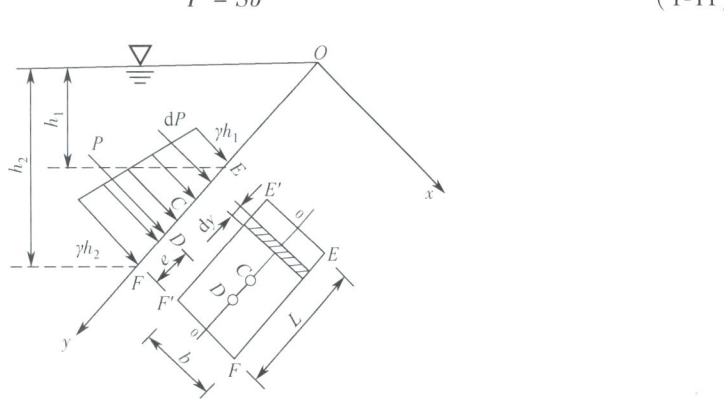

图 1-11　静水总压力作用点

上式表明，作用于矩形平面壁的静水总压力等于静水压强分布图的面积与受压面宽度的乘积。该静水压强分布图为梯形，故 $S=\dfrac{1}{2}(\gamma h_1+\gamma h_2)L$；若静水压强分布图为三角形，如图 1-9（a）所示，则 $S=\dfrac{1}{2}\gamma hL$。

3. 静水总压力的作用点

由图 1-11 可以看出，矩形平面壁存在纵向对称轴 0—0，压强相对于 0—0 轴对称分布，P 的作用点 D 必定位于对称轴 0—0 上。同时，P 的作用线还应通过对称轴 0—0 上静水压强分布图的形心，与受压面相交于 D 点，D 点称为压力中心。

当静水压强为三角形分布时，压力中心 D 与底部的距离 $e=\dfrac{L}{3}$，如图 1-10（a）所示；当静水压强为梯形分布时，根据合力矩定理可求得 $e=\dfrac{L(2h_1+h_2)}{3(h_1+h_2)}$，如图 1-11 所示。

二、作用在任意形状平面壁上的静水总压力的计算方法——解析法

在工程中也有一些受压面不是矩形，而是梯形、圆形等形状，如在隧洞中设置的圆形挡板。当受压面为任意形状的平面壁时，静水总压力 P 的计算较为复杂。如图 1-12 所示，倾斜放置于水中的任意形状的平面壁 EF 与水平面的夹角为 α，面积为 A，形心点为 C。下面分析作用于该

微课视频

平面壁上的静水总压力的大小和压力中心的位置。

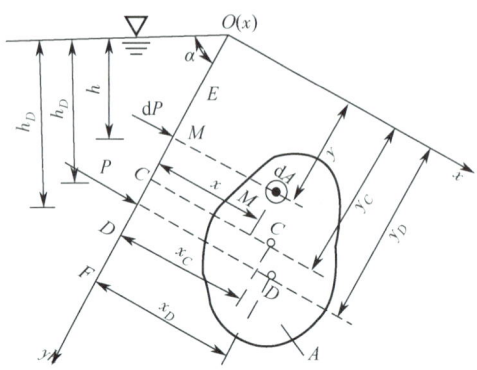

图 1-12 作用在任意形状平面壁上的静水总压力

在 EF 面所在平面建立坐标系 xOy，以 EF 面所在平面与水面的交线为 x 轴，与之相垂直的线为 y 轴。为了便于分析，将 xOy 面绕 y 轴转动 90°。

（一）静水总压力的方向

静水总压力仍垂直指向受压面。

（二）静水总压力的大小

在 EF 面上任取一点 M，围绕 M 点取微小面积 dA。设 M 点的水深为 h，则静水压强 $p=\gamma h$。微面积 dA 上作用的静水压力 $dP=pdA=\gamma h dA$，整个 EF 面上的静水总压力为

$$P = \int_A dP = \int_A \gamma h dA \tag{1-12}$$

由几何关系可知，$h=y\sin\alpha$。因此

$$P = \gamma \sin\alpha \int_A y dA \tag{1-13}$$

式中 $\int_A y dA$ ——EF 面对 x 轴的面积矩，其值等于 EF 面的面积 A 与其形心坐标 y_C 的乘积，因此

$$P = \gamma \sin\alpha y_C A \tag{1-14}$$

即

$$P = \gamma h_C A \tag{1-15}$$

式中 h_C ——EF 面的形心 C 点在液面下的淹没深度，$h_C = y_C \sin\alpha$。

由于 $\gamma h_C = p_C$，p_C 为形心 C 点的静水压强，由此得

$$P = p_C A \tag{1-16}$$

上式表明，作用在任意形状平面壁上的静水总压力等于该平面壁形心点处的静水压强与该平面壁面积的乘积。

（三）静水总压力的作用点

设压力中心 D 的坐标为 (x_D, y_D)。确定 D 点的位置，即求解其坐标值 x_D、y_D。由

理论力学合力矩定理可知，合力对任一轴的力矩等于各分力对该轴力矩的代数和。运用这一原理，首先对 x 轴求力矩

$$P_{y_D} = \int_A yp\mathrm{d}A \tag{1-17}$$

将 $p = \gamma h = \gamma y \sin\alpha$ 代入上式得

$$P_{y_D} = \gamma \sin\alpha \int_A y^2 \mathrm{d}A \tag{1-18}$$

令 $I_x = \int_A y^2 \mathrm{d}A$，$I_x$ 表示 EF 面对 x 轴的惯性矩。根据惯性矩的平行移轴定理可得

$$I_x = I_{Cx} + y_C^2 A \tag{1-19}$$

式中 I_{Cx}——EF 面对通过其形心 C 点与 x 轴平行的轴线的惯性矩。因此

$$P_{y_D} = \gamma \sin\alpha (I_{Cx} + y_C^2 A) \tag{1-20}$$

由此可得

$$y_D = \frac{\gamma \sin\alpha (I_{Cx} + y_C^2 A)}{P} = \frac{\gamma \sin\alpha (I_{Cx} + y_C^2 A)}{\gamma y_C \sin\alpha A} = y_C + \frac{I_{Cx}}{y_C A} \tag{1-21}$$

由式（1-21）可知，$y_D > y_C$。常见平面图形的 A、y_C 及 I_{Cx} 的计算公式如表 1-1 所示。同理，运用合力矩定理对 y 轴求力矩，可以求出压力中心 D 点的另一个坐标 x_D。

$$x_D = x_C + \frac{I_{Cxy}}{y_C A} \tag{1-22}$$

式中 I_{Cxy}——面积 A 对通过形心 C 点平行 x、y 轴的惯性积。惯性积 I_{Cxy} 不同于惯性矩，其可以是正值，也可以是负值，所以对任意形状的平面而言，压力中心 D 可能在形心 C 点的左侧或右侧。

表 1-1 常见平面图形的 A、y_C 及 I_{Cx} 的计算公式

平面图形名称	图 示	A	y_C	I_{Cx}
矩形		bh	$\dfrac{h}{2}$	$\dfrac{bh^3}{12}$
三角形		$\dfrac{bh}{2}$	$\dfrac{2h}{3}$	$\dfrac{bh^3}{36}$

续表

平面图形名称	图　　示	A	y_C	
梯形		$\dfrac{(a+b)h}{2}$	$\dfrac{h}{3}\dfrac{(a+2b)}{(a+b)}$	$\dfrac{h^3}{36}\left(\dfrac{a^2+4ab+b^2}{a+b}\right)$
圆形		πr^2	r	$\dfrac{1}{4}\pi r^4$
半圆形		$\dfrac{1}{2}\pi r^2$	$\dfrac{4r}{3\pi}\approx 0.4244r$	$\dfrac{9\pi^2-64}{72\pi}r^4\approx 0.1098r^4$

在工程实际中，受压面大多具有对称轴，对称轴两侧静水压力对称，所以压力中心落在纵向对称轴上，无须计算 x_D。

图解法和解析法是计算平面壁上静水总压力的两种方法，图解法只适用于矩形平面壁上静水总压力的计算，而解析法可以计算任意形状平面壁上的静水总压力。现在选择一种方法来完成 1.1.1 中的任务吧！

1.1.4　拓展案例

【案例 1-1】如图 1-11 所示的平板闸门 EF，已知 $h_1=3\mathrm{m}$，$h_2=6\mathrm{m}$，平板闸门宽度 $b=2\mathrm{m}$，长度 $L=5\mathrm{m}$，$\gamma=9.8\ \mathrm{kN/m^3}$，求平板闸门所受的静水总压力 P，压力中心与底部的距离 e。

【分析与计算】

（1）绘制静水压强分布图，如图 1-11 所示。

（2）求解静水总压力的大小。

$$P=Sb=\frac{1}{2}\gamma(h_1+h_2)bL$$

$$=\frac{1}{2}\times 9.8\times(3+6)\times 2\times 5=441\mathrm{kN}$$

（3）确定压力中心与底部的距离 e。

$$e = \frac{L}{3} \times \frac{2h_1 + h_2}{h_1 + h_2} = \frac{5}{3} \times \frac{2 \times 3 + 6}{3 + 6} = 2.22\text{m}$$

【案例 1-2】 图 1-13 所示为一水工隧洞的进口，倾斜设置一矩形平板闸门，倾斜角 α 为 60°，平板闸门宽度 b 为 4m，门高 L 为 6m，门顶在水面以下的淹没深度 h_1 为 10m。若不计平板闸门自重，则沿斜面拖动平板闸门所需的拉力 T 为多少（已知平板闸门与闸门槽之间的摩擦系数 f 为 0.25）？求解闸门上静水总压力的大小和压力中心的位置。

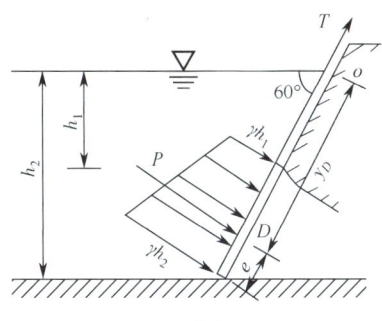

图 1-13 案例 1-2 图

【分析与计算】

当不计平板闸门自重时，拖动平板闸门的拉力就是平板闸门与闸门槽间的摩擦力：

$$T = Pf$$

（1）利用图解法求解静水总压力 P。

先画出平板闸门上的静水压强分布图，静水压强分布图为梯形。

$$\gamma h_1 = 9.8 \times 10 = 98\text{kN/m}^2$$

$$\gamma h_2 = \gamma(h + L\sin\alpha) = 9.8 \times \left(10 + 6 \times \frac{\sqrt{3}}{2}\right) \approx 149\text{kN/m}^2$$

$$S = \frac{1}{2}(\gamma h_1 + \gamma h_2)L = \frac{1}{2} \times (98 + 149) \times 6 = 741\text{kN/m}$$

$$P = Sb = 741 \times 4 = 2964\text{kN}$$

压力中心与平板闸门底部的距离为

$$e = \frac{L(2h_1 + h_2)}{3(h_1 + h_2)} = \frac{6 \times \left(2 \times 10 + 10 + 6 \times \frac{\sqrt{3}}{2}\right)}{3 \times \left(10 + 10 + 6 \times \frac{\sqrt{3}}{2}\right)} \approx 2.79\text{m}$$

$$y_D = \left(L + \frac{h_1}{\sin 60°}\right) - e \approx \left(6 + \frac{10}{0.87}\right) - 2.79 \approx 14.7\text{m}$$

（2）利用解析法求解静水总压力 P。

利用公式 $P = p_C A = \gamma h_C bL$ 计算静水总压力 P，其中

$$h_C = h_1 + \frac{L}{2} \times \sin 60° \approx 10 + \frac{6}{2} \times 0.87 = 12.61\text{m}$$

$$P = p_C A = \gamma h_C bL = 9.8 \times 12.61 \times 4 \times 6 \approx 2965.87\text{kN}$$

利用公式 $y_D = y_C + \dfrac{I_{Cx}}{y_C A}$ 计算压力中心的位置，其中

$$y_C = \frac{L}{2} + \frac{h_1}{\cos 60°} \approx 3 + \frac{10}{0.87} \approx 3 + 11.5 = 14.5\text{m}$$

$$I_{Cx} = \frac{1}{12}bL^3 = \frac{1}{12} \times 4 \times 6^3 = 72\text{m}^4$$

$$y_D = y_C + \frac{I_{Cx}}{y_C A} = 14.5 + \frac{72}{14.5 \times 4 \times 6} \approx 14.7\text{m}$$

对于矩形受压面，可以将两种方法结合运用，例如利用解析法求静水总压力的大小，利用图解法求压力中心的位置，这样可使解题过程更为简单。

（3）求解沿斜面拖动平板闸门所需的拉力。

$$T = Pf = 2965.87 \times 0.25 \approx 741\text{kN}$$

【**案例 1-3**】 如图 1-14 所示，有一设置在隧洞口的铅直圆形平板闸门。已知 $r = 1\text{m}$，$h_C = 10\text{m}$，求作用于平板闸门上的静水总压力。

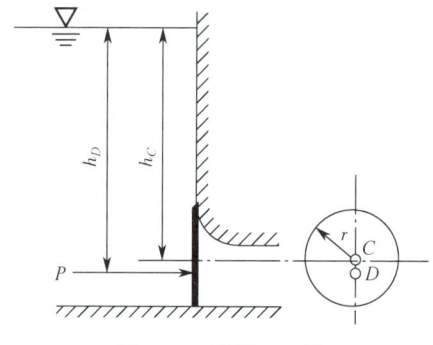

图 1-14　案例 1-3 图

【**分析与计算**】

利用解析法求解静水总压力：

$$P = p_C A = r h_C \pi r^2 \approx 9.8 \times 10 \times 3.14 \times 1^2 = 307.7\text{kN}$$

压力中心 D 应位于纵向对称轴上，故仅需求出 D 点在纵向对称轴上的位置。在本案例中 $y_C = h_C$，$h_C = h_D$，则

$$h_D = h_C + \frac{I_{Cx}}{h_C A}$$

圆形平面绕圆心轴线的惯性矩 $I_{Cx} = \dfrac{\pi r^4}{4}$，则

$$h_D = h_C + \frac{I_{Cx}}{h_C A} = 10 + \frac{\frac{1}{4}\pi r^4}{10 \times \pi r^2} = 10 + \frac{1}{40} \approx 10.03\text{m}$$

技能训练

一、选择题

1. 静止湖水中某点水深 $h=2$m，则该点压强为（　　）kPa。
   A. 9.8　　　　　B. 19.6　　　　　C. 2　　　　　D. 3

2. 1 工程大气压相当于（　　）m 水柱高。
   A. 9.8　　　　　B. 10　　　　　C. 1000　　　　　D. 98

3. 仅在重力作用下的静止液体中，等压面是水平面的条件是（　　）。
   A. 同一种液体　　　　　　　　　B. 不连通
   C. 相互连通　　　　　　　　　　D. 同一种液体，相互连通

4. 当发生真空时，（　　）。
   A. 相对压强小于零　　　　　　　B. 真空值小于零
   C. 真空度小于零　　　　　　　　D. 绝对压强等于零

5. 压力中心是（　　）
   A. 淹没面积的中心　　　　　　　B. 受压面的形心
   C. 压力体的中心　　　　　　　　D. 总压力的作用点

6. 某矩形平板闸门关闭时的静水压强分布图的面积为 60.03kN/m，平板闸门宽度 $b=4.5$m，则平板闸门所受的静水总压力 P 的大小为（　　）kN。
   A. 270.14　　　　　B. 135.06　　　　　C. 540.23　　　　　D. 260.13

7. 某矩形平板闸门竖直放置且一侧挡水，水深 $h=1$m，平板闸门宽度 $b=2$m，则挡水受压面上的静水总压力大小为（　　）。
   A. 9.8N　　　　　B. 9.8kN　　　　　C. 4.9kN　　　　　D. 9.8kPa

8. 静水总压力的计算内容不包括（　　）。
   A. 大小　　　　　B. 方向　　　　　C. 作用点　　　　　D. 速度

二、作图题

试绘出图 1-15 中各挡水面上的静水压强分布图。

三、计算题

1. 计算图 1-16 所示的容器壁面上 1~5 各点处的静水压强的大小（单位用 kPa），并绘出各点处静水压强的方向。

2. 如图 1-17 所示，渠道上有一个平板闸门，平板闸门宽度 $b=4$m，平板闸门前水深 $H=2.5$m。求当平板闸门斜放 $\alpha=60°$ 时所受的静水总压力和当平板闸门铅直放置时所受的静水总压力。

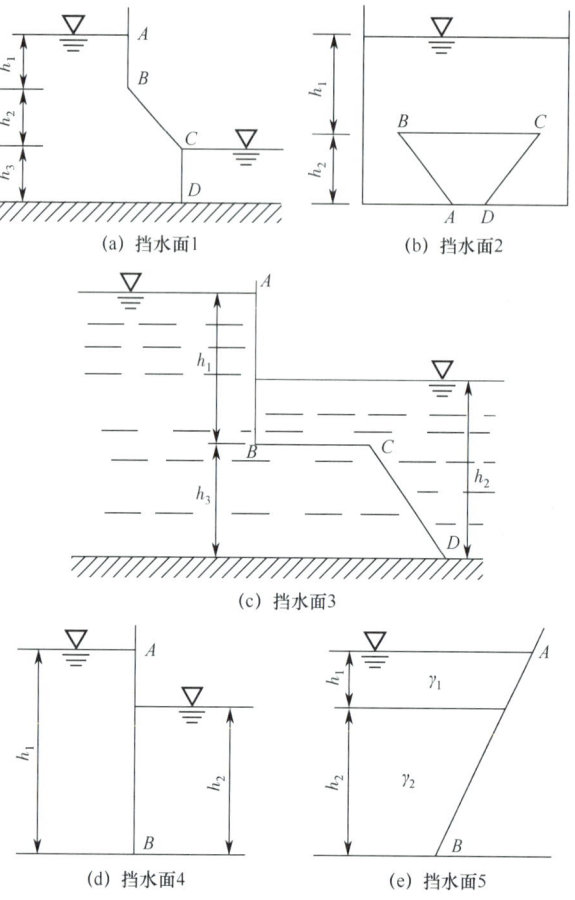

图 1-15　作图题图

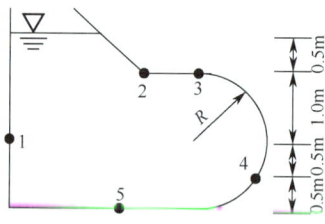

图 1-16　计算题 1 图

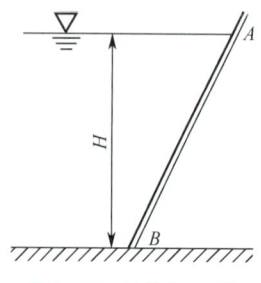

图 1-17　计算题 2 图

任务 2　曲面类挡水面静水总压力计算

1.2.1　任务导入

二滩水电站

二滩水电站地处我国四川省西南边陲攀枝花市盐边与米易两县交界处，处于雅砻江下游，坝址距雅砻江与金沙江的交汇口 33km，距攀枝花市区 46km，该电站的水利枢纽由混凝土双曲拱坝、左岸地下厂房系统、右岸泄洪隧洞，以及左岸过木机道组成，如图 1-18 所示。二滩水电站于 1991 年 9 月开工建设，1998 年 7 月第一台机组发电，2000 年完工。

图 1-18　二滩水电站

二滩水电站是我国第一座超过 200m 的高坝（坝高 240m，实现了从 150m 到 240m 的飞跃，谱写了我国高坝建设交响乐的第一乐章），拥有我国最大的地下厂房洞室群（也是亚洲最大的），是 20 世纪建成投产的最大电站（电站总装机容量为 3300MW），拥有国内最大的水轮发电机组单机容量（550MW），实现了从 335MW 到 550MW 的大跨越。

二滩水电站的大坝承受的总荷载为 980 万吨，电站设计泄水能力为 22480m³/s，在高坝中为世界第一，导流洞断面面积（高 23m，宽 17.5m）为世界第一。

二滩水电站的双曲拱坝布置在一个狭窄的河段，水头高、流量大，因此泄洪消能设施成为二滩水电站水利枢纽中的重要组成部分。为了使二滩水电站运行条件好、节省投资、利于高速施工，在初步设计的基础上，水利人发挥精益求精的精神，对许多重大技术问题进行了深入的研究，对水利枢纽总体布置方案和设计方案作了大量比较，进行了优化。水利人通过采用不同的新型消能工等新技术、先进的施工方法解决了由布置困难造成的施工干扰大等问题，从而保证了工期，使二滩水电站能按期发电。

二滩水电站是我国第一个全面实行国际招标,完全按照 FIDIC 条款实施工程监理的项目,是世界银行范围内对单个工程提供贷款最多的项目,共有 47 个国家的专家参与了二滩水电站工程的建设,使我国水电建设管理水平跃升了一个新台阶,创造了多个全国乃至世界第一,书写了我国水电建设史上光辉的一页。二滩水电站的成功也标志着我国水电建设水平迈上了一个新台阶,川渝两地就此告别了多年的电力紧张局面,为下世纪的经济发展奠定了基础。

任务:大坝为混凝土双曲拱坝,大坝坝顶高程为海拔 1205m,最大坝高为 240m,水库正常蓄水位为海拔 1200m,顶部厚度为 11m,拱圈最大中心角为 91.49°,坝顶弧长为 775m。在正常蓄水位时,拱坝受到的静水总压力是多少?

1.2.2 拱坝上静水总压力的特点分析

一、曲面壁静水总压力的两个分力

作用在曲面壁上任一点处的静水压强垂直指向作用面,并且其大小与该点在水面以下的深度成正比,由此可以画出曲面壁上的静水压强分布图,如图 1-10(d)所示。由于曲面壁上各点处静水压强的方向不相同,彼此不平行,也不一定交于一点,因此求曲面壁上的静水总压力不能像求平面壁上的静水总压力那样可以直接积分求其合力。

曲面壁上静水总压力的计算是求空间力系的合力问题,通常采用"先分解后合成"的方法。对于水利工程中常用的二向曲面壁,先将任取的微小面积上所受的静水压力分解为水平分力和垂直分力;然后分别求和,得到静水总压力的水平分力和垂直分力,此时静水总压力的计算就变成了求平行力系的合力问题;最后将静水总压力的水平分力和垂直分力进行合成,求出静水总压力。

如图 1-19 所示,现以弧形闸门 AB(二维曲面壁)为例,分析静水总压力的两个分力。

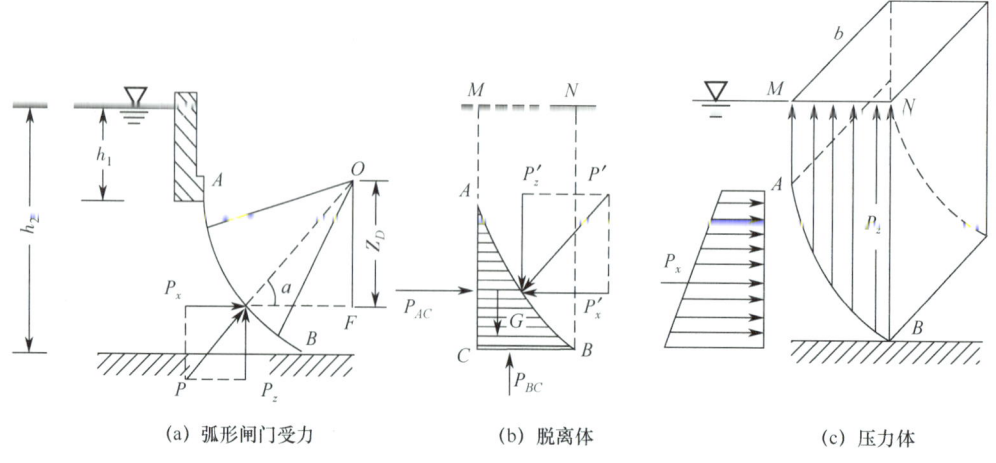

(a) 弧形闸门受力　　(b) 脱离体　　(c) 压力体

图 1-19　以弧形闸门 AB 为例分析静水总压力

为确定分力 P_x 和 P_z，先选取宽度为 b（弧形闸门宽度）、截面为 ABC 的水体为脱离体，如图 1-19（b）所示，研究该脱离体的平衡。在图 1-19（b）中，各参数的含义如下。

P'——弧形闸门 AB 对水体的反作用力，与 P 等值、反向。

P'_x、P'_z——P' 的水平分力、垂直分力。

P_{AC}、P_{BC}——作用在 AC 面、BC 面的静水总压力。

G——脱离体水重。

（一）曲面壁静水总压力的水平分力

因脱离体在水平方向是静止的，故水平方向合力为零，即

$$P'_x = P_{AC}$$

根据作用力与反作用力大小相等、方向相反的原理，弧形闸门受到的水平分力为

$$P_x = P'_x = P_{AC}$$

上式表明，曲面壁静水总压力的水平分力 P_x 等于曲面壁铅直投影面上的静水总压力。其铅直投影面为矩形平面，故可以按确定平面壁静水总压力的方法来求 P_x，即

$$P_x = Sb \tag{1-23}$$

式中 S——AB 曲面的铅直投影面上静水压强分布图的面积；

b——AB 曲面的宽度。

在图 1-19 中，

$$P_x = \frac{1}{2}\gamma(h_2^2 - h_1^2)b$$

因此也可采用解析法，即利用式（1-16）求解 P_x。

（二）曲面壁静水总压力的垂直分力

脱离体在铅直方向是静止的，故铅直方向合力为零，即

$$P'_z = P_{BC} - G$$

式中 P_{BC}——BC 面上受到的静水总压力。

BC 面是以 BC 和 b 为边长的矩形平面，面积用 A_{BC} 表示，所处水深为 h_2，故其面上各点处的静水压强都等于 γh_2。则

$$P_{BC} = \gamma h_2 A_{BC} = \gamma V_{MCBN}$$

式中 V_{MCBN}——以 $MCBN$ 为底面、b 为高的棱柱体体积。

$$G = \gamma V_{ACB}$$

式中 V_{ACB}——以 ACB 为底面、b 为高的棱柱体体积。

$$P'_z = P_{BC} - G = \gamma V_{MCBN} - \gamma V_{ACB} = \gamma V_{MABN}$$

式中 V_{MABN}——以 $MABN$ 为底面、b 为高的棱柱体体积，通常称为压力体体积，如图 1-19（c）所示。底面 $MABN$ 的面积以 $A_{剖}$ 表示，称为压力体剖面。

$$V_{MABN} = A_{剖} b$$

$$P'_z = \gamma V_{MABN} = \gamma A_{剖} b$$

根据作用力与反作用力大小相等的原理可得

$$P_z = \gamma A_{剖} b = \gamma V_压 \qquad (1-24)$$

式中 $V_压$——压力体体积，$V_压 = V_{MABN}$；

$\gamma V_压$——压力体水重。

式（1-24）表明，静水总压力的垂直分力 P_z 等于压力体水重。在实际计算中，只要求得 $A_{剖}$，就可求得 P_z，关键在于掌握压力体剖面图的画法。

根据以上分析可知，压力体是由受压面本身、由受压面的边缘向水面或水面的延续面所作的铅直面与水面或水面的延续面所围成的几何体。

值得注意的是，压力体只作为计算作用在曲面壁上静水总压力的垂直分力的数值当量使用，它不一定由实际液体构成，它只能计算出 P_z 的大小，而 P_z 的方向则应根据受压面与压力体、液体的关系而定。当液体位于受压面之上，即压力体和液体位于受压面的同侧时，压力体中存在液体（称为实压力体），P_z 的方向为垂直向下，如图 1-20（a）所示；当液体位于受压面之下，即压力体和液体位于受压面的异侧时，压力体中没有液体（称为虚压力体），P_z 的方向为垂直向上，如图 1-20（b）所示。

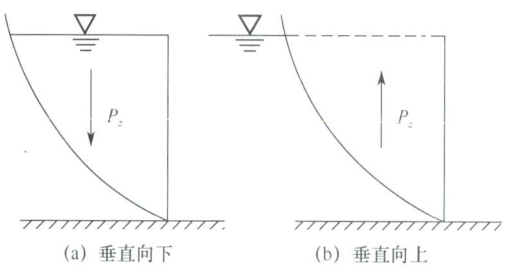

(a) 垂直向下　　　　(b) 垂直向上

图 1-20　压力体和静水总压力的垂直分力 P_z

垂直分力 P_z 的作用线通过压力体的形心。

练一练（判断题）

1. 曲面壁上静水总压力的计算是求空间力系的合力问题，通常采用"先分解后合成"的方法。　　　　　　　　　　　　　　　　　　　　　　　　　（　　）
2. 曲面壁上的静水总压力仅由水平分力确定。　　　　　　　　　　（　　）
3. 曲面壁上的静水总压力的水平分力等于曲面壁上铅直投影面上的静水总压力。
　　　　　　　　　　　　　　　　　　　　　　　　　　　　　　（　　）

二、压力体剖面图的绘制方法

所谓压力体剖面图，是指图 1-19（c）中棱柱体的横剖面，单个曲面壁的压力体剖面图一般由三条或四条边构成，多个曲面壁（凹凸方向不同）的压力体剖面系由单个曲面壁的压力体剖面图合成而来（面积相等、方向相反，部分抵消），故关键要掌握单个曲面壁压力体剖面图的画法。画图步骤如下。

微课视频

第一步，画曲面线本身（曲面壁本身的弧线）。

第二步，由曲面壁的上、下边缘（左、右边缘）向水面线或其延长线作垂线。

第三步，由水面线或水面线的延长线将图形封闭。

第四步，确定压力体方向，曲面壁上部受压，水压力方向向下；曲面壁下部受压，水压力方向向上。

需指出，第二步容易出现的错误是向地面（向下）作垂线，正确的画法应该是向水面线或者水面线的延长线作垂线。

想一想，画出图 1-21 中曲面壁 AB 的压力体剖面图。

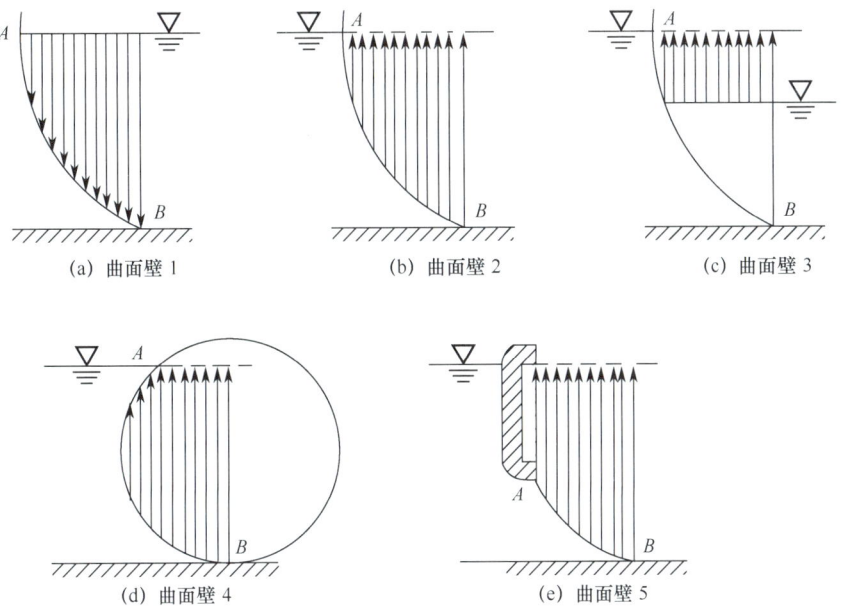

图 1-21 压力体剖面图

对有多个凹凸面的曲面，按 P_z 方向不同，先分段画，再合成，即可以运用分段叠加的方法绘制压力体。如图 1-22 所示，一凹凸相间的复杂柱面 ABCD 可根据液体相对曲面上、下的位置将曲面分段。AC 段液体位于曲面之下，垂直分力向上；CD 段液体位于曲面之上，垂直分力向下。按照前面介绍的方法分别绘制压力体。AC 段、CD 段的压力体分别为 $ABCC'$ 和 $B'DCC'$，显然二者均包括 $B'BCC'$ 部分，但方向不同，可相互抵消，未抵消的部分便是该曲面 ABCD 上的压力体。

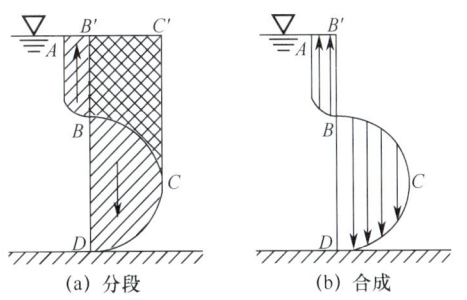

图 1-22 凹凸相间的复杂柱面 ABCD 的压力体剖面图

> 练一练（判断题）

1. 压力体是由受压面本身、由受压面的边缘向水面或水面的延续面所作的铅直面与水面或水面的延续面所围成的几何体。（　　）
2. 单个曲面壁的压力体剖面图一般由三条或四条边构成。（　　）
3. 利用压力体剖面图可以计算受压曲面壁上的垂直分力大小。（　　）

1.2.3　拱坝上静水总压力的计算方法

求出水平分力 P_x 和垂直分力 P_z 后，根据力的合成定理可知，曲面壁所受的静水总压力 P 应为

微课视频

$$P = \sqrt{P_x^2 + P_z^2} \tag{1-25}$$

静水总压力的方向为曲面壁的内法线方向，即通过曲面壁的曲率中心垂直指向受压面，与水平方向的夹角用 α 表示，如图 1-19 所示。

$$\alpha = \arctan \frac{P_z}{P_x} \tag{1-26}$$

静水总压力的作用点是静水总压力作用线和曲面壁的交点 D。D 在垂直方向的位置用受压曲面壁曲率中心至该点的垂直距离 z_D 表示：

$$z_D = R\sin\alpha \tag{1-27}$$

求静水总压力 P 和其作用点位置的步骤如下。

（1）先画出压力体剖面图。

（2）求 $P_x = p_C A$，$P_z = \gamma A_{剖} b$，$P = \sqrt{P_x^2 + P_z^2}$。

（3）求 $\alpha = \arctan \dfrac{P_z}{P_x}$，$z_D = R\sin\alpha$。

按照上述方法和步骤来完成 1.2.1 中的任务吧！

1.2.4　拓展案例

【案例 1-4】图 1-23 所示为溢流坝上弧形闸门，已知弧形闸门宽度 $b = 8\text{m}$，弧形闸门半径 $R = 6\text{m}$，圆心与水平面齐平，中心角为 45°，求作用在弧形闸门上的静水总压力。

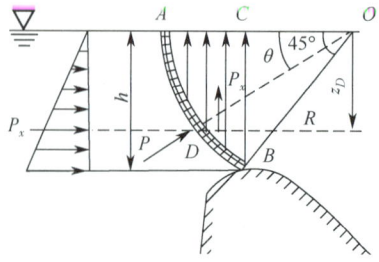

图 1-23　案例 1-4 图

【分析与计算】

闸前水深：$h = R\sin 45° = 6 \times \sin 45° \approx 4.24 \text{m}$。

水平分力：$P_x = \gamma h_C A_x = \frac{1}{2}\gamma h^2 b = \frac{9.8 \times 4.24^2 \times 8}{2} \approx 704.72 \text{kN}$。

垂直分力等于压力体 ABC 内的水重。压力体 ABC 的体积等于扇形 AOB 的面积减去三角形 BOC 的面积再乘宽度 b。

扇形 AOB 的面积 $= \frac{45°}{360°}\pi R^2 \approx \frac{45°}{360°} \times 3.14 \times 6^2 = 14.13 \text{m}^2$。

三角形 BOC 的面积 $= \frac{1}{2}BC \times OC = \frac{1}{2}hR\cos 45° = \frac{1}{2} \times 4.24 \times 6 \times \cos 45° \approx 9 \text{m}^2$。

压力体 ABC 的体积 $V_{压} = (14.13 - 9) \times 8 = 41.04 \text{m}^3$。

因此，垂直分力 $P_z = \gamma V_{压} = 9.8 \times 41.04 \approx 402.19 \text{kN}$。

作用在弧形闸门上的静水总压力 $P = \sqrt{P_x^2 + P_z^2} = \sqrt{704.72^2 + 402.19^2} \approx 811.41 \text{kN}$。

静水总压力的方向与水平方向的夹角 $\theta = \arctan\frac{P_z}{P_x} = \arctan\frac{402.19}{704.72} = 30°$。

静水总压力作用线通过圆心 O 并与水平面成 30° 的夹角。它与弧形闸门的交点 D 即为静水总压力的作用点。

【案例 1-5】 图 1-24 所示为弧形闸门，$R = 6\text{m}$，弧形闸门宽度 $b = 4\text{m}$，闸前水深 $h = 4.8\text{m}$，门轴直径 $d = 16.0\text{m}$，弧形闸门中心与水面同高，弧形闸门自重 $G = 294\text{kN}$，其重心位于 $r = 0.8R$ 处，用钢索提升弧形闸门，门轴转动摩擦系数 $f = 0.3$。求：

（1）作用于弧形闸门上的静水总压力。

（2）开启弧形闸门的提升力 T。

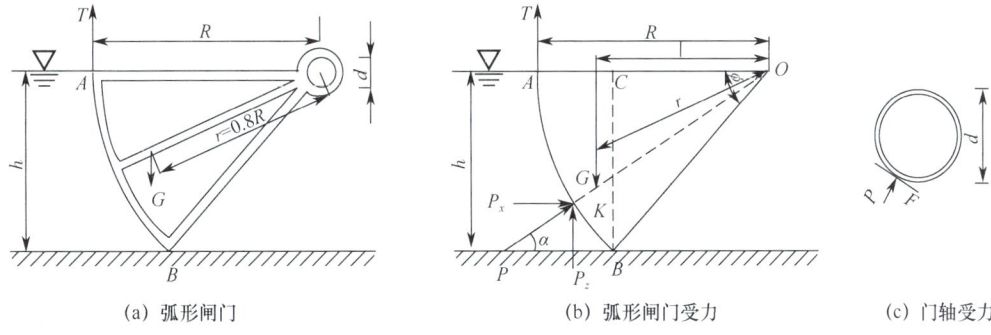

(a) 弧形闸门　　(b) 弧形闸门受力　　(c) 门轴受力

图 1-24　案例 1-5 图

【分析与计算】

（1）求 P 的大小、方向。

水平分力：$P_x = \gamma h_C A = \frac{1}{2}\gamma H^2 b = \frac{1}{2} \times 9.8 \times 4.8^2 \times 4 \approx 451.58 \text{kN}$。

垂直分力：$P_z = \gamma A_{剖} b = \gamma \times (扇形 AOB 的面积 - 三角形 BOC 的面积) \times b$。

由于 $\sin\phi = \dfrac{h}{R} = \dfrac{4.8}{6} = 0.8$，所以 $\phi = 53.13°$。

扇形 AOB 的面积 $= \dfrac{\pi R^2}{360°}\phi \approx \dfrac{3.14 \times 6^2}{360°} \times 53.13° \approx 16.68\text{m}^2$。

$OC = R\cos\phi = 6 \times \cos 53.13° \approx 3.6\text{m}$。

三角形 BOC 的面积 $= \dfrac{1}{2} \times h \times OC = \dfrac{1}{2} \times 4.8 \times 3.6 = 8.64\text{m}^2$。

由此可得，$P_z = 9.8 \times (16.68 - 8.64) \times 4 \approx 315.17\text{kN}$。

静水总压力为

$$P = \sqrt{P_x^2 + P_z^2} = \sqrt{451.58^2 + 315.17^2} \approx 550.69\text{kN}$$

$$\alpha = \arctan\dfrac{P_z}{P_x} = \arctan\dfrac{315.17}{451.58} = 34.9°$$

（2）求 T。

T 对圆心的力矩应等于弧形闸门自重 G 和静水总压力 P 对圆心的阻力矩，才可以提起弧形闸门。

P 对门轴的摩擦力矩为 $Pf\dfrac{d}{2}$。

弧形闸门自重对门轴的力矩为 Gl，其中 $l = r\cos\dfrac{\phi}{2} = 0.8 \times 6 \times \cos\dfrac{53.13°}{2} \approx 4.29\text{m}$

由合力矩定理可得

$$TR = Pf\dfrac{d}{2} + Gl$$

则

$$T = \dfrac{Pf\dfrac{d}{2} + Gl}{R} = \dfrac{550.69 \times 0.3 \times \dfrac{0.16}{2} + 294 \times 4.29}{6} \approx 212.41\text{kN}$$

技能训练

一、选择题

1. 下列说法错误的是（　　）。

A. 弧形闸门受压面为曲面

B. 平板闸门受压面为平面

C. 拱坝受压面为平面

D. 梯形受压面为平面

2. 下列说法正确的是（　　）。

A. 压力中心即为受压面形心
B. 压力中心在受压面的形心以上
C. 静水总压力的方向与静水压强的方向相同
D. 静水总压力的方向与静水压强的方向相反

二、作图题

试绘出图 1-25 中标有字母的受压面上的压力体和曲面壁在铅直投影面上的静水压强分布图。

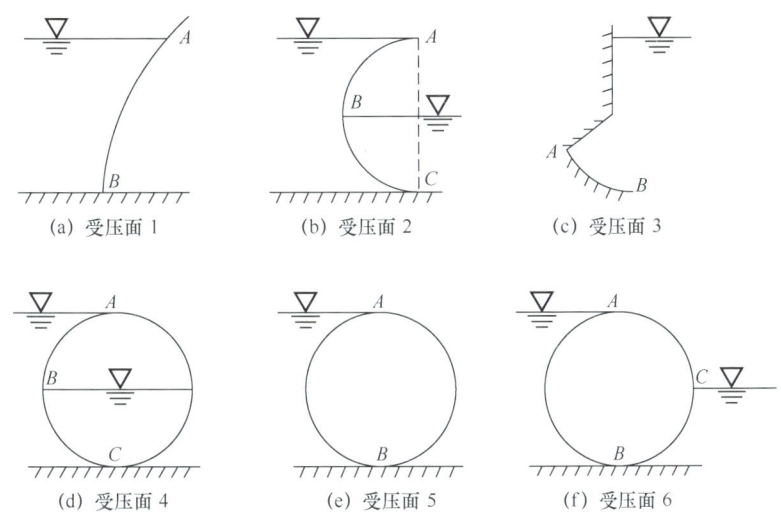

图 1-25　作图题图

三、计算题

如 1-26 图所示，某弧形闸门 AB 为半径 $R=2\text{m}$ 的圆柱面的 $1/4$，闸门宽度 $b=4\text{m}$，水深 $h=2\text{m}$，试求作用在 AB 上的静水总压力 P 的大小。

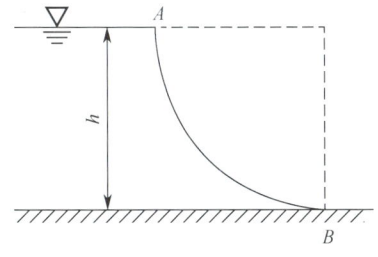

图 1-26　计算题图

模块 2　取水建筑物水力计算

> 学习情境描述

在水利工程和日常生活中，常常需要将水从低处运输至高处，以用于灌溉、发电等，这就需要用到虹吸管、引水隧洞、泄流隧洞、压力管道等各种管道。除此之外，管道在其他行业也有广泛应用，如石油工程中用管道来输送石油。

上述这类管道在输送液体时，液体是完全充满管道横断面的流动，我们称之为管流。其特点是没有自由液面，过水断面的压强一般不等于大气压，液体完全靠压力作用流动，管道边壁上的各点都受到水流动水压强的作用，因此有压管流又称为压力流。输送压力流的管道称为压力管道。

若管道内有自由液面，即水只占有管道横断面的一部分，如城市雨水、污水排水管、涵管等，则这种管道称为无压管。无压管中的水流即为无压流，不能将其作为管流来研究。

> 学习指导

（1）掌握恒定总流连续性方程、能量方程和动量方程的应用条件、注意事项，以及其在实际工程中的应用。

（2）理解过水断面、流量、断面平均流速等基本概念。

（3）了解水流运动的类型及特征。

（4）掌握产生水头损失的原因及其分类。

（5）掌握水流的两种流态并会用临界雷诺数判别。

（6）掌握沿程水头损失和局部水头损失的计算方法。

（7）理解管流，掌握简单短管的水力计算方法。

任务 1　流动的水世界探秘

2.1.1　任务导入

伯努利方程

从涓涓细流到江河澎湃，自然界和水利工程中的水体大多数处于不同形式的运动状态。那么，管道内水流的流速、各过水断面的压强等如何确定？承担泄水任务的溢流坝的泄水流速、位置水头等如何确定？运动的液体对建筑物的作用力有多大？这些都需要我们先学习水流运动的规律方程——连续性方程、能量方程和动量方程，才能分析常见的水流现象，解决实际工程中的水力计算问题。下面，我们先来认识实际工程和生活中使用最广泛的伯努利方程吧！

丹尼尔·伯努利在1726年首先提出："在水流或气流里，如果速度小，压强就大；如果速度大，压强就小。"我们称之为"伯努利原理"。

我国高铁行业自进入21世纪以来，经历了飞速的发展，成为全球铁路运输领域的翘楚。2012年到2022年间，我国"四纵四横"高速铁路主骨架全面建成，"八纵八横"高速铁路主通道和普速干线铁路加快建设，川藏铁路全线开工，重点区域城际铁路快速推进，老少边及脱贫地区铁路建设加力提速，建成世界最大的高速铁路网，基本形成布局合理、覆盖广泛、层次分明、配置高效的铁路网络。

全国铁路营业里程从2012年的9.8万公里增长到2022年的15.5万公里，其中高铁从0.9万公里增长到4.2万公里，稳居世界第一。全国130多个县结束了不通铁路的历史，多个省份实现"市市通高铁"。

高速铁路网的不断完善和技术的持续提升使得高铁成为人们首选的出行方式之一。那你们在坐高铁时一定也发现，高铁站台上都划有黄色安全线。这是因为当高铁高速驶来时，靠近高铁车厢的空气被带动而快速运动起来，压强减小，若站台上的旅客离高铁过近，旅客身体前后会出现明显的压强差，身体后面较大的压力会把旅客推向高铁而使旅客受到伤害。

我们拿着两张纸，往两张纸中间吹气，会发现纸不但不会向外飘去，反而会被一种力挤压在一起，如图2-1所示。因为两张纸中间的空气被我们吹得流动速度快，压强减小，而两张纸外面的空气没有流动，压强较大，所以外面压力大的空气就把两张纸"压"在了一起。

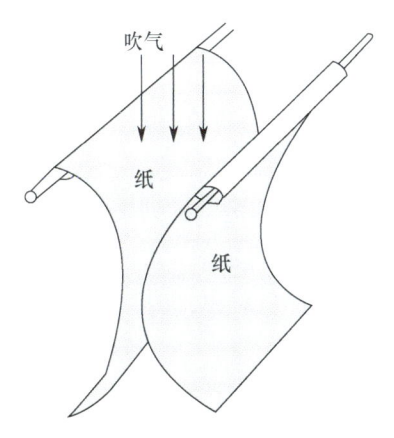

图2-1　伯努利原理示范

这就是"伯努利原理"的简单示范。

伯努利方程又称恒定总流能量方程,是理想流体定常流动的动力学方程,解释为不可被压缩的流体在忽略黏性损失的流动中,流线上任意两点的压力势能、动能与位势能之和保持不变。其实质是流体的机械能守恒,即动能+重力势能+压力势能=常数。其最为著名的推论为:等高度流动时,流速大,压力就小。

任务: 伯努利方程可以确定流体内部各处的压力和流速,请简述①水流运动三大方程的基本原理;②运用恒定总流能量方程计算时的方法及注意事项。

2.1.2 水流运动的特点分析

一、描述水流运动的两种方法

在水流运动中,常用到流速、压强、加速度、切应力、液体的密度和容重等物理量,我们把这些表征液体运动的物理量称为运动要素,这些运动要素随着时间和空间位置的变化而变化。水力学中,描述水流运动的两种常用方法为迹线法和流线法。

(一)迹线法

迹线法又称拉格朗日(Lagrange)法,其像物理学中研究固体运动那样,将液体中的各质点作为研究对象,考查分析每个质点所经过的轨迹,以获得质点群的运动规律。运用迹线法研究液体运动,实质上与研究一般固体力学的方法相同,所以也称其为质点系法。由于质点的运动轨迹十分复杂,且液体中质点数量多,因此用这种方法研究液体运动的难度非常大。另外,从实际应用上讲,大多数情况下,我们并不需要知道各质点的"来龙去脉",仅需了解某一固定区域的流动状况,所以这种方法在水力学上很少采用,而普遍采用较为简便实用的流线法。

用迹线法描述液体运动时,它着眼于单个质点在不同时刻的运动情况,由此引出迹线的概念。所谓迹线,就是指质点在运动过程中不同时刻所占据的空间位置的连线,即质点运动的轨迹线,可类比运动会中跑步运动员的足迹线。

(二)流线法

流线法又称欧拉(Euler)法,就是将充满液体质点的空间作为研究对象,不再跟踪每个质点,而是集中考查分析液体中的质点在通过固定空间点时速度、压强的变化情况,以获得液体的运动规律。在液体运动的同一时刻,每个质点都占据各自的空间,所以只要搞清楚每个空间点上运动要素随时间的变化规律,便可以掌握整个液体的运动规律。流线法以流动的空间为研究对象,因此通常把液体流动所占据的空间称为流场。

1. 流线

用流线法描述液体运动时,它着眼于同一时刻液体质点在不同空间点上的运动情况,由此引出流线的概念。所谓流线,就是指某一时刻在流场中绘出一条空间曲线,该曲线上的所有液体质点在该时刻的流速矢量都与该曲线相切。借助流线能够表示出某时刻液体中各质点的流动方向。

流线可用下述方法绘制：设想某一时刻，在流场中任取一点 A_1，该液体质点的流速矢量为 u_1（见图 2-2），再在该矢量上取距 A_1 点很近的 A_2 点，A_2 点的流速矢量为 u_2，按此方法继续取点，就构成一条折线 $A_1A_2A_3A_4$……若折线上相邻各点的距离趋近于零，则折线 $A_1A_2A_3A_4$……将成为一条曲线，此曲线即为流线。

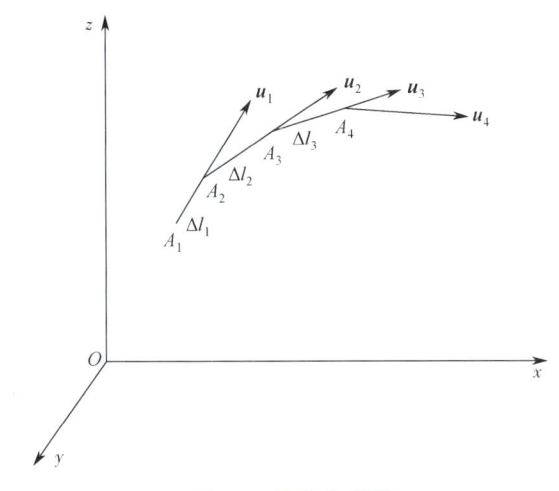

图 2-2　流线绘制图

根据流线的概念可知，流线有以下特征。

（1）流线上各质点的切线方向代表了该质点的流速方向。

（2）一般情况下，流线既不能相交，也不能是折线，而只能是一条连续光滑的曲线。这是因为一个质点只有一个流动方向。

（3）流线上的质点只能沿着流线运动。这是因为质点的流速是与流线相切的，在流线上不可能有垂直于流线的速度分量，所以质点不可能有横越流线的流动。

2. 流线图的概念

某一时刻，在液体的整个运动空间绘出的一系列流线所构成的图形称为流线图，如图 2-3 所示，它可形象地描绘出该时刻整个液体的流动趋势。

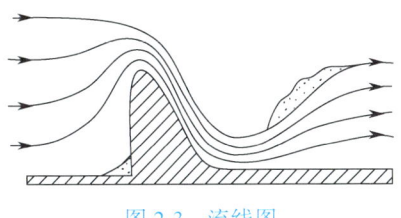

图 2-3　流线图

流线图有以下特点。

（1）流线图的疏密程度能反映该时刻流场中各质点的流速大小。流线越密集的地方，质点的流速越大；流线越稀疏的地方，质点的流速越小。

（2）流线的形状受其周边固体边界形状的影响，离边界越近，边界的影响越大，其形状越接近边界的形状。

练一练（判断题）

1. 流线上任意一点的切线方向即为该点的流速方向。　　　　　　　　（　　）
2. 流线形状与固体边界形状有关。　　　　　　　　　　　　　　　　（　　）
3. 流线图分布的疏密程度反映了流速的大小。　　　　　　　　　　　（　　）

二、水流的运动要素

（一）过水断面

与总流流线正交的液流横断面称为过水断面。过水断面可为平面，也可为曲面。当流线相互平行时，过水断面为平面；否则过水断面为曲面。

（二）流量

单位时间内通过某一过水断面的液体体积称为流量，用 Q 表示。其单位为立方米/秒（m^3/s）或升/秒（L/s）。流量是反映过水断面输水能力大小的物理量。

假设在总流中任取一元流，其过水断面的面积为 dA，流速为 u（计算时，只考虑流速的大小，不考虑其方向），则该元流的流量为

$$dQ = udA$$

设总流的过水断面面积为 A，则总流的流量应等于无数个元流的流量之和，即

$$Q = \int_Q dQ = \int_A u dA \tag{2-1}$$

如果流速 u 在过水断面上的分布已知，则可通过积分求得通过该过水断面的流量。

（三）断面平均流速

在总流中，过水断面上各点的流速 u 一般并不相同，且过水断面上的流速分布也不易确定。为了使研究方便，实际工程中通常引入断面平均流速的概念。

假设过水断面上各点的流速都均匀分布，且等于 v（见图 2-4），则按这一流速计算所得的流量与按各点的真实流速计算所得的流量相等，即

$$Q = \int_A u dA = vA \tag{2-2}$$

所以

$$v = \frac{\int_A u dA}{A} = \frac{Q}{A} \tag{2-3}$$

由此可见，总流的流量 Q 等于断面平均流速 v 与过水断面面积 A 的乘积。

声学多普勒海流剖面仪（ADCP）是一种水声测流仪器，利用声学多普勒原理，测量分层水介质散射信号的频移信息，并利用矢量合成方法获取海流垂直剖面的水流速

度，即水流的垂直剖面分布。其对被测流场不产生任何扰动，也不存在机械惯性和机械磨损，能一次测得一个剖面上若干层流速的三维分量和绝对方向。20 世纪 60 年代初，美国迈阿密大学 SUSTAIN 实验室与 AIRPAX 公司（现 AI-TEK 公司）首先开展了声学多普勒测流技术研究。21 世纪，ADCP 得到空前发展。ADCP 在我国的河流、湖泊、海洋等水文测验，以及航海交通、渔业生产、海洋开发和利用、环境保护等方面均得到了广泛的应用。

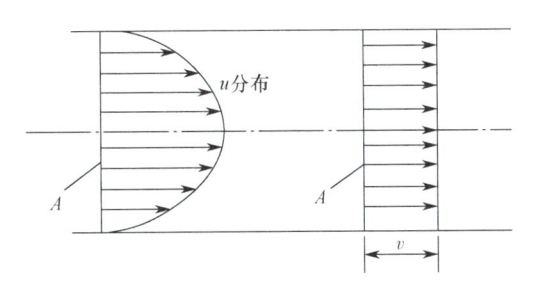

图 2-4　断面平均流速

（四）动水压强

液体运动时，液体中任意点上的压强称为动水压强。理想液体运动时与实际液体静止时，均不产生内摩阻力。因此，其任意一点各方向的压强与受压面的方位无关。但对于实际液体的运动，由于黏滞力与压应力同时存在，因此动水压强的大小一般将不再与受压面的方位无关，即从各方向作用于一点的动水压强并不相等。但动水压强在各方向上的变化受黏滞力的影响很小，而且从理论上可以证明，对于实际液体，在任意一点任取彼此垂直的三个方向上的动水压强的平均值，得到的是一个不随彼此垂直方向的选取而变化的常数。通常所说的实际液体某点的动水压强，即指三个彼此垂直方向上的动水压强平均值。

练一练（判断题）

1. 过水断面可为平面，也可为曲面。　　　　　　　　　　　　　　　（　　）
2. 流量是单位时间内通过某一过水断面的液体体积，用 Q 表示。　　（　　）
3. 同一过水断面上各点的流速都是相等的。　　　　　　　　　　　　（　　）
4. 液体运动时，液体中任意点的压强称为动水压强。　　　　　　　　（　　）

三、水流运动的类型

（一）恒定流与非恒定流

根据水流的运动要素是否随时间变化，可将水流分为恒定流与非恒定流。

若液体运动时，运动要素都不随时间发生变化，则称这种水流为恒定流。换句话说，在恒定流的任一空间点上，无论哪个液体质点通过，其运动要素均不随时间发生变化，它们只是空间坐标的连续函数，对时间的偏导数为零。

若液体运动时，任何空间点上有一运动要素随时间发生了变化，则称这种水流为非恒定流。例如，水箱侧壁上开有孔口，当箱内水位保持不变（H 为常数）时，孔口泄流的形状、尺寸及运动要素均不随时间发生变化，这就是恒定流［见图 2-5（a）］。反之，当箱内水位由 H_1 连续下降到 H_2 时，孔口泄流的形状、尺寸及运动要素都随时间发生变化，这就是非恒定流［见图 2-5（b）］。

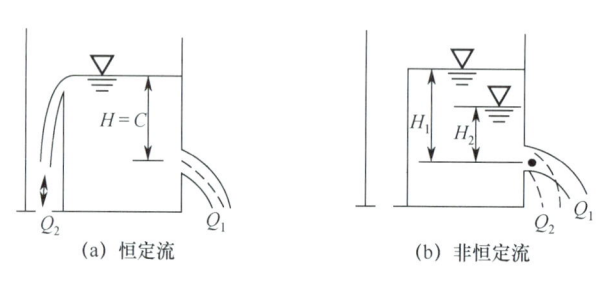

(a) 恒定流　　　(b) 非恒定流

图 2-5　恒定流与非恒定流

由于恒定流的运动要素不随时间发生变化，因此其流线形状也不随时间发生变化，此时，流线与迹线重合，水流运动的分析过程比较简单，且实际工程中恒定流也是最为常见的一类水流运动。本模块只研究恒定流。

（二）均匀流与非均匀流

在恒定流中，可根据水流的运动要素是否沿程变化，将水流分为均匀流与非均匀流。若同一流线上液体质点流速的大小和方向均沿程不变地流动，则称其为均匀流，例如，液体在直径不变的长直管中的流动或在横断面形状、尺寸沿程不变的长直渠道中的流动。当流线上各质点的运动要素沿程发生变化，流线不是彼此平行的直线时，称其为非均匀流，例如，液体在收缩管、扩散管或弯管中的流动，以及液体在横断面形状、尺寸改变的渠道中的流动。

均匀流的特征如下。

（1）流线是一组相互平行的直线，过水断面为平面。

（2）过水断面大小沿程不变，各过水断面流速分布相同，断面平均流速相等。

（3）同一均匀流过水断面上的动水压强分布规律与静水压强分布规律相同，即在同一过水断面上，各点的测压管水头为一常数。

一般情况下，实际液体中某点的动水压强与受压面的方位有关，过水断面上的动水压强分布规律与静水压强分布规律也有所不同，但在某些特殊情况下，例如，均匀流和渐变流中却可以认为动水压强具有与静水压强相同的特性，实际液体中某点的动水压强与受压面的方位无关，且过水断面上动水压强的分布符合静水压强直线分布规律。

（三）渐变流与急变流

在非均匀流中，根据流线的不平行程度和弯曲程度可将其分为渐变流与急变流。

渐变流是指流线接近平行直线的流动（见图 2-6）。此时，各流线的曲率很小（曲率半径较大），流线间的夹角也很小，它的极限情况就是流线为平行直线的均匀流。由于渐变流的流线近似平行，故可认为渐变流的过水断面近似为平面。

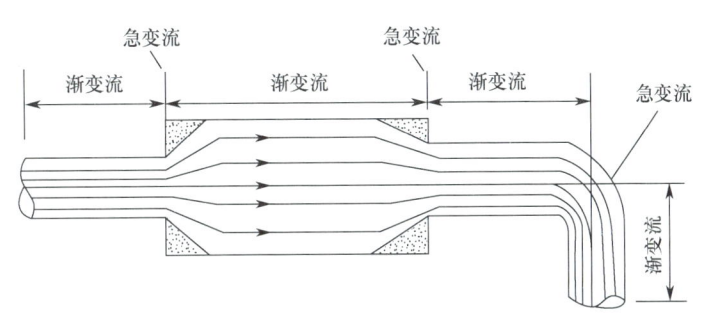

图 2-6 渐变流与急变流

急变流是指流线的曲率较大，流线之间的夹角也较大的水流。此时，流线已不再是一组平行的直线，因此过水断面为曲面。例如，管道转弯、断面扩大或收缩使水面发生急剧变化的水流均为急变流。

（四）有压流与无压流、射流

根据水流在流动过程中有无自由液面，可将其分为有压流与无压流。水流沿流程整个周界都与固体壁面接触，而无自由液面的流动称为有压流。它主要依靠压力作用而流动，其过水断面上任意一点的动水压强一般与大气压不等。例如，自来水管和水电站的压力管道中的水流，均为有压流。

水流沿流程的一部分周界与固体壁面接触，另一部分与空气接触，具有自由液面的流动称为无压流。它主要依靠重力作用而流动，因无压流液面与大气相通，故又可称为重力流或明渠流。例如，明渠和无压涵管中的水流，均为无压流。

水流从管道末端的喷嘴流出，射向某一固体壁面的流动，称为射流。射流四周均与大气相接触。

（五）一元流、二元流、三元流

在实际工程中，水流的运动一般极为复杂，它的运动要素是空间位置坐标和时间的函数（对于恒定流，则仅是空间位置坐标的函数）。根据与水流运动要素有关的空间自变量的个数，可将水流分为一元流、二元流和三元流。

如果水流的运动要素只与一个空间自变量有关，则称这种水流为一元流。例如，引入断面平均流速的管流，其断面平均流速只是流程坐标的函数。对于总流，严格地讲都不是一元流，但若把过水断面上与点的坐标有关的运动要素（如流速、压强等）进行断面平均，用断面平均流速代替过水断面上各点的流速，则此时的总流也可被视为一元流。

如果水流的运动要素与两个空间自变量有关，则称这种水流为二元流。例如，一具有矩形横断面的顺直明渠，当渠底宽度很大，两侧边界影响可忽略不计时，其中水流的运动要素（如点流速）仅在沿程方向和水深方向变化。

如果水流的运动要素与三个空间自变量有关，则称这种水流为三元流。严格来讲，任何实际水流都是三元流，例如，天然河道及横断面形状、尺寸沿程变化的人工渠道中的水流。

从理论上讲，只有按三元流来分析水流现象才符合实际，但此时水力计算较为复杂，难以求解。因而在实际工程中，常结合具体水流的运动特点，采用各种平均方法（如最常见的断面平均法）将三元流简化为一元流或二元流，由此而引起的误差，可通过修正系数来加以校正。

练一练（判断题）

1. 均匀流的流线为相互平行的直线，过水断面为平面。　　　　　　　　　（　　）
2. 若任何空间点上的所有运动要素都不随时间发生变化，则称这种水流为恒定流。
　　　　　　　　　　　　　　　　　　　　　　　　　　　　　　　（　　）
3. 水流的运动要素沿程不变时称为恒定流。　　　　　　　　　　　　　（　　）
4. 渐变流同一过水断面上各点的测压管水头相同。　　　　　　　　　　（　　）
5. 有压流有自由液面。　　　　　　　　　　　　　　　　　　　　　　（　　）

2.1.3　水流运动的计算方法

一、恒定总流的连续性方程

微课视频

水流运动和其他物质运动一样，也必须遵循质量守恒定律。恒定总流连续性方程实质上是质量守恒定律在水流运动中的具体体现。

在恒定总流中任取一段微小流束作为研究对象（见图2-7），设过水断面1—1的面积为 dA_1，流速为 u_1，过水断面2—2的面积为 dA_2，流速为 u_2。考虑到在恒定流条件下，微小流束的形状与位置不随时间而改变，因此微小流束的侧壁没有液体的流入或流出，根据质量守恒定律，在 dt 时段内，流入过水断面1—1的水体质量等于流出过水断面2—2的水体质量，即

$$\rho u_1 dA_1 dt = \rho u_2 dA_2 dt$$

一般认为水为不可压缩的连续介质，即 ρ 为一常数。于是

$$u_1 dA_1 = u_2 dA_2 = dQ = 常数 \qquad (2-4)$$

式（2-4）为恒定总流中微小流束的连续性方程。

恒定总流是无数个微小流束的总和，将微小流束的连续性方程在恒定总流过水断面上积分，便可得到恒定总流的连续性方程，即

$$\int_Q dQ = \int_{A_1} u_1 dA_1 = \int_{A_2} u_2 dA_2$$

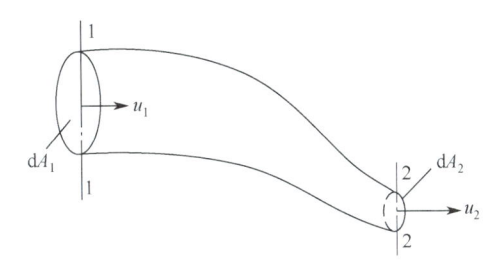

图 2-7　恒定总流中的微小流束

引入断面平均流速后成为

$$Q = v_1 A_2 = v_2 A_2 = 常数 \tag{2-5}$$

或

$$\frac{v_2}{v_1} = \frac{A_1}{A_2} \tag{2-6}$$

式（2-6）即为恒定总流的连续性方程。式中的 v_1 和 v_2 分别表示过水断面 1—1 和 2—2 的断面平均流速。恒定总流的连续性方程可表明以下两点。

（1）对于不可压缩的恒定总流，流量沿程不变。

（2）如果横断面沿程变化，则任意两个过水断面的断面平均流速大小与过水断面面积成反比。横断面大的地方流速小，横断面小的地方流速大。

恒定总流的连续性方程是在流量沿程不变的条件下建立的，若沿程有流量汇入或分出，则连续性方程在形式上需进行相应的变化。当有流量汇入时［见图 2-8（a）］，其连续性方程为

$$Q_1 + Q_3 = Q_2 \tag{2-7}$$

当有流量分出时［见图 2-8（b）］，其连续性方程为

$$Q_1 = Q_2 + Q_3 \tag{2-8}$$

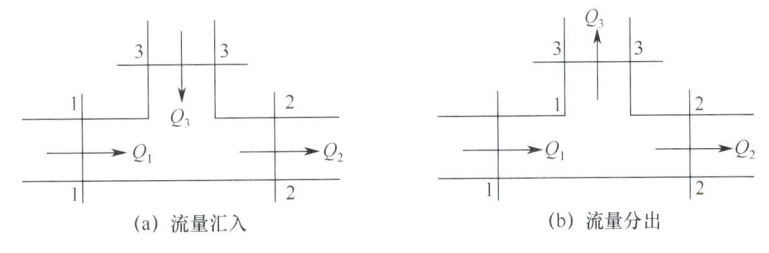

(a) 流量汇入　　　　(b) 流量分出

图 2-8　流量汇入或分出

二、恒定总流的能量方程

前面所阐述的恒定总流的连续性方程虽然揭示了水流断面平均流速与过水断面面积之间的关系，但不能解决实际工程中常涉及的作用力和能量问题。为此，我们需进一步研究水流运动所遵循的其他规律。恒定

微课视频

总流的能量方程应用能量转化与守恒原理，分析了水流运动时动能、压能和位能三者之间的相互关系，并为解决实际工程中的水力计算问题奠定了理论基础。

（一）微小流束的能量方程

由物理学中的动能定理可知，运动液体动能的增量，等于同一时段内作用于运动液体上各外力对液体做功的代数和，即

$$\sum M = \frac{1}{2}mu_2^2 - \frac{1}{2}mu_1^2$$

式中　$\sum M$——所有外力对液体做功的总和；

u_1——液体处于起始位置时的速度；

u_2——在外力作用下，液体运动到新位置时的速度；

m——运动液体的质量。

下面根据动能定理来分析恒定总流中微小流束的能量方程。

在实际液体恒定总流中取出一段微小流束，选取过水断面Ⅰ—Ⅰ与过水断面Ⅱ—Ⅱ之间的水体作为研究对象（见图2-9）。设微小流束过水断面Ⅰ—Ⅰ与过水断面Ⅱ—Ⅱ的面积分别为 dA_1 和 dA_2，且过水断面形心点的位置高度分别为 z_1 和 z_2，动水压强分别为 p_1 和 p_2，相应的流速为 u_1 和 u_2。

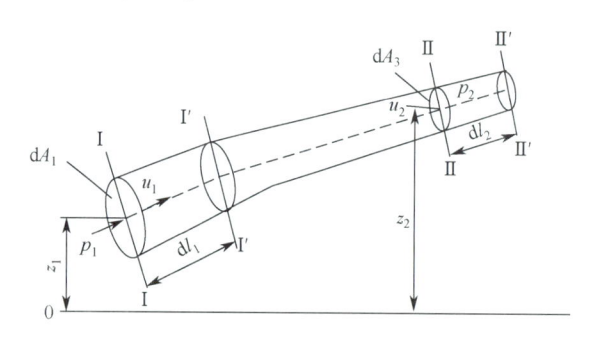

图2-9　微小流束

若微小流束由原来的Ⅰ-Ⅱ位置移动到了新位置Ⅰ′-Ⅱ′，则过水断面Ⅰ—Ⅰ与过水断面Ⅱ—Ⅱ所移动的距离分别为

$$dl_1 = u_1 dt$$
$$dl_2 = u_2 dt$$

由图2-9可知，Ⅰ′-Ⅱ段是 dt 时段内运动液体始末共有流段，这段微小流束水体虽有液体质点的流动和替换，但由于所选的微小流束为恒定流，Ⅰ′-Ⅱ段水体的形状、体积和位置都不随时间发生变化，所以，要研究微小流束从Ⅰ-Ⅱ位置移动到Ⅰ′-Ⅱ′位置，只需研究微小流束从Ⅰ-Ⅰ′位置移动到Ⅱ-Ⅱ′位置的运动即可。

1. 动能的增量

在恒定条件下，共有流段Ⅰ′-Ⅱ的质量和各点的流速不随时间发生变化，因其动能

也不随时间发生变化，所以微小流束动能的增量就等于Ⅱ-Ⅱ′段动能与Ⅰ-Ⅰ′段动能之差。

根据质量守恒原理，Ⅱ-Ⅱ′段与Ⅰ-Ⅰ′段的质量相等，即 $m=\rho\mathrm{d}V=\rho\mathrm{d}Q\mathrm{d}t=\dfrac{\gamma}{g}\mathrm{d}Q\mathrm{d}t$，于是，动能的增量可表示为

$$\frac{1}{2}mu_2^2 - \frac{1}{2}mu_1^2 = \frac{\gamma \mathrm{d}Q\mathrm{d}t}{2g}(u_2^2 - u_1^2) = \gamma\mathrm{d}Q\mathrm{d}t\left(\frac{u_2^2}{2g} - \frac{u_1^2}{2g}\right)$$

2. 作用在微小流束上的外力及其所做的功

对微小流束做功的力有动水压力、重力和微小流束在运动中所受到的摩擦阻力。

（1）重力做功。

微小流束段Ⅰ-Ⅰ′和Ⅱ-Ⅱ′的位置高度差为 z_1-z_2，重力对共有流段Ⅰ′-Ⅱ不做功，因此液体从Ⅰ-Ⅰ′移动到Ⅱ-Ⅱ′时，重力所做的功为

$$G(z_1 - z_2) = \gamma \mathrm{d}Q\mathrm{d}t(z_1 - z_2)$$

（2）动水压力做功。

作用于微小流束上的动水压力有两端过水断面上的动水压力和微小流束侧表面上的动水压力。由于微小流束侧表面上的动水压力与水流运动方向垂直，故不做功。

作用于过水断面Ⅰ—Ⅰ上的动水压力 $p_1\mathrm{d}A_1$ 与水流运动方向相同，故做正功；作用于过水断面Ⅱ—Ⅱ上的动水压力 $p_2\mathrm{d}A_2$ 与水流运动方向相反，故做负功。动水压力所做的功为

$$p_1\mathrm{d}A_1\mathrm{d}l_1 - p_2\mathrm{d}A_2\mathrm{d}l_2 = p_1\mathrm{d}A_1 u_1\mathrm{d}t - p_2\mathrm{d}A_2 u_2\mathrm{d}t = \mathrm{d}Q\mathrm{d}t(p_1 - p_2)$$

（3）摩擦阻力做功。

对于实际液体，由于黏滞性的存在，液体运动时必须克服摩擦阻力，消耗一定的能量，故摩擦阻力所做的功为负功。设摩擦阻力对单位质量液体所做的功为 h_w'，则对于所研究的微小流束，其由Ⅰ-Ⅰ′位置移动到Ⅱ-Ⅱ′位置时，摩擦阻力所做的功为 $-\gamma\mathrm{d}Q\mathrm{d}t h_\mathrm{w}'$。

所以，外力对微小流束所做的功，应为以上三种外力所做的功之和，即

$$\gamma\mathrm{d}Q\mathrm{d}t(z_1 - z_2) + \mathrm{d}Q\mathrm{d}t(p_1 - p_2) - \gamma\mathrm{d}Q\mathrm{d}t h_\mathrm{w}'$$

根据动量定理，则有

$$\gamma\mathrm{d}Q\mathrm{d}t(z_1 - z_2) + \mathrm{d}Q\mathrm{d}t(p_1 - p_2) - \gamma\mathrm{d}Q\mathrm{d}t h_\mathrm{w}' = \gamma\mathrm{d}Q\mathrm{d}t\left(\frac{u_2^2}{2g} - \frac{u_1^2}{2g}\right)$$

将以上各项同时除以 $\gamma\mathrm{d}Q\mathrm{d}t$，得到单位质量液体功和能之间的关系式：

$$z_1 - z_2 + \frac{p_1}{\gamma} - \frac{p_2}{\gamma} - h_\mathrm{w}' = \frac{u_2^2}{2g} - \frac{u_1^2}{2g}$$

整理可得

$$z_1 + \frac{p_1}{\gamma} + \frac{u_1^2}{2g} = z_2 + \frac{p_2}{\gamma} + \frac{u_2^2}{2g} + h_\mathrm{w}' \tag{2-9}$$

式（2-9）就是恒定总流中微小流束的能量方程，该式是由瑞士的物理学家和数学家丹尼尔·伯努利在1738年首次推导出来的，故又称为恒定总流中微小流束的伯努利方程。

（二）动水压强的分布规律

1. 均匀流中过水断面上的动水压强分布规律

对于均匀流，流线为一组平行直线，过水断面为平面。在均匀流过水断面 $n—n$ 上任意两相邻流线间取一长为 dl、高为 dz、底面积为 dA、与铅直方向夹角为 θ 的微小柱体，设该微小柱体两端面形心点处的动水压强分别为 p 与 $p+dp$，如图 2-10 所示。下面分析沿 $n—n$ 轴向作用于微小柱体上的力。

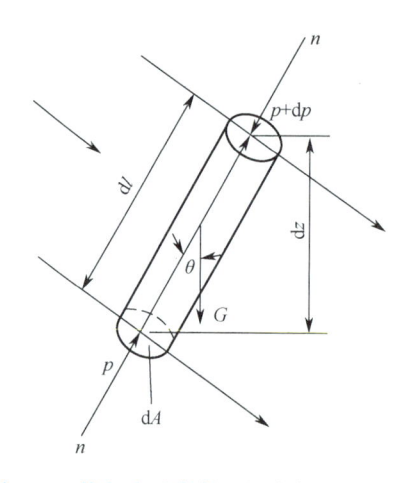

图 2-10 均匀流过水断面的动水压强分布图

（1）柱体两端面上的动水压力分别为 pdA 和 $(p+dp)dA$。

（2）柱体自重沿 $n—n$ 方向的分力为

$$G\cos\theta = \gamma dl dA \cos\theta = \gamma dA dz$$

（3）柱体侧面上的动水压力及水流的内摩擦阻力均与轴线 $n—n$ 正交，故沿 $n—n$ 方向的投影为零。

（4）均匀流中流速沿程不变，流线为平行直线，柱体在 $n—n$ 方向所受的惯性力为零。由 $n—n$ 轴向力的平衡方程可得

$$pdA - (p+dp)dA - \gamma dA dz = 0$$

化简后可得

$$\gamma dz + dp = 0$$

积分后得

$$z + \frac{p}{\gamma} = C \tag{2-10}$$

式（2-10）表明，均匀流过水断面上的动力压强分布规律与静水压强分布规律相

同,即在同一过水断面上各点相对于同一基准面的测压管水头(单位势能)为一常数,但对于不同的过水断面,测压管水头是不同的。

2. 渐变流中过水断面上的动水压强分布规律

对于渐变流,由于流线间的夹角很小,流线近似为平行直线,沿 $n—n$ 轴向的加速度近似为零,离心惯性力的影响可忽略,此时沿渐变流过水断面仅有动水压力和重力的作用,这与静止液体、均匀流的受力情况完全一致。因此,可以认为渐变流过水断面上各点的动水压强也符合静水压强分布规律,或同一过水断面上各点的测压管水头(单位势能)为一常数。但应注意,上述关于均匀流或渐变流过水断面上动水压强分布规律的结论只适用于有一定固体边界约束(如管壁和渠壁)的水流。当液体从管道末端流入大气时,出口附近的液体也符合均匀流或渐变流的条件,但因该过水断面周界均与大气相通,过水断面周界上各点的动水压强为零,因而此种情况下过水断面上的动水压强不符合静水压强分布规律。

3. 急变流中过水断面上的动水压强分布规律

在急变流中,因流线的曲率较大,液体质点做曲线运动而产生的离心惯性力的影响已不能忽略。因此,过水断面上的动水压强将不再符合静水压强分布规律。

对于凸曲面边界的急变流,离心惯性力的方向与重力方向相反,因此过水断面上的动水压强比相同水深的静水压强小。反之,对于凹曲面边界的急变流,离心惯性力的方向与重力方向相同,因此过水断面上的动水压强比相同水深的静水压强大。

(三)能量方程的推导

微小流束的能量方程只能反映微小流束内部或边界上各点的流速和压强的变化,为了解决实际工程问题,还需将微小流束的能量方程加以推广,得出恒定总流的能量方程。

微小流束能量方程中的各项表示过水断面 dA 上单位质量液体所具有的能量。将式(2-9)两边同时乘单位时间内通过微小流束液体的质量 γdQ 并积分,就可得到单位时间内通过恒定总流两过水断面的总能量之间的关系式,即

$$\gamma \int_Q \left(z_1 + \frac{p_1}{\gamma}\right) dQ + \gamma \int_Q \frac{u_1^2}{2g} dQ = \gamma \int_Q \left(z_2 + \frac{p_2}{\gamma}\right) dQ + \gamma \int_Q \frac{u_2^2}{2g} dQ + \gamma \int_Q h_w' dQ \quad (2\text{-}11)$$

由上式可知,共有三类积分,现分别加以分析。

1. 势能类积分

$$\gamma \int_Q \left(z + \frac{p}{\gamma}\right) dQ$$

它表示单位时间内通过恒定总流过水断面的液体势能的总和。若所选取的恒定总流过水断面为均匀流或渐变流,则过水断面上各点的单位势能 $z + \frac{p}{\gamma}$ 等于常数,即

$$\gamma \int_Q \left(z + \frac{p}{\gamma}\right) dQ = \gamma \left(z + \frac{p}{\gamma}\right) \int_Q dQ = \left(z + \frac{p}{\gamma}\right) \gamma Q \quad (2\text{-}12)$$

2. 动能类积分

$$\gamma \int_Q \frac{u^2}{2g} dQ = \gamma \int_A \frac{u^2}{2g} u dA = \frac{\gamma}{2g} \int_A u^3 dA$$

它表示单位时间内通过恒定总流过水断面的动能的总和。一般情况下，恒定总流过水断面上各点的流速是不相等的，且分布规律不易确定，所以直接对该项积分较困难。这时，可考虑用断面平均流速 v 代替过水断面上各点的流速 u，即用 $\frac{\gamma}{2g}\int_A v^3 dA$ 来代替 $\frac{\gamma}{2g}\int_A u^3 dA$，但二者实际并不相等。根据数学上有关平均值的性质，可证明 $\int_A u^3 dA > \int_A v^3 dA$，用断面平均流速代替点流速需要乘大于 1 的一个修正系数 α，才可使之相等，故有

$$\int_A u^3 dA = \alpha \int_A v^3 dA = \alpha v^3 A$$

于是，动能类积分为

$$\frac{\gamma}{2g}\int_A u^3 dA = \frac{\gamma}{2g} \alpha v^3 A = \frac{\alpha v^2}{2g}\gamma Q \tag{2-13}$$

式中 α——动能修正系数，表示按过水断面上实际流速积分与按断面平均流速积分所得结果之比，即

$$\alpha = \frac{\int_A u^3 dA}{v^3 A}$$

α 值取决于总流过水断面上的流速分布情况，流速分布越均匀，α 值越接近于 1。当水流为均匀流或渐变流时，一般可取 $\alpha = 1.05 \sim 1.10$；在实际工程计算中，常取 $\alpha = 1$。

3. 能量损失类积分

$$\gamma \int_Q h'_w dQ$$

它表示单位时间内恒定总流从过水断面 Ⅰ—Ⅰ 流至过水断面 Ⅱ—Ⅱ 的机械能损失的总和。设 h_w 为恒定总流中单位质量液体在这两过水断面间的平均机械能损失，则

$$\gamma \int_Q h'_w dQ = h_w \gamma Q \tag{2-14}$$

将式（2-12）~式（2-14）代入式（2-11），同时各项除以 γQ，整理后可得

$$z_1 + \frac{p_1}{\gamma} + \frac{\alpha_1 v_1^2}{2g} = z_2 + \frac{p_2}{\gamma} + \frac{\alpha_2 v_2^2}{2g} + h_w \tag{2-15}$$

式（2-15）即为实际液体恒定总流的能量方程（伯努利方程）。它能够反映恒定总流各过水断面上单位质量液体的平均位能、平均势能和平均动能之间的能量转换关系，是水力学中的三大基本方程之一。该式表明，机械能沿程减小，水流的机械能转化成

热能而损失掉。

（四）能量方程的意义

实际液体恒定总流能量方程与微小流束能量方程形式上相似，但二者又存在差别。恒定总流能量方程中用断面平均流速 v 代替了微小流束过水断面上的点流速 u，并相应地引入了动能修正系数 α 来加以修正。同时，又以两流段间平均水头损失 h_w 代替了微小流束的水头损失 h'_w。在研究工程实例时，我们通常以恒定总流的形式来分析问题。

1. 恒定总流能量方程的物理意义

恒定总流能量方程中各项的物理意义如下。

z——恒定总流过水断面上单位质量液体所具有的位能，简称单位位能（位置势能或重力势能）。

$\dfrac{p}{\gamma}$——恒定总流过水断面上单位质量液体所具有的压能。

$z+\dfrac{p}{\gamma}$——恒定总流过水断面上单位质量液体所具有的平均势能，即位置势能与压能之和。

$\dfrac{\alpha v^2}{2g}$——恒定总流过水断面上单位质量液体所具有的平均动能。

$z+\dfrac{p}{\gamma}+\dfrac{\alpha v^2}{2g}$——恒定总流过水断面上单位质量液体的总机械能，通常用 H 或 E 表示。

h_w——恒定总流单位质量液体在始末两过水断面间沿程的平均能量损失，即机械能损失。

2. 恒定总流能量方程的几何意义

恒定总流能量方程中各项表示了某种高度，各项的单位都是长度单位，因此可以用几何线段表示，水力学上习惯将其称为水头。恒定总流能量方程中各项的几何意义如下。

z——恒定总流过水断面上某点的位置高度（相对于某基准面），称为位置水头。

$\dfrac{p}{\gamma}$——压强水头，p 为相对压强，又称测压管高度。

$z+\dfrac{p}{\gamma}$——测压管水头，以 H_p 表示。

$\dfrac{\alpha v^2}{2g}$——流速水头，也是液体以速度 v 垂直向上喷射到空中时所达到的高度（不计空气阻力）。

$z+\dfrac{p}{\gamma}+\dfrac{\alpha v^2}{2g}$——总水头，以 H 或 E 表示，总水头与测压管水头之差等于流速水头。

h_w——水头损失。

式（2-15）表明，对于不可压缩恒定流，在不同的过水断面上，位置水头、压强水头和流速水头之间可以互相转化，在转化过程中有能量损失。

设 H_1 和 H_2 分别表示恒定总流中任意两过水断面上水流所具有的总水头，根据能量方程可得

$$H_1 = H_2 + h_w$$
$$H_1 - H_2 = h_w$$

可见，因为水流在流动过程中要产生能量损失，所以水流只能从总机械能大的地方流向总机械能小的地方。对于理想液体，$h_w = 0$，即 $H_1 = H_2$，恒定总流中任何过水断面上总水头保持不变。

3. 能量方程的图示——水头线

由于恒定总流能量方程中各项均表示单位质量液体所具有的能量或水头，且各项的单位都是长度单位，因此可用几何线段来表示，使能量沿程的变化情况更形象、更直观地体现出来。

图 2-11 所示为恒定总流的机械能转化示意图。首先选取基准面 0—0，并画出恒定总流的中心线。恒定总流各过水断面中心点离基准面的高度就代表了该过水断面的位置水头 z，所以恒定总流的中心线就表示位置水头 z 沿程的变化，即位置水头线。

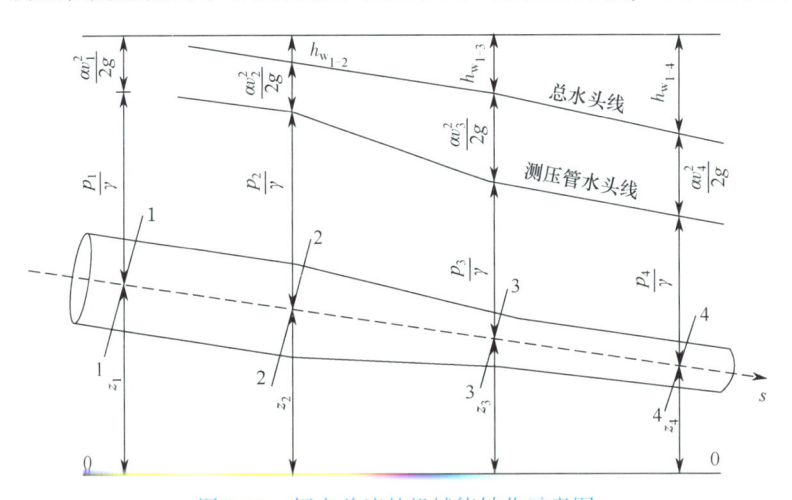

图 2-11 恒定总流的机械能转化示意图

经过各过水断面的中心向上作垂线，并在垂线上截取高度等于中心点压强水头 $\frac{p}{\gamma}$ 的线段，得到测压管水头 $z + \frac{p}{\gamma}$，即各过水断面上测压管水面离基准面的高度。将各过水断面的测压管水头用线连起来，这条线称为测压管水头线。测压管水头线和位置水头线之间的铅直距离反映了压强水头沿程的变化情况。若测压管水头线在位置水头线以上，则压强水头为正；反之为负。

在垂线所标示的测压管水头以上截取高度等于流速水头 $\dfrac{\alpha v^2}{2g}$ 的线段，得到该过水断面的总水头 $H = z + \dfrac{p}{\gamma} + \dfrac{\alpha v^2}{2g}$，各过水断面总水头的连线称为总水头线。它反映了恒定总流的总机械能沿程的变化情况。

根据能量方程可知，实际液体一定存在水头损失，因而恒定总流的总水头线为一条逐渐下降的直线或曲线。总水头线沿程的下降情况可用单位流程上的水头损失，即水力坡度 J 来表示。当总水头线为直线时，水力坡度为

$$J = \frac{H_1 - H_2}{L} = \frac{h_2}{L}$$

当总水头线为曲线时，水力坡度为变值，在某一过水断面处可表示为

$$J = \frac{dh_w}{dL} = -\frac{dH}{dL}$$

因为总水头增加时，dH 一定为负值，为使水力坡度为正值，所以上式中要加负号。

由于恒定总流几何边界条件的沿程变化必将引起动能和势能的相互转化，所以测压管水头线可以沿程下降或上升，也可沿程不变。它的沿程变化情况可用单位流程上测压管水头的降低值或升高值，即测压管坡度 J_p 来表示。当测压管水头线为直线时，测压管坡度为

$$J_p = \frac{\left(z_1 + \dfrac{p_1}{\gamma}\right) - \left(z_2 + \dfrac{p_2}{\gamma}\right)}{L}$$

当测压管水头线为曲线时，测压管坡度为

$$J_p = \frac{dH_p}{dL} \tag{2-16}$$

对于河渠中的渐变流，其测压管水头线就是水面线。能量方程的这种图示方法常应用于长距离有压输水管道的水力设计中，用来帮助设计人员分析水流现象，找出实际水流的变化规律。

练一练（判断题）

1. 运动水流的机械能只有位能和动能两种形式。　　　　　　　　　　　　（　　）
2. "水头"运用具有长度单位的量反映水流能量的大小。　　　　　　　　（　　）
3. 外界无能量输入或输出时，总水头线可以沿程上升，也可以沿程下降。（　　）
4. 水流总是从总机械能大的地方流向总机械能小的地方。　　　　　　　（　　）

三、能量方程的应用条件及注意事项

（一）能量方程的应用条件

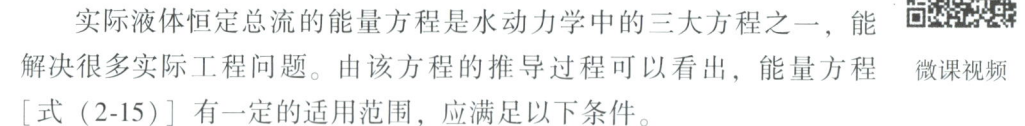

实际液体恒定总流的能量方程是水动力学中的三大方程之一，能解决很多实际工程问题。由该方程的推导过程可以看出，能量方程 [式（2-15）] 有一定的适用范围，应满足以下条件。

（1）水流必须是恒定流、均质、不可压缩，且总流量沿程不变。

（2）所选取的过水断面 1—1、2—2 应在均匀流或渐变流区域，以符合过水断面上各点测压管水头等于常数且作用的质量力只有重力等条件，但两个过水断面间可以是急变流。

（3）所选取的过水断面 1—1 和过水断面 2—2 之间，除水头损失外，没有其他机械能的输入与输出。

但因恒定总流能量方程中各项均指单位质量液体的能量，所以在水流有分支或汇入的情况下，仍可分别对每一支水流建立能量方程。

对于汇流情况 [见图 2-8（a）]，可建立过水断面 1—1 与过水断面 2—2、过水断面 3—3 与过水断面 2—2 的能量方程如下：

$$z_1 + \frac{p_1}{\gamma} + \frac{\alpha_1 v_1^2}{2g} = z_2 + \frac{p_2}{\gamma} + \frac{\alpha_2 v_2^2}{2g} + h_{w1-2}$$
$$z_3 + \frac{p_3}{\gamma} + \frac{\alpha_3 v_3^2}{2g} = z_2 + \frac{p_2}{\gamma} + \frac{\alpha_2 v_2^2}{2g} + h_{w3-2}$$

（2-17）

对于分流情况 [见图 2-8（b）]，可建立过水断面 1—1 与过水断面 2—2、过水断面 1—1 与过水断面 3—3 的能量方程如下：

$$z_1 + \frac{p_1}{\gamma} + \frac{\alpha_1 v_1^2}{2g} = z_2 + \frac{p_2}{\gamma} + \frac{\alpha_2 v_2^2}{2g} + h_{w1-2}$$
$$z_1 + \frac{p_1}{\gamma} + \frac{\alpha_1 v_1^2}{2g} = z_3 + \frac{p_3}{\gamma} + \frac{\alpha_3 v_3^2}{2g} + h_{w1-3}$$

（2-18）

（二）能量方程的注意事项

为了更方便快捷地应用能量方程解决实际问题，在应用能量方程时应注意以下几点。

（1）列能量方程必须遵循"三选一列"的原则。三选，即选 1—1、2—2 两个计算过水断面、选计算点、选基准面；一列，即对所选计算点列能量方程。

（2）基准面可以任意选取，但必须是水平面且方便计算。在同一方程中，不同过水断面的位置水头必须对应同一基准面。

（3）两个计算过水断面必须选在均匀流流段或渐变流流段，而且要选在已知条件多处。一般计算点选在水面或管轴线上。

（4）为简化计算，一般采用相对压强，也可采用绝对压强，但必须保证方程两边

的压强标准一致。

（5）不同过水断面上的动能修正系数 α 是不相等的且不等于 1.0。但在实际计算中，对于均匀流和渐变流，一般选取 $\alpha_1 = \alpha_2 = 1.0$。

应用能量方程时，还应具体问题具体分析，若能量方程中同时出现较多的未知量，应考虑与其他方程联立求解。

练一练（判断题）

1. 列恒定总流中两过水断面的能量方程时，过水断面的计算点一般选在水面上。
（　　）

2. 列恒定总流中两过水断面的能量方程时，要求基准面一定是同一水平面。
（　　）

3. 列恒定总流中两过水断面的能量方程时，要求两过水断面处水流为渐变流或均匀流，对两过水断面间水流没有要求。
（　　）

（三）有能量输入或输出的能量方程

在实际工程中，有时会遇到沿程两个过水断面有能量输入或输出的情况，例如，水泵向水流提供能量，把水提到一定高度；水轮机从水流获得能量，以带动发电机发电等。

1. 有能量输入时的能量方程

如图 2-12 所示，水泵引水装置中有一水泵，水泵工作时，通过水泵叶片转动对水流做功，使水流能量增加。设单位质量水体通过水泵后所获得的外加能量为 H_{pu}，则总流的能量方程修改为

$$H_1 + H_{pu} = H_2 + H_{w1-2} \tag{2-19}$$

式中　H_{pu}——水泵的扬程，单位为 m。

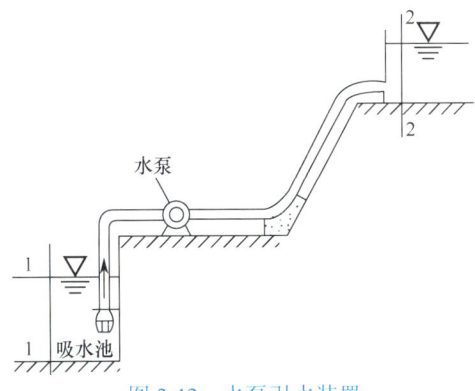

图 2-12　水泵引水装置

当不计上下游水池流速时，有

$$H_{pu} = z + h_{w1-2}$$

式中　z——上下游的水位差；

　　　h_{w1-2}——过水断面 1—1 和过水断面 2—2 之间全部管道的水头损失。

单位时间内，动力机械给予水泵的功称为水泵的轴功率 N_{pu}。设单位时间内通过水泵的水流质量为 γQ，则水流在单位时间内由水泵获得的总能量为 $\gamma Q H_{pu}$，称为水泵的有效功率。由于水流通过水泵时有漏损和水头损失，再加上水泵本身的机械磨损，所以水泵的有效功率小于轴功率。两者的比值称为水泵的效率 η_{pu}，故

$$N_p = \gamma Q H_p / \eta_p \tag{2-20}$$

式中　γ——水的容重，单位为 N/m^3；

　　　Q——水流的流量，单位为 m^3/s；

　　　N_{pu}——轴功率，单位为 $W(N \cdot m/s)$。

2. 有能量输出时的能量方程

如图 2-13 所示，引水发电装置中有一水轮机，水流驱使水轮机转动，对水力机械做功，使水流能量减少。设单位质量水体给予水轮机的能量为 H_t，则恒定总流的能量方程可修改为

$$H_1 - H_t = H_2 + h_{w1-2} \tag{2-21}$$

式中　H_t——水轮机的作用水头；

　　　h_{w1-2}——过水断面 1—1 和过水断面 2—2 之间全部管道的水头损失，但不包括水轮机系统内部的能量损失。

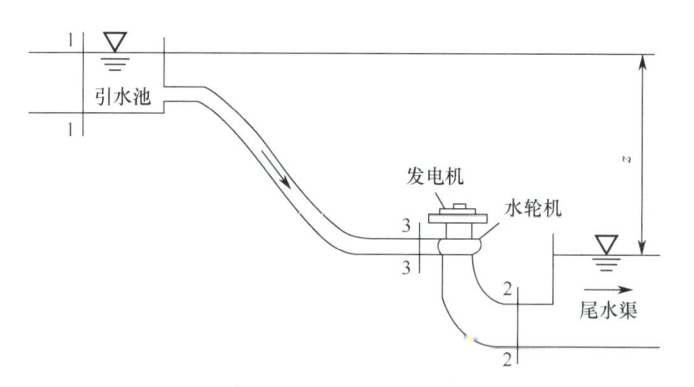

图 2-13　引水发电装置

由水轮机主轴发出的功率称为水轮机的出力 N_t。单位时间内，通过水轮机的水流质量为 γQ，所以单位时间内水流对水轮机作用的总能量为 $\gamma Q H_t$。由于水流通过水轮机时有漏损和水头损失，再加上水轮机本身的机械磨损，所以水轮机的出力要小于水流给水轮机的功率，两者的比值称为水轮机的效率 η_t，故

$$N_t = \gamma Q H_t \eta_t \tag{2-22}$$

式中　γ——水的容重，单位是 N/m^3；

Q——水流的流量,单位是 m^3/s;

N_t——水轮机的出力,单位是 W。

四、恒定总流的动量方程

连续性方程和能量方程已经能够解决许多实际水力学问题,但对于某些较复杂的水流运动问题,尤其是涉及计算水流与固体边界间的相互作用力问题,例如,水流作用于闸门的动水总压力,以及水流经过弯管时,对管壁产生的作用力等,用连续性方程和能量方程则无法求解,必须建立动量方程来解决这些问题。

动量方程实际上就是物理学中的动量定理在水力学中的具体体现,它反映了水流运动时动量变化与作用力间的相互关系,其特点是可避开计算急变流范围内的水头损失这一复杂的问题,使急变流中的水流与边界面之间的相互作用力问题较方便地得以解决。

(一) 动量方程的推导

在物理学中,动量定理可表达为:运动物体单位时间内的动量变化等于物体所受外力的合力。下面根据动量定理,推导恒定总流的动量方程。

在不可压缩的恒定总流中,任取一渐变流微小流束 1-2(见图 2-14)。设过水断面 1—1 和过水断面 2—2 的面积、流速分别为 dA_1、dA_2 和 u_1、u_2,经过 dt 时段后,微小流束由原来的 1-2 位置运动到了新的位置 1′-2′ 处。设其动量的变化为 dk,它应等于流段 1′-2′ 与流段 1-2 内的动量之差。因为水流为不可压缩的恒定总流,所以对于共有流段 1′-2 来讲,虽存在着质点的流动和替换现象,但它的形状、位置,以及水体的质量、流速等均不随时间发生变化,故动量也不随时间发生变化。这样,在 dt 时段内,流段 1′-2′ 的动量与流段 1-2 的动量之差实际上为流段 2-2′ 的动量与流段 1-1′ 的动量之差。

$$dk = \rho dQ dt (u_2 - u_1)$$

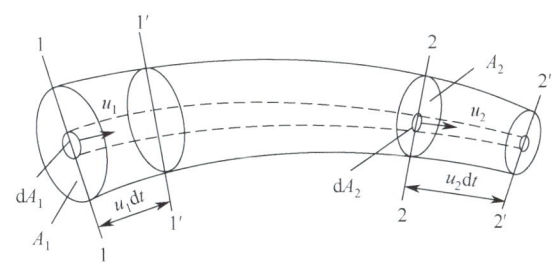

图 2-14 恒定总流动量方程计算图

假设恒定总流两个过水断面的面积分别为 A_1 和 A_2,将上述微小流束的动量变化 dk 沿相应的恒定总流过水断面进行积分,即可得到恒定总流在 dt 时段内动量的变化量:

$$\sum dk = \int_Q \rho dQ dt(u_2 - u_1) = \int_Q \rho dQ dt u_2 - \int_Q \rho dQ dt u_1$$
$$= \rho dt \left(\int_{A_2} u_2^2 dA_2 - \int_{A_2} u_1^2 dA_1 \right) \tag{2-23}$$

按断面平均流速计算任意过水断面的动量,即通过过水断面的质量 ρQ 乘断面平均流速 v。但实际液体过水断面上的流速分布不均匀,而按实际流速计算过水断面的动量,应对所有微小流束的动量进行积分。研究表明,按断面平均流速计算得到的动量 ρQv 不等于实际动量,为此,需引入一个动量修正系数 β 来加以修正,即

$$\int_A u^2 dA = \beta v^2 A \tag{2-24}$$

动量修正系数 β 为

$$\beta = \frac{\int_A u^2 dA}{v^2 A}$$

式 (2-24) 表明,动量修正系数是单位时间内通过恒定总流过水断面的单位质量液体的实际动量与单位时间内以相应的断面平均流速通过恒定总流过水断面的单位质量液体的动量的比值。同样可以证明 β 大于 1,且 β 的大小取决于过水断面的流速分布。通常在渐变流中,$\beta = 1.02 \sim 1.05$。在实际工程中,为简便起见,一般选取 $\beta = 1.0$。

将式 (2-24) 代入式 (2-23) 得

$$\sum dk = \rho dt (\beta_2 v_2^2 A_2 - \beta_1 v_1^2 A_1)$$

因为 $v_1 A_1 = v_2 A_2 = Q$,所以

$$\sum dk = \rho Q dt (\beta_2 v_2 - \beta_1 v_1) \tag{2-25}$$

设 dt 时段内作用于流段 1-2 的所有外力的矢量和为 $\sum F$,将式 (2-25) 代入动量定理得

$$\frac{\sum dk}{dt} = \sum F$$
$$\sum F = \rho Q (\beta_2 v_2 - \beta_1 v_1) \tag{2-26}$$

式 (2-26) 即为恒定总流的动量方程。它表明单位时间内作用于所研究恒定总流流段上的所有外力的矢量和,应等于该流段通过下游过水断面流出动量与通过上游过水断面流入动量的矢量差。

由于速度为矢量,动量也为矢量,所以动量方程是一个矢量方程。在计算实际问题时,常将动量方程写成直角坐标系中的投影表达式,即

$$\sum F_x = \rho Q (\beta_2 v_{2x} - \beta_1 v_{1x})$$
$$\sum F_y = \rho Q (\beta_2 v_{2y} - \beta_1 v_{1y}) \tag{2-27}$$
$$\sum F_z = \rho Q (\beta_2 v_{2z} - \beta_1 v_{1z})$$

式中 v_{2x}、v_{2y}、v_{2z}——恒定总流下游过水断面 2—2 的断面平均流速 v_2 在三个坐标方向上的投影;

v_{1x}、v_{1y}、v_{1z}——恒定总流上游过水断面 1—1 的断面平均流速 v_1 在三个坐标方向上的投影;

$\sum F_x$、$\sum F_y$、$\sum F_z$——作用在过水断面 1—1 与过水断面 2—2 间液体上的所有外力在三个坐标方向上投影的代数和。

(二) 动量方程的适用条件

(1) 列动量方程必须遵循"取、选、标"的原则,即取脱离体、选 xyz 坐标系、在脱离体图上用箭头标注力和速度。只有在此基础上才可以列 x、y、z 方向的动量方程(力一般有过水断面上的动水压力、脱离体的重力、固体边界表面对脱离体的作用力)。注意:根据求解力的方向选定几个坐标轴,常求解的力为某一轴向力或平面力,选定一个或两个坐标方向即可。

(2) 列 x、y、z 方向的动量方程时,力和速度的投影与坐标轴方向一致取正,不一致则取负。

(3) 选取脱离体时,过水断面 1—1、2—2 要取在渐变流段,且要求已知条件多并包含待求量。过水断面的动量修正系数均为 1.0。

(4) 列动量方程时,输入和输出的流量遵循连续性方程,动量一定是流出的动量减去流入的动量。

(5) 未知数多时,可与连续性方程和能量方程联立求解。

实际上,动量方程也可以推广应用于沿程水流有分支或汇合的情况。例如,对某一分叉管路 [见图 2-8 (b)],可以把管壁及上下游过水断面所组成的封闭段作为脱离体,应用动量方程。此时,对该脱离体建立的动量方程应为

$$\rho Q_2 \beta_2 v_2 + \rho Q_3 \beta_3 v_3 - \rho Q_1 \beta_1 v_1 = \sum F \tag{2-28}$$

2.1.4 拓展案例

一、恒定总流的连续性方程的应用案例

【案例 2-1】直径 d 为 100mm 的输水管中有一变截面管段(见图 2-15),若测得管内流量 Q 为 10L/s,变截面弯管段最小截面处的断面平均流速为 v_0 = 20.3m/s,求输水管的断面平均流速 v 及最小截面处的直径 d_0。

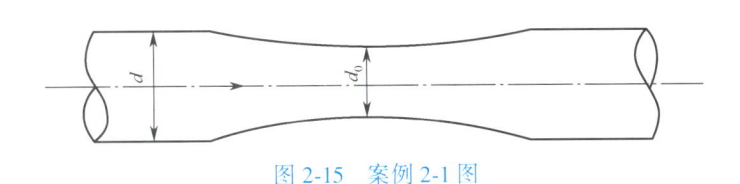

图 2-15 案例 2-1 图

【分析与计算】

$$v = \frac{Q}{\frac{1}{4}\pi d^2} \approx \frac{10 \times 10^{-3}}{\frac{1}{4} \times 3.14 \times 0.1^2} \approx 1.27 \text{m/s}$$

$$d_0^2 = \frac{v}{v_0} d^2 = \frac{1.27}{20.3} \times 0.1^2 \approx 0.000626 \text{m}^2$$

$$d_0 = \sqrt{0.000626} \approx 0.0250 \text{m} = 25 \text{mm}$$

【案例 2-2】 有一河道在某处分为两支：内江和外江，如图 2-16 所示。为便于引水灌溉农田，在外江设一座溢流坝，用于抬高上游水位。已测得上游河道流量 $Q = 1400 \text{m}^3/\text{s}$，通过溢流坝的流量 $Q_1 = 350 \text{m}^3/\text{s}$。内江过水断面的面积 $A_2 = 380 \text{m}^2$，求通过内江的流量 Q_2 及过水断面 2—2 的断面平均流速。

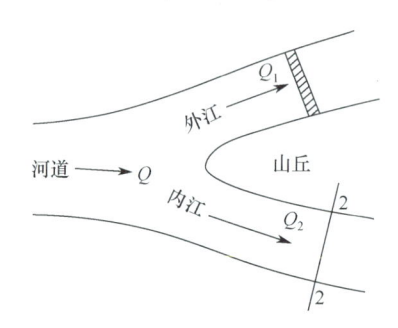

图 2-16　案例 2-2 图

【分析与计算】

由连续性方程可得

$$Q_2 = Q - Q_1 = 1400 - 350 = 1050 \text{m}^3/\text{s}$$

则过水断面 2—2 的断面平均流速为

$$v_2 = \frac{Q_2}{A_2} = \frac{1050}{380} \approx 2.76 \text{m/s}$$

二、恒定总流的能量方程的应用案例

【案例 2-3】 图 2-17 所示为水流经溢流坝前后的纵断面图。设溢流坝的溢流段较长，上下游每米宽度内的流量相等。当坝顶水头为 1.5m 时，上游过水断面 1—1 的断面平均流速 $v_1 = 0.8 \text{m/s}$，坝趾过水断面 2—2 的水深为 0.42m，下游过水断面 3—3 处的水深为 2.2m。

（1）分别求过水断面 1—1、2—2、3—3 处单位质量水体的势能、动能和总机械能。

（2）求过水断面 1—1 至过水断面 2—2 的水头损失和过水断面 2—2 至过水断面 3—3 的水头损失。

模块 2　取水建筑物水力计算

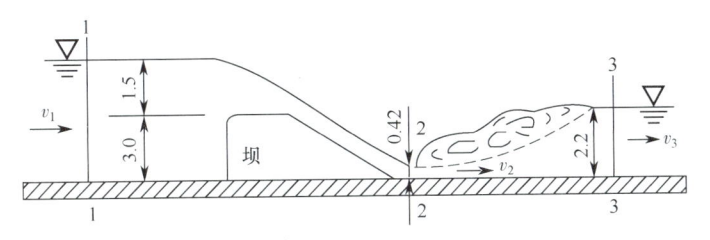

图 2-17　案例 2-3 图

【分析与计算】

（1）列过水断面 1—1 和过水断面 2—2 的连续性方程：

$$A_1 v_1 = A_2 v_2$$

$$v_2 = \frac{A_1 v_1}{A_2} = \frac{bh_1}{bh_2} v_1 = \frac{h_1}{h_2} v_1 = \frac{4.5}{0.42} \times 0.8 \approx 8.57 \text{m/s}$$

列过水断面 1—1 和过水断面 3—3 的连续性方程：

$$A_1 v_1 = A_3 v_3$$

$$v_3 = \frac{A_1 v_1}{A_3} = \frac{bh_1}{bh_3} v_1 = \frac{h_1}{h_3} v_1 = \frac{4.5}{2.2} \times 0.8 \approx 1.64 \text{m/s}$$

以河床底部为基准面，计算点选在自由液面上，取 $\alpha_1 = \alpha_2 = \alpha_3 = 1.0$，计算各过水断面的能量。

① 过水断面 1—1。

单位势能为

$$z_1 + \frac{p_1}{\gamma} = 4.5 + 0 = 4.5 \text{m}$$

单位动能为

$$\frac{v_1^2}{2g} = \frac{0.8^2}{19.6} \approx 0.0327 \text{m}$$

单位总机械能为

$$H_1 = z_1 + \frac{p_1}{\gamma} + \frac{v_1^2}{2g} = 4.5 + 0.0327 \approx 4.53 \text{m}$$

② 过水断面 2—2。

单位势能为

$$z_2 + \frac{p_2}{\gamma} = 0.42 + 0 = 0.42 \text{m}$$

单位动能为

$$\frac{v_2^2}{2g} = \frac{8.57^2}{19.6} \approx 3.75 \text{m}$$

单位总机械能为

$$H_2 = z_2 + \frac{p_2}{\gamma} + \frac{v_2^2}{2g} = 0.42 + 3.75 = 4.17\text{m}$$

③ 过水断面 3—3。

单位势能为

$$z_3 + \frac{p_3}{\gamma} = 2.2 + 0 = 2.2\text{m}$$

单位动能为

$$\frac{v_3^2}{2g} = \frac{1.64^2}{19.6} \approx 0.137\text{m}$$

单位总机械能为

$$H_3 = z_3 + \frac{p_3}{\gamma} + \frac{v_3^2}{2g} = 2.2 + 0.137 \approx 2.34\text{m}$$

（2）计算水头损失。

$$h_{w1-2} = H_1 - H_2 = 4.53 - 4.17 = 0.36\text{m}$$

$$h_{w2-3} = H_2 - H_3 = 4.17 - 2.34 = 1.83\text{m}$$

【案例 2-4】 图 2-18 所示为一变直径的管段 AB，$d_A = 0.2\text{m}$，$d_B = 0.4\text{m}$，高差 $\Delta z = 1.5\text{m}$，测得 $p_A = 30\text{kN/m}^2$，$p_B = 40\text{kN/m}^2$，B 点处的断面平均流速 $v_B = 1.5\text{m/s}$，求 A、B 两点处过水断面的总水头差及管中水流的流动方向。

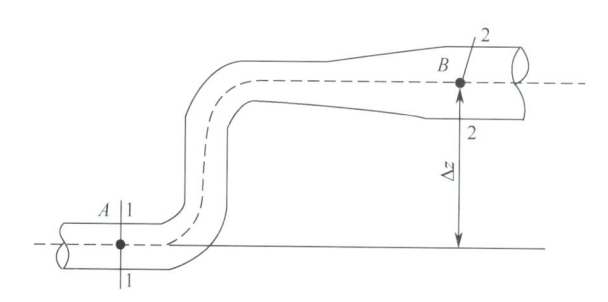

图 2-18 案例 2-4 图

【分析与计算】

由连续性方程可得

$$v_A A_A = v_B A_B$$

$$v_A = \frac{v_B A_B}{A_A} = 6\text{m/s}$$

A、B 两点处过水断面的总水头差为（以 A 点所在水平面为基准面）

$$\left(z_1 + \frac{p_1}{\gamma} + \frac{\alpha v_1^2}{2g}\right) - \left(z_2 + \frac{p_2}{\gamma} + \frac{\alpha v_2^2}{2g}\right)$$

$$= \left(0 + \frac{30}{9.8} + \frac{6^2}{2 \times 9.8}\right) - \left(1.5 + \frac{40}{9.8} + \frac{1.5^2}{2 \times 9.8}\right)$$

$$\approx -0.798 \text{m}$$

因此，B 点总水头大于 A 点总水头。水流从 B 点向 A 点流动。

【案例 2-5】自流管从水库取水（见图 2-19），已知 $H=12$m，管径 $d=100$mm，水头损失 $h_w = \frac{8v^2}{2g}$，求自流管流量 Q（忽略上下游水流流速）。

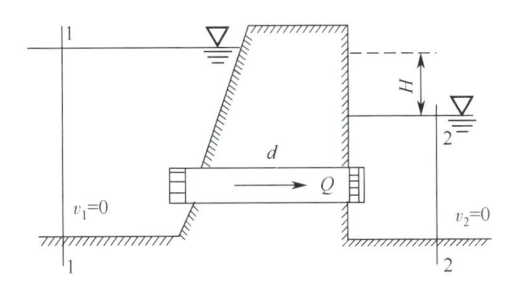

图 2-19 案例 2-5 图

微课视频

【分析与计算】

以下游水面为基准面，取两个计算过水断面，即过水断面 1—1 和过水断面 2—2。列过水断面 1—1 和过水断面 2—2 的能量方程：

$$z_1 + \frac{p_1}{\gamma} + \frac{\alpha_1 v_1^2}{2g} = z_2 + \frac{p_2}{\gamma} + \frac{\alpha_2 v_2^2}{2g} + h_w$$

$$H + 0 + 0 = 0 + 0 + 0 + h_w$$

$$H = h_w = \frac{8v^2}{2g}$$

$$v \approx 5.42 \text{m/s}$$

$$Q = \frac{1}{4}\pi d^2 v \approx 42.6 \text{L/s}$$

三、恒定总流的动量方程的应用案例

【案例 2-6】管路中有一段水平放置的等截面弯管，直径 d 为 200mm，弯角为 45°（见图 2-20）。管中过水断面 1—1 的断面平均流速 $v_1 = 4$m/s，其形心处的相对压强 p_1 为 1 个大气压。若不计管流的水头损失，求水流对弯管的作用力 R。

【分析与计算】

取渐变流过水断面 1—1、过水断面 2—2 及管内壁所围成的水体为脱离体，选坐标系如图 2-20 所示。R' 是弯管对水流的反作用力（与 R 等值、反向）。R'_x、R'_y 为 R' 在 x、y 轴上的分力。作用在两端面上的动水压力分别为 $P_1 = p_1 A_1$，$P_2 = p_2 A_2$。因所研究的水平面与脱离体的水流重力相互垂直，故重力在此水平面上的分力为零。

恒定总流的动量方程在 x 轴与 y 轴上的投影为

$$\rho Q(\beta_2 v_2 \cos 45° - \beta_1 v_1) = p_1 A_1 - p_2 A_2 \cos 45° - R'_x$$

$$\rho Q(\beta_2 v_2 \sin 45° - 0) = 0 - p_2 A_2 \sin 45° + R'_y$$

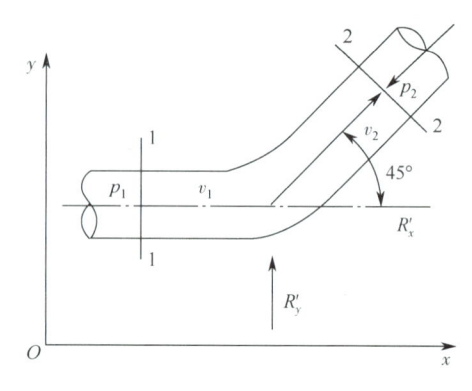

图 2-20 案例 2-6 图

由此可得

$$R'_x = p_1 A_1 - p_2 A_2 \cos 45° - \rho Q(\beta_2 v_2 \cos 45° - \beta_1 v_1)$$

$$R'_y = p_2 A_2 \sin 45° + \rho Q \beta_2 v_2 \sin 45°$$

其中

$$Q = \frac{1}{4}\pi d^2 v_1 \approx \frac{1}{4} \times 3.14 \times 0.2^2 \times 4 \approx 0.126 \text{m}^3/\text{s}$$

根据恒定总流的连续性方程可知，$v_2 = v_1 = 4\text{m/s}$。

列过水断面 1—1 和过水断面 2—2 的能量方程：

$$z_1 + \frac{p_1}{\gamma} + \frac{\alpha_1 v_1^2}{2g} = z_2 + \frac{p_2}{\gamma} + \frac{\alpha_2 v_2^2}{2g} + h_w$$

由于 $z_1 = z_2$，$\theta_1 = \theta_2$，h_w 忽略不计，因此可得到 $p_2 = p_1 = 1$ 个大气压 $= 98\text{kN/m}^2$，于是

$$p_2 A_2 = p_1 A_1 = p_1 \frac{1}{4}\pi d^2 = 9.8 \times \frac{1}{4} \times 3.14 \times 0.2^2 \approx 3.077 \text{kN}$$

取 $\beta_1 = \beta_2 = 1$，则有

$$R'_x = 3077 - 3077 \times \frac{\sqrt{2}}{2} - 1000 \times 0.126 \times 4 \times \left(\frac{\sqrt{2}}{2} - 1\right) \approx 1.05 \text{kN}$$

$$R'_y = 3077 \times \frac{\sqrt{2}}{2} + 1000 \times 0.126 \times 4 \times \frac{\sqrt{2}}{2} = 2.53 \text{kN}$$

则水流对弯管的作用力为

$$R = \sqrt{R'^2_x + R'^2_y} = \sqrt{1.05^2 + 2.53^2} \approx 2.74 \text{kN}$$

【案例 2-7】水流从喷嘴中水平射向一相距不远的静止固体壁面，接触壁面后分成两股并沿其表面流动，其水平图如图 2-21 所示。设固体壁面及其表面液流对称于喷嘴

的轴线。若已知喷嘴出口直径 d 为 40mm，喷射流量 Q 为 0.252m³/s，求液流偏转角 θ 分别等于 60°、90° 与 180° 时，射流对固体壁面的冲击力 R，并比较它们的大小。

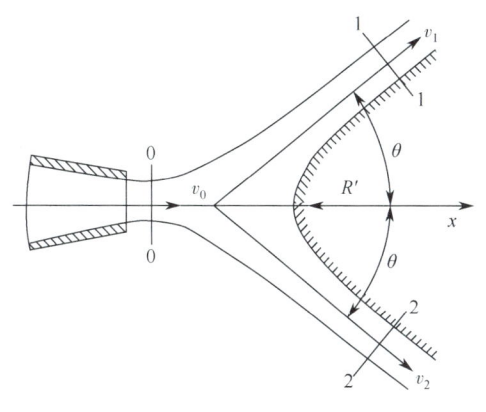

图 2-21 案例 2-7 图

【分析与计算】

取渐变流过水断面 0—0、1—1、2—2 及液流边界面所围的封闭曲面为脱离体。水流流入与流出脱离体的流速，以及作用在脱离体上的表面力如图 2-21 所示，其中 R' 是固体壁面对液流的作用力，即为所求射流对固体壁面冲击力 R 的反作用力。因固体壁面及表面的液流对称于喷嘴的轴线，故 R' 位于喷嘴轴线上。因各过水断面较小，不计水压力，故各过水断面动水压强近似为大气压，即 $p_1=p_2=p_0=p_a$。同时，因只研究水平面上的液流，故与其正交的重力也不必考虑，基准面选在水平面，则位置高度 z 均为 0。选喷嘴轴线为 x 轴（设向右为正）。

若略去水平面上液流的能量损失，则由恒定总流的能量方程得

$$v_1 = v_2 = v_0 = \frac{Q}{\frac{1}{4}\pi d^2} \approx \frac{0.0252}{\frac{1}{4} \times 3.14 \times 0.04^2} \approx 20\text{m/s}$$

因液流对称于 x 轴，故 $Q_1 = Q_2 = \dfrac{Q}{2}$。取 $\beta_1 = \beta_2 = 1$，规定动量及力的投影与坐标轴同向为正，反向为负。恒定总流的动量方程在 x 轴上的投影为

$$\frac{\rho Q}{2}v_0\cos\theta + \frac{\rho Q}{2}v_0\cos\theta - \rho Q v_0 = -R'$$

整理可得

$$R' = \rho Q v_0 (1 - \cos\theta)$$

而 $R = -R'$，即两者大小相等，方向相反。

当 $\theta = 60°$ 时：

$$R = R' = 1000 \times 0.0252 \times 20 \times (1 - \cos 60°) = 252\text{N}$$

当 $\theta = 90°$ 时：

$$R = R' = 1000 \times 0.0252 \times 20 \times (1 - \cos 90°) = 504 \text{N}$$

当 $\theta = 180°$（固体壁面凹向射流）时：

$$R = R' = 1000 \times 0.0252 \times 20 \times (1 - \cos 180°) = 1008 \text{N}$$

由此可见，在这三种情况下，$\theta = 180°$ 时的 R 值最大。斗叶式水轮机的叶片形状就是根据这一原理设计的，以求获得最大的冲击力与输出功率。当然，此时叶片并不固定而是做圆周运动，有效作用力应由相对速度决定。

技能训练

一、选择题

1. 某渐变流过水断面上的测压管水头 $z + \dfrac{p}{\gamma} = 5\text{m}$，流速水头 $\dfrac{\alpha v^2}{2g} = 3\text{m}$，则总水头 H 为（　　）m。

    A. 5　　　　　　B. 2　　　　　　C. 8　　　　　　D. 4

2. 某渐变流过水断面上的位置水头 $z = 1\text{m}$，压强水头 $\dfrac{p}{\gamma} = 6\text{m}$，流速水头 $\dfrac{\alpha v^2}{2g} = 2\text{m}$，则总水头 H 为（　　）m。

    A. 1　　　　　　B. 2　　　　　　C. 6　　　　　　D. 9

3. 下列说法正确的是（　　）。

    A. 水流总是从位置高的地方流向位置低的地方
    B. 水流总是从压强大的地方流向压强小的地方
    C. 水流总是从总水头高的地方流向总水头低的地方
    D. 水流总是从流速大的地方流向流速小的地方

4. 当恒定总流沿程无流量流入或流出时，流量沿程（　　）。

    A. 增大　　　　　B. 减小　　　　　C. 不变　　　　　D. 不一定

5. "人往高处走，水往低处流"这句谚语描述的水流是（　　）。

    A. 无压流　　　　B. 均匀流　　　　C. 有压流　　　　D. 都可以

二、问答题

1. 拿两张薄纸，平行提到手中，当用嘴向纸间间隙吹气时，两张薄纸会出现什么现象？请说明原因。

2. 在火车站站台上等车，在火车马上就要进站的时候，从水力学的角度解释为什么乘客要站在候车黄线之外以保证安全。

3. 有人认为，均匀流一定是恒定流，急变流一定是非恒定流，这种说法对吗？请说明理由。

三、计算题

1. 某给水管路的直径 $d = 200\text{mm}$，若每小时通过水的体积为 300m^3，试求管内水流流量及断面平均流速。

2. 水轮机的锥形管如图 2-22 所示。已知过水断面 A—A 的管径 $d_A = 0.6$m，断面平均流速 $v_A = 5$m/s。出口过水断面 B—B 的管径 $d_B = 0.9$m，由 A 到 B 的水头损失为 $\dfrac{0.2v_A^2}{2g}$。试求当 $z = 5$m 时，过水断面 A—A 的真空度。

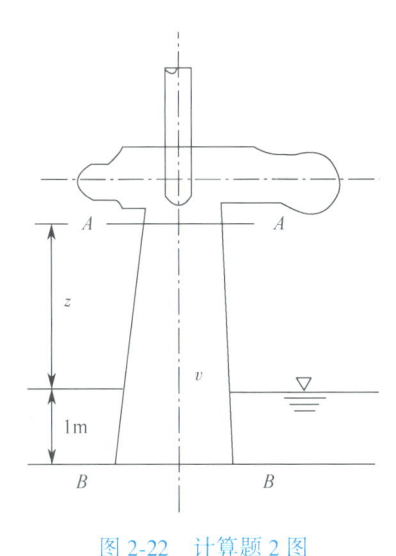

图 2-22 计算题 2 图

任务 2 水头损失的计算

2.2.1 任务导入

中哈原油管道

中哈原油管道是我国的第一条战略级跨国原油进口管道。中哈原油管道是中国石油天然气集团有限公司在中亚及俄罗斯地区投资建设的第一条管线，西起哈萨克斯坦阿特劳，途经肯基亚克、库姆克尔和阿塔苏，东至阿拉山口—独山子输油管道首站，全线总长 2800 多千米，被誉为"丝绸之路第一管道"。

我国从 1993 年起成为原油净进口国。为满足国内经济对原油的需求，我国的原油进口量不断攀升，目前已成为世界上仅次于美国的第二大原油消费国。我国的原油需求量非常大，原油进口安全对国家能源安全是非常重要的。我国 80% 的进口原油要经过马六甲海峡。对这条水道的过度依赖给我国的能源安全带来了潜在风险。开辟西方的原油运输通道对我国的原油供应安全有着积极意义。中哈原油管道作为首条陆路原油运输通道，不仅可以保障我国对原油进口量的需求，还可以改变原来单纯依靠水道运输的状况。

习近平总书记在党的二十大报告中指出：建成世界最大的高速铁路网、高速公路网，机场港口、水利、能源、信息等基础设施建设取得重大成就。中哈原油管道的建成投产是中哈两国经济互补的双赢之举，既推动了哈萨克斯坦原油实现多元化出口，也为我国提供了安全可靠的原油资源。哈萨克斯坦原油的到来，开启了我国境外陆路原油管线供油时代，标志着我国进入了一个更加稳定、安全、持续供油的阶段。

中哈原油管道的前期工程——阿特劳—肯基亚克输油管线全长 448.8km，管径为 610mm，已于 2003 年底建成投产，年输油能力为 600 万吨。中哈原油管道一期工程——阿塔苏—阿拉山口段，西起哈萨克斯坦阿塔苏，东至我国阿拉山口，全长 962.2km，于 2006 年 5 月实现全线通油。中哈原油管道二期一阶段工程——肯基亚克—库姆克尔段，全长 761km，于 2009 年 7 月建成投产，实现了由哈萨克斯坦西部到我国新疆的全线贯通。

任务：中哈原油管道（见图 2-23）的输油路程长、弯道多，还有闸门等，从输油端开始，总能量就会因为这些因素不断消耗，最终使原油不再继续向前流动，那么就需要泵站给原油增加能量，使之能继续克服这些能量消耗，最终到达目的地。泵站给原油增加的能量和原油输送途中消耗的能量应该如何计算？

图 2-23 中哈原油管道

2.2.2 水头损失的特点分析

一、水头损失

（一）水头损失的根源和分类

微课视频

实际液体在流动过程中，与边界面接触的液体质点黏附于固体表面，流速为零。在边界面的法线方向上，流速逐渐增大，过水断面上的流速分布处于不均匀状态，如果选取相邻两流层来研究会发现，两流层间存在相对运动。实际液体又具有黏滞性，所以有相对运动的相邻两流层间会产生内摩擦阻力。液体运动过程中要克服这种摩擦阻力必须损耗部分液流的机械能，其将转化为热能散失掉，所以实际液体总是存在水头损失。而理想液体过水断面的流速在垂直方向上无变化，液体不必为克服黏滞切应力而损失能量，所以理想液体的水头损失总是为零。至于固体边界几何条件和粗糙程度对水头损失的影响,对实际液体而言,这些因素只能起到增大或减小水头损失的作用,不能决定水头损失的有无。对理想液体而言,无论边界条件怎样变化、怎样粗糙,因 $\tau = \mu \dfrac{du}{dy} = 0$,故水头损失总是为零,所以水头损失的根源是液体的黏滞性。

根据水流的流动类型可把水头损失分为两类:一类发生在均匀流中,均匀流总是发生在长直且形状、尺寸沿程不变的固体边界上,在这种边界上产生的水头损失沿程都有,并随流程长度的增加而增加,所以把均匀流中的水头损失叫作沿程水头损失,并用 h_f 表示,例如,输水管道、隧洞和河渠中的均匀流流段内的水头损失;另一类发生在急变流中,因为急变流总是发生在固体边界发生突变的局部范围内,所以把发生在急变流中的水头损失叫作局部水头损失,用 h_j 表示。当固体边界形状、尺寸或方向发生突变时,在突变处水流会脱离边界,并在水流与边界之间产生漩涡,形成急变流,如图 2-24 所示,水流漩涡使水头损失增大。过水断面突然扩大、突然缩小、转弯、阀门等引起的水头损失就是局部水头损失。为了简化计算,认为 h_j 发生在突变断面上而不是局部,急变流不占有管道的长度,因此在计算沿程水头损失时,整个管道中的水流都视为均匀流,如图 2-25 所示。

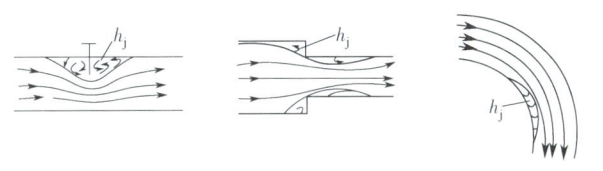

图 2-24 急变流的形成边界   微课视频

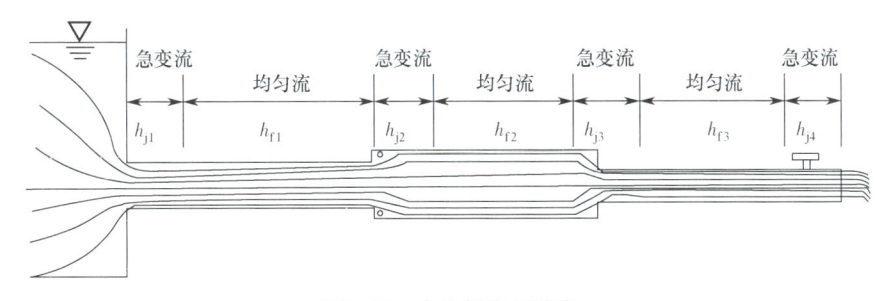

图 2-25 水头损失的分类

实际水流在沿程运动中,既存在各种沿程水头损失,又存在局部水头损失,故整个流程上的总水头损失应是所有沿程水头损失和局部水头损失之和。

综上所述,可得水头损失为

$$h_w = \sum h_f + \sum h_j \tag{2-29}$$

式中 h_w——恒定总流中平均每单位质量液体在整个流程中的水流能量损失,简称水头损失;

$\sum h_\mathrm{f}$——恒定总流中平均每单位质量液体在流程中各均匀流流段的沿程水头损失之和；

$\sum h_\mathrm{j}$——恒定总流中平均每单位质量液体在流程中各种局部水头损失之和。

例如，在图 2-25 中，水头损失 $h_\mathrm{w} = \sum_{m=1}^{3} h_{\mathrm{f}m} + \sum_{n=1}^{4} h_{\mathrm{j}n}$。

（二）边界对水头损失的影响

液流过水断面与固体或液体边界接触的周界叫作湿周，用 χ 表示，例如，管、渠中，过水断面上液体与固体边壁的接触周长，以及在液流中取一流束，流束的过水断面周界，都是湿周 χ，不过流束的 χ 是液体周界。χ、过水断面面积 A 对水头损失都有影响，χ 大，周界阻力就大，由此引起的水头损失也大；χ 小，周界阻力就小，由此引起的水头损失也小。对于过水断面面积 A，当通过相同流量时，A 小，液流的流速就大，相应的水头损失也大；反之，水头损失就小。

假设有相同流量，一般情况下，过水断面面积大时，湿周也较大，此时水头损失大，但过水断面面积大时，流速小，故水头损失小，那么此时水头损失是大是小，无法准确判断。为了全面表征过水断面的水力特征，水力学中将两者相互联系起来，将过水断面面积 A 与湿周 χ 的比值称为水力半径 R，即

$$R = \frac{A}{\chi} \tag{2-30}$$

水力半径表示平均每米湿周所包含的过水断面面积，是表示过水断面形状、尺寸对水头损失造成的影响的一个重要水力要素。设计管、渠过水断面时，在其他条件被满足的情况下，应使设计的 R 值大些，这样可减小水头损失。因为 $R = \frac{A}{\chi}$ 的单位为 $\frac{\mathrm{m}^2}{\mathrm{m}}$，可以消掉一个 m，所以 R 的单位为 m。R 适用于管流和渠流，例如，直径为 d 的圆管，当充满液流时，$A = \frac{\pi d^2}{4}$，$\chi = \pi d$，故水力半径 $R = \frac{A}{\chi} = \frac{d}{4}$；矩形渠宽为 b，水深为 h，则 $R = \frac{A}{\chi} = \frac{bh}{b+2h}$。

练一练（判断题）

1. 产生水头损失的根本原因是固体边界形状。　　　　　　　　　　　　　（　　）
2. 根据液流边界情况，水头损失可分为沿程水头损失和局部水头损失。　（　　）
3. 液流边界横向轮廓形状影响水头损失的大小，液流边界纵向轮廓形状影响水头损失的种类。　　　　　　　　　　　　　　　　　　　　　　　　　　　（　　）

二、水流运动的两种流态

1883 年，英国物理学家雷诺（Reynolds）对水流现象进行试验研究，发现水流分

为两种流态：层流和紊流。在这两种流态中，h_f 随 v 的变化而不同。

(一) 雷诺实验

雷诺试验装置如图 2-26 所示。在试验过程中，利用溢流板保持水箱中水位恒定，保证管段内水流为恒定均匀流。试验时，先将阀门 k_1 慢慢开启，使试验管中水流流速较小，然后将有色水的阀门 k_2 打开，此时，在玻璃管内出现一条细直鲜明的有色水流束，此有色水流束并不与管内的无色水流相混杂，如图 2-26（a）所示。再将阀门 k_1 逐渐开大，管中流速逐渐增大，玻璃管中的有色水流束开始波动，形成波状流束，如图 2-26（b）所示。随着阀门 k_1 继续开大，有色水的波状流束在个别地方出现断裂，当流速达到某一定值时，有色水流束便完全破裂，并很快扩散布满全管，使管中水流全部着色，有色水与无色水完全掺混在一起，如图 2-26（c）所示。上述试验表明，水流具有两种不同的流态。当流速较小时，水流质点分层流动，且在流动中不串层，称为层流。当流速较大时，水流质点相互串层、掺混，流动紊乱，称为紊流。

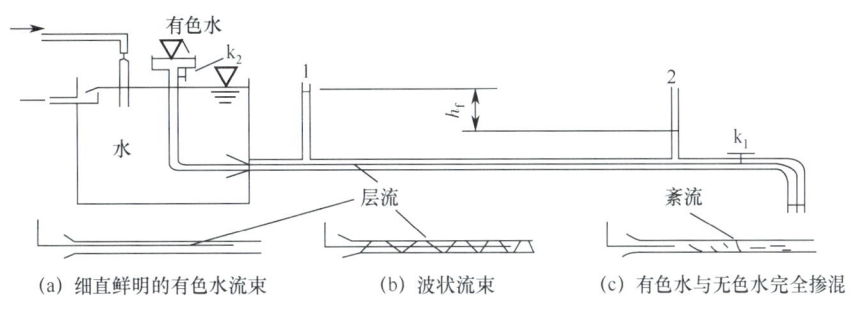

图 2-26 雷诺试验装置

(a) 细直鲜明的有色水流束　(b) 波状流束　(c) 有色水与无色水完全掺混

(二) 流态的判别

为了判别层流与紊流这两种流态，把两种流态转换时的流速称为临界流速。其中，紊流变层流时的临界流速较小，称为下临界流速 v_k；层流变紊流时的临界流速较大，称为上临界流速 v'_k。但临界流速会随着水温、管径或液流种类的变化而变化，所以不能用作流态判别的依据。

进一步研究发现：在管流中，液体流态的转变取决于液体流速 v 和管径 d 的乘积与液体运动黏滞系数 ν 的比值 $\dfrac{vd}{\nu}$。液体的运动黏滞系数可用下列经验公式计算：

$$\nu = \frac{0.01775}{1 + 0.0337t + 0.000221t^2}$$

式中　t——水温，单位为 ℃；

　　　ν——运动黏滞系数，单位为 cm^2/s。

为了使用方便，在表 2-1 中列出不同水温下的 ν 值。

表 2-1　不同水温下的 ν 值

水温/℃	0	2	4	6	8	10	12
$\nu/(\text{cm}^2/\text{s})$	0.01775	0.01674	0.01568	0.01473	0.01387	0.01310	0.01239
水温/℃	14	16	18	20	22	24	26
$\nu/(\text{cm}^2/\text{s})$	0.01176	0.0118	0.01062	0.01003	0.00989	0.00919	0/00877
水温/℃	28	30	35	40	45	50	60
$\nu/(\text{cm}^2/\text{s})$	0.00839	0.00803	0.00725	0.00659	0.00603	0.00556	0.00478

这一研究结果同样适用于明渠水流，只是要用水力半径 R 来替代管径 d，即比值为 $\dfrac{vR}{\nu}$，该比值称为雷诺数，用 Re 表示。Re 是无量纲数，圆管管流的雷诺数为

$$Re = \frac{vd}{\nu} \tag{2-31}$$

明渠水流的雷诺数为

$$Re = \frac{vR}{\nu} \tag{2-32}$$

流态转换时的雷诺数称为临界雷诺数。其中，层流变紊流时的雷诺数称为上临界雷诺数；紊流变层流时的雷诺数称为下临界雷诺数。下临界雷诺数比较稳定，上临界雷诺数的数值因流动起始条件和试验条件不同而差异很大，而且在实际工程中，上、下临界雷诺数之间的流态极不稳定，只要有微小扰动，就可以使层流变为紊流，所以实际工程中都将过渡区的流态看作紊流，因此把下临界雷诺数作为判别标准，以 Rek 表示。临界雷诺数是过水断面形状的函数，与液流性质、过水断面大小无关。例如，圆管管流的 Rek 为 2320，把液体由水换成油或是增大、减小管径，Rek 不受影响，还是 2320。注意：对一种形状的过水断面，Rek 只有一个，但 Re 却有无数个。雷诺试验测得圆管管流的下临界雷诺数 $Rek=2320$（试验值为 2000~3000），明渠水流的下临界雷诺数 $Rek=580$。

利用 Rek 判别水流流态的方法：$Re<Rek$ 为层流；$Re>Rek$ 为紊流。

雷诺试验的结果不仅适用于水，也适用于油、酒精、汞、低速气体等。

（三）雷诺数的物理意义

水流中惯性力作用可用惯性力表示，黏滞力作用可用黏滞力表示。

雷诺数的量纲为

$$[Re] = [v][R]/[\nu]$$

$\dfrac{[\text{惯性力}]}{[\text{黏滞力}]}$ 的量纲为

$$\frac{[F]}{[T]} = [\rho][L]^3 \frac{[v]}{[t]} \Big/ [L]^2 [\mu] \frac{[v]}{[L]} = \frac{[\rho][L]^2}{[\mu][t]} = \frac{[v][L]}{[\nu]} = [Re]$$

由此可以看出，两者量纲相同。其中，特征长度 L 在管流中用管径 d 表示，在明渠中则用水力半径 R 表示。从物理意义上来讲：雷诺数表示了惯性力和黏滞力的比值。

当 Re 较小时，水流中黏滞力大于惯性力，黏滞力对水流质点起约束作用，使水流为层流，质点互不串层。当 Re 较大时，水流中黏滞力小于惯性力，惯性力对水流质点起控制作用。在惯性力作用下，水流质点可以摆脱黏滞力约束发生串层、掺混，从而成为紊流。

练一练（判断题）

1. 雷诺数可以用来判别均匀流和非均匀流。（　　）
2. 当明渠水流雷诺数 $Re=1260$ 时，水流的流态为层流。（　　）
3. 当有压管水流雷诺数 $Re=2560$ 时，水流的流态为紊流。（　　）

2.2.3　水头损失的计算方法

一、沿程水头损失的分析和计算

（一）达西公式

达西公式是计算沿程水头损失的基本公式，可写为

$$h_\mathrm{f} = \lambda \frac{l}{4R} \frac{v^2}{2g} \tag{2-33}$$

式中　R——水力半径，单位为 m；

l——流程长度，单位为 m；

v——断面平均流速，单位为 m/s；

λ——沿程阻力系数，又称沿程水头损失系数，它是表征沿程阻力大小的无量纲系数。

该式由德国人魏斯巴赫于 1850 年首先提出，法国人达西在 1858 年用实验的方法对其进行了验证，故称为达西-魏斯巴赫公式，也可简称"达西公式"。该式适用于管流和渠流的所有流区，是一个通用的理论公式，水利工程中所有具体的 h_f 计算公式都是由达西公式推导而来的。

对于圆管管流，其水力半径 $R=\dfrac{d}{4}$，故沿程水头损失的表达式可写为

$$h_\mathrm{f} = \lambda \frac{l}{d} \frac{v^2}{2g} \tag{2-34}$$

达西公式适用于均匀流下的层流和紊流，但在层流、紊流中沿程阻力系数 λ 的计算方法不同，下面将讨论沿程阻力系数 λ 在层流与紊流中的变化规律与计算方法。

（二）谢才公式

1769 年，法国工程师谢才（Chézy）根据明渠均匀流的实测资料提出了谢才公式，

该式是一个经验公式，适用于紊流粗糙区，达西公式和谢才公式在世界水利工程中被广泛采用，均被纳入我国国家规范。谢才公式可写为

$$v = C\sqrt{RJ} \text{ 或 } h_\mathrm{f} = \frac{v^2}{C^2 R}l \tag{2-35}$$

式中 R——水力半径，单位为 m；

v——断面平均流速，单位为 m/s；

J——水力坡度，即 $J = \dfrac{h_\mathrm{f}}{l}$；

l——流程长度，单位为 m；

C——谢才系数，反映边壁粗糙度和过水断面形状、尺寸对水头损失的影响，与雷诺数无关，单位为 $\mathrm{m^{1/2}/s}$；

λ——沿程阻力系数。

谢才公式 $h_\mathrm{f} = \dfrac{v^2}{C^2 R}l = \dfrac{8g}{C^2}\dfrac{l}{4R}\dfrac{v^2}{2g}$，与达西公式比较可得

$$\lambda = \frac{8g}{C^2} \tag{2-36}$$

注意：因为谢才系数 C 只适用于紊流粗糙区，所以在紊流粗糙区，式（2-36）既可以用于达西公式，又可以用于谢才公式。

（三）实际工程中沿程水头损失的计算公式

前面主要从理论角度讲述沿程水头损失的计算方法。实际工程中必须使用国家规定的标准计算公式，而这些公式也是根据达西公式和谢才公式，再结合管或渠的形状、尺寸、边界条件进行试验和推导而来的。沿程水头损失的计算公式按照输水目的不同分为两大类。

1. 灌溉

渠灌、喷灌、低压管灌需分别按照《灌溉与排水工程设计标准》（GB 50288—2018）、《喷灌工程技术规范》（GB/T 50085—2007）、《管道输水灌溉工程技术规范》（GB/T 20203—2017）中规定的公式来计算。

（1）渠流计算公式为

$$v = C\sqrt{Ri} \text{ 或 } Q = Av = A\frac{1}{n}R^{2/3}i^{1/2} \tag{2-37}$$

谢才系数常用的计算公式是曼宁公式：

$$C = \frac{1}{n}R^{1/6}$$

式中 i——渠道底坡，指单位渠长的渠底高程差，均匀流时 $i = J = \dfrac{h_\mathrm{f}}{l}$。

n——粗糙系数，简称糙率，无量纲，反映固体边壁的粗糙程度，如表 2-2 所示。

表 2-2 糙率 n

壁面种类及状况	n	$\dfrac{1}{n}$
特别光滑的黄铜管、玻璃管、涂有珐琅质或其他釉料的表面	0.009	111
精致水泥浆抹面，安装及连接良好的新制的清洁铸铁管、钢管、精刨木板	0.011	90.9
很好安装的未刨木板、正常情况下无显著水锈的给水管、非常清洁的排水管、光滑的混凝土面	0.012	83.3
良好的砖砌体、正常情况下的排水管、略有积污的给水管	0.013	76.9
积污的给水管和排水管，中等情况下渠道的混凝土砌面	0.014	71.4
良好的块石圬工，旧的砖砌体，比较粗制的混凝土砌面，特别光滑、仔细开挖的岩石面	0.017	58.8
坚实黏土的渠道，不密实淤泥层（有的地方是中断的）覆盖的黄土、砾石及泥土的渠道，良好养护情况下的大渠道	0.0225	44.4
良好的干砌圬工、中等养护情况下的土渠、情况良好的天然河流（河床清洁、顺直、水流通畅、无塌岸及深潭）	0.025	40.0
养护情况在中等标准以下的土渠	0.0275	36.4
情况比较不良的土渠（如部分渠底有水草、卵石或砾石，部分边岸崩塌等）、水流条件良好的天然河流	0.030	33.3
情况特别差的渠道（有不少深潭及塌岸、芦苇丛生、渠底有大石及密生的树根等）、过水条件差、石头子及水草数量增加、有深潭及浅滩等的弯曲河道	0.040	25.0

（2）管流计算公式为

$$h_f = f \dfrac{Q^m}{d^b} l \tag{2-38}$$

式中 h_f——沿程水头损失，单位为 m；

　　　Q——流量，单位为 m³/h；

　　　f——管材摩阻系数；

　　　d——管道直径，单位为 mm；

　　　m——流量指数；

　　　b——管径指数；

　　　l——管长，单位为 m。

注意：式（2-38）中各参数单位不可改变，否则系数会改变。

各种管材的 f、b、m 值，可按表 2-3 取用。

表 2-3 各种管材的 f、b、m 值

管材类别	f	m	b
混凝土管、钢筋混凝土管	$n=0.013$　1.312×10^6	2.00	5.33
	$n=0.014$　1.516×10^6	2.00	5.33
	$n=0.015$　1.749×10^6	2.00	5.33

续表

管材类别	f	m	b
当地材料管	$7.76n^2 \times 10^9$	2.00	5.33
旧钢管、旧铸铁管	6.25×10^5	1.90	5.1
石棉水泥管	1.455×10^5	1.85	4.89
硬塑料管	0.948×10^5	1.77	4.77
铝管、铝合金管	0.861×10^5	1.74	4.74

注：① 地埋薄壁塑料管的 f 值，宜用硬塑料管 f 值的 1.05 倍；
② n 为糙率，水泥沙土管 $n=0.0143$。

2. 室外给水

（城镇工作、生活、公共设施、消防、绿化等）室外给水管、渠需按照《室外给水设计标准》（GB 50013—2018）中规定的公式计算沿程水头损失。

（1）各类塑料管（由达西公式推得）：

$$h_f = 0.000915 \frac{Q^{1.774}}{d^{4.774}} l \qquad (2\text{-}39)$$

式中　d——管内径，单位为 m；
　　　l——管长，单位为 m；
　　　Q——流量，单位为 m³/s。

（2）混凝土管及采用水泥砂浆内衬的金属管、混凝土渠：

$$h_f = \frac{v^2}{C^2 R} l \qquad \text{（谢才公式）}$$

$$C = \frac{1}{n} R^y \qquad \text{（巴甫洛夫斯基公式）} \qquad (2\text{-}40)$$

巴甫洛夫斯基公式中，$y = 2.5\sqrt{n} - 0.13 - 0.75\sqrt{R}(\sqrt{n} - 0.1)$。进行管道水力计算时，$y$ 也可取 $\frac{1}{6}$，即 C 按公式 $C = \frac{1}{n} R^{1/6}$ 计算。

式（2-40）适用于 $0.1 \leqslant R \leqslant 3.0$、$0.011 \leqslant n \leqslant 0.040$ 的情况。

（3）输配水管道、给水管网：

$$h_f = \frac{10.67 Q^{1.852}}{C_h^{1.852} d^{4.87}} l \qquad (2\text{-}41)$$

式中　C_h——海曾-威廉系数（见表 2-4）；
　　　D——管内径，单位为 m；
　　　l——管长，单位为 m；
　　　Q——流量，单位为 m³/s。

公式应用说明：近年来，我国给水工程所用管材发生了很大变化。塑料管材（如热塑性的聚氯乙烯管和聚乙烯管,热固性的玻璃纤维增强树脂夹砂管等)在给水工程中得到了越来越广泛的应用。我国成功引进了大口径预应力钢筒管道生产技术,并将这种管材广泛应用于输水工程中。此外,为防止管道腐蚀,应用历史较长的钢管已普遍采用水泥砂浆和涂料为内衬。所以,以旧钢管和旧铸铁管为研究对象建立的舍维列夫水力计算公式的适用性越来越小。现行国家标准《建筑给水排水设计标准》(GB 50015—2019)中明确采用海曾-威廉公式作为各种管材的水力计算公式。除此之外,各种塑料管技术规程也规定了相应的水力计算公式。欧美国家采用的水力计算公式和配水管网计算软件,多采用海曾-威廉公式。该公式也在国内的一些给水工程实践中得到了应用,效果较好。

表 2-4 海曾-威廉系数 C_h

管道材料	C_h	管道材料	C_h
玻璃管、塑料管、铜管	145~150	新铸铁管 最好状态	140
		新管	130
		旧管	100
		严重锈蚀状态	90~100
石棉水泥管、混凝土管	130~140	钢管、铸铁管(水泥砂浆内衬)	120~130
焊接钢管(新管)	110	钢管、铸铁管(涂料内衬)	130~140
焊接钢管(旧管)	95	陶土管	110

二、局部水头损失的分析和计算

水流运动时,若流动边界发生突变,则水流将产生局部水头损失。边界突变的形式多种多样,例如,过水断面突然扩大、突然缩小、转弯、分岔等。过水断面的突变对水流运动产生的影响可归纳为以下两点。

(1)在过水断面突变处,水流因受惯性力作用,将不再紧贴壁面流动,与壁面产生分离,并形成漩涡。漩涡的分裂和互相摩擦要消耗大量的能量,因此,漩涡区的大小和漩涡的强度直接影响局部水头损失的大小。

(2)由于主流脱离边界形成漩涡区,主流或受到压缩,或随着主流沿程不断扩散,流速分布急剧调整。例如,图 2-27 中过水断面 1—1 的流速经过不断改变,最后在过水断面 2—2 处接近于下游正常水流的流速。在流速改变的过程中,质点内部相对运动加强,碰撞、摩擦作用加剧,从而造成较大的能量损失。局部水头损失可以用流速水头与局部水头损失系数 ζ 的乘积来表示:

$$h_j = \zeta \frac{v^2}{2g} \qquad (2-42)$$

局部水头损失系数 ζ 通常由试验测定,如表 2-5 所示。更详细的局部水头损失系数可查阅《给排水设计手册》。

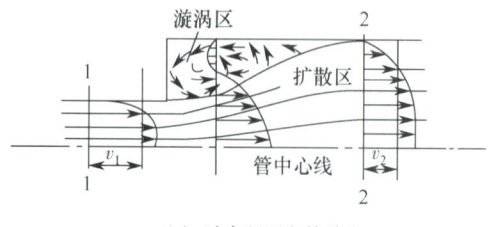

(a) 过水断面突然扩大

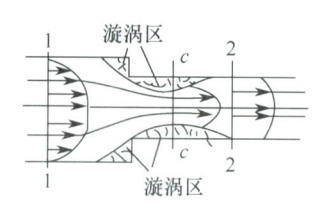

(b) 过水断面突然缩小

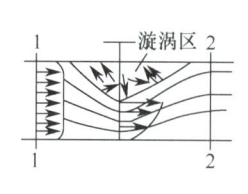

(c) 闸阀

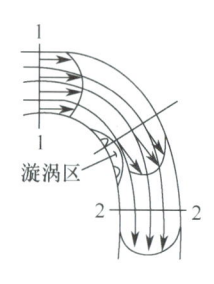

(d) 转弯

图 2-27 急变流流速分布图

表 2-5 局部水头损失系数 ζ

突变情况	简 图	局部水头损失系数 ζ
过水断面突然扩大		$\zeta' = \left(1-\dfrac{A_1}{A_2}\right)^2$ （应用公式 $h_j = \zeta'\dfrac{v_1^2}{2g}$） $\zeta'' = \left(\dfrac{A_2}{A_1}-1\right)^2$ （应用公式 $h_j = \zeta''\dfrac{v_2^2}{2g}$）
过水断面突然缩小		$\zeta = 0.5\left(1-\dfrac{A_2}{A_1}\right)$
进口	完全修圆	0.05~0.10
	稍微修圆	0.20~0.25
	没有修圆	0.50

续表

突变情况	简　图		局部水头损失系数 ζ								
出口		流入水库（池）	1.0								
		流入明渠	A_1/A_2	0.1	0.2	0.3	0.4	0.5	0.6	0.7	0.8	0.9
			ζ	0.81	0.64	0.49	0.36	0.25	0.16	0.09	0.04	0.01
急转弯管		圆形	a	30°	40°	50°	60°	70°	80°	90°		
			ζ	0.20	0.30	0.40	0.55	0.70	0.90	1.10		
		矩形	a	15°	30°	45°	60°	90°				
			ζ	0.025	0.11	0.26	0.49	1.20				
闸阀		90°	R/d	0.5	1.0	1.5	2.0	3.0	4.0	5.0		
			$\zeta_{90°}$	1.2	0.80	0.60	0.48	0.36	0.30	0.29		
		任意角度	$\zeta_a = \alpha\zeta_{90°}$									
			a	20°	30°	40°	50°	60°	70°	80°		
			α	0.40	0.55	0.65	0.75	0.83	0.88	0.95		
			a	90°	100°	120°	140°	160°	180°			
			α	1.00	1.05	1.13	1.20	1.27	1.33			
闸阀		圆形管道	当全开时（$a/d=1$）								
			d(mm)	15	20~50	80	100	150	200~250			
			ζ	1.5	0.5	0.4	0.2	0.1	0.08			
			d(mm)	300~450		500~800		900~1000				
			ζ	0.07		0.06		0.05				
			其他开启度时								
			a/d	7/8	6/8	5/8	4/8	3/8	2/8	1/8		
			$A_{开启}/A_{总}$	0.948	0.856	0.740	0.609	0.466	0.315	0.159		
			ζ	0.15	0.26	0.81	2.06	5.52	17.0	97.8		
截止阀		全开	4.3~6.1								

续表

突变情况	简图	局部水头损失系数 ζ					
莲蓬头（滤水网）		无底阀	2~3				
		有底阀 d(mm)	40	50	75	100	150	200
		ζ	12	10	8.5	7.0	6.0	5.2
		d(mm)	250	300	350	400	500	750
		ζ	4.4	3.7	3.4	3.1	2.5	1.6
平板门槽		0.05~0.20					
拦污栅		$\zeta = \beta \left(\dfrac{s}{b}\right)^{4/3} \sin a$ 式中 s——栅条宽度； b——栅条间距； a——倾角； β——栅条形状系数，由下表确定					
		栅条形状	1	2	3	4	5	6
		β	2.42	1.83	1.67	1.035	0.92	0.76

2.2.4 拓展案例

一、水流流态的判别

【案例 2-8】 管道直径 $d=100\text{mm}$，输送水流量 $Q=0.01\text{m}^3/\text{s}$，水的运动黏滞系数 $\nu=1\times10^{-6}\text{m}^2/\text{s}$，水流在管道中是什么流态？若输送 $\nu=1.14\times10^{-4}\text{m}^2/\text{s}$ 的石油，保持前一种情况下的流速不变，石油在管道中是什么流态？

【分析与计算】

（1）
$$v = \frac{4Q}{\pi d^2} \approx \frac{4\times 0.01}{3.14\times 0.1^2} \approx 1.27\text{m/s}$$

$$Re = \frac{vd}{\nu} = \frac{1.27\times 0.1}{1\times 10^{-6}} = 1.27\times 10^5 > 2320$$

故水流在管道中是紊流。

（2）
$$Re = \frac{vd}{\nu} = \frac{1.27\times 0.1}{1.14\times 10^{-4}} \approx 1114 < 2320$$

故石油在管道中是层流。

【案例 2-9】 某试验室的矩形试验明槽，底宽 $b=0.20\text{m}$，水深 $h=0.10\text{m}$，测得其断

面平均流速 $v=0.15\text{m/s}$，室内水温为 20℃，试判别槽内水流的流态。

【分析与计算】

(1) 计算明槽过水断面的水力半径。

$$A = bh = 0.20 \times 0.10 = 0.02\text{m}^2$$

$$\chi = b + 2h = 0.20 + 2 \times 0.10 = 0.40\text{m}$$

$$R = \frac{A}{\chi} = \frac{0.02}{0.40} = 0.05\text{m}$$

(2) 判别水流的流态。

根据水温为 20℃，查表 2-1 得 $\nu=1.003\times10^{-6}\text{m}^2/\text{s}$，雷诺数为

$$Re = \frac{vR}{\nu} = \frac{0.15 \times 0.05}{1.003 \times 10^{-6}} \approx 7478$$

因 $Re>580$，故明槽中的水流为紊流。

二、沿程水头损失和局部水头损失的计算案例

【案例 2-10】某灌渠长 1000m，矩形断面，采用混凝土砌面（中等情况），底宽 $b=2\text{m}$，水深 $H=1.6\text{m}$，求流量 $Q=9.6\text{m}^3/\text{s}$ 时渠道的沿程水头损失（按均匀流 $i=J=\dfrac{h_\text{f}}{l}$ 计算）。

【分析与计算】

正确选择公式进行灌渠水力计算，由 $Q=A\dfrac{1}{n}R^{\frac{2}{3}}i^{\frac{1}{2}}$ 得

$$h_\text{f} = \left(\frac{Qn}{AR^{\frac{2}{3}}}\right)^2 l$$

其中

$$A = 2 \times 1.6 = 3.2\text{m}^2$$

$$R = \frac{A}{\chi} = \frac{3.2}{2 + 2 \times 1.6} \approx 0.62\text{m}$$

查表 2-2 得 $n=0.014$，则沿程水头损失为

$$h_\text{f} = \left(\frac{Qn}{AR^{\frac{2}{3}}}\right)^2 l = \left(\frac{9.6 \times 0.014}{3.2 \times 0.62^{\frac{2}{3}}}\right)^2 \times 1000 \approx 3.34\text{m}$$

【案例 2-11】从水箱引一直径不同的管道，如图 2-28 所示。已知第一段管子 $d_1=175\text{mm}$，$l_1=30\text{m}$，$\lambda_1=0.032$，第二段管子 $d_2=125\text{mm}$，$l_2=20\text{m}$，$\lambda_2=0.037$，第二段管子上有一平板闸阀，其开度为 0.5，当输水流量 $Q=25\text{L/s}$ 时，求沿程水头损失 h_f、局部水头损失 h_j、水箱的水头 H。

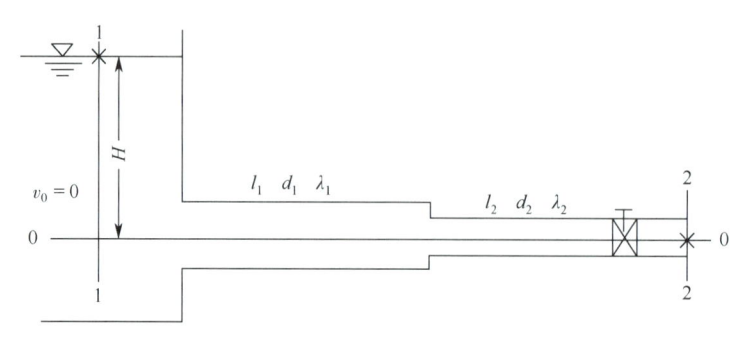

图 2-28 案例 2-11 图

【分析与计算】

（1）

$$v_1 = \frac{Q}{A_1} = \frac{0.025}{\frac{\pi}{4} \times 0.175^2} \approx 1.04 \text{m/s}$$

$$v_2 = \frac{Q}{A_2} = \frac{4 \times 0.025}{\pi \times 0.125^2} \approx 2.04 \text{m/s}$$

沿程水头损失为

$$h_f = h_{f1} + h_{f2} = \lambda_1 \frac{l_1}{d_1} \frac{\alpha v_1^2}{2g} + \lambda_2 \frac{l_2}{d_2} \frac{\alpha v_2^2}{2g}$$

$$= 0.032 \times \frac{30}{0.175} \times \frac{1.04^2}{19.6} + 0.037 \times \frac{20}{0.125} \times \frac{2.04^2}{19.6} \approx 1.56 \text{m}$$

（2）进口为直角进口，查表 2-5 得 $\zeta_{进口} = 0.5$，则第一段管子的局部水头损失为

$$h_{j1} = \zeta_{进口} \times \frac{\alpha v_1^2}{2g} = 0.5 \times \frac{1.04^2}{19.6} \approx 0.03 \text{m}$$

由 $\frac{A_2}{A_1} = \left(\frac{d_2}{d_1}\right)^2 = \left(\frac{0.125}{0.175}\right)^2 \approx 0.51$，查表 2-5 得 $\zeta_{缩} = 0.5 \times \left(1 - \frac{A_2}{A_1}\right) = 0.5 \times (1 - 0.51) \approx 0.25$，则第二段管子的局部水头损失为

$$h_{j2} = \zeta_{缩} \times \frac{\alpha v_2^2}{2g} = 0.25 \times \frac{2.04^2}{19.6} \approx 0.05 \text{m}$$

根据平板闸阀的开度为 0.5，查表 2-5 得 $\zeta_{阀} = 2.06$，则平板闸阀的局部水头损失为

$$h_{j3} = \zeta_{阀} \times \frac{\alpha v_2^2}{2g} = 2.06 \times \frac{2.04^2}{2 \times 9.8} \approx 0.44 \text{m}$$

局部水头损失为

$$h_j = h_{j1} + h_{j2} + h_{j3} = 0.03 + 0.05 + 0.44 = 0.52 \text{m}$$

（3）水箱的水头：以管轴线为基准面，取水箱内横断面和管出口断面为两过水断面，过水断面 1—1 取水面点为计算点，其位置高度为 H，压强为大气压，流速近似为

零，过水断面 2—2 取中心点为计算点，其位置高度为零，因过水断面四周为大气压，故中心点也近似为大气压，流速为 v_2，列能量方程得：

$$H = \frac{\alpha v_2^2}{2g} + h_w = \frac{\alpha v_2^2}{2g} + h_f + h_j = \frac{2.04^2}{19.6} + 1.56 + 0.52 \approx 2.29\text{m}$$

技能训练

一、选择题

1. 某有压输水管道，管长 $L = 70\text{m}$，沿程水头损失为 0.5m，局部水头损失为 0.5m，则此管道的水头损失为（　　）。

　　A. 0.7m　　　　B. 0.81m　　　　C. 1m　　　　D. 0.5m

2. 下临界雷诺数是用来判别（　　）的重要物理量。

　　A. 层流和紊流　　　　　　　　B. 急流和缓流

　　C. 均匀流和非均匀流　　　　　D. 恒定流和非恒定流

3. 当其他条件不变时，雷诺数会随温度的升高而（　　）。

　　A. 减小　　　　B. 增大　　　　C. 不变　　　　D. 不定

4. 某混凝土衬砌的引水隧洞，洞径 $d = 1\text{m}$，洞长 $L = 1000\text{m}$，断面平均流速 $v = 4\text{m/s}$，沿程阻力系数 $\lambda = 0.03$，则引水隧洞的沿程水头损失 h_f 为（　　）m。

　　A. 12.2　　　　B. 32.2　　　　C. 24.5　　　　D. 14.5

5. 在某简单有压管道中，管道进口处局部水头损失系数 $\zeta = 0.5$，管道中水流过水断面的流速水头 $\frac{v^2}{2g} = 0.2\text{m}$，则进口处的局部水头损失 h_j 为（　　）m。

　　A. 0.5　　　　B. 0.3　　　　C. 0.32　　　　D. 0.1

二、问答题

1. 产生水头损失的根源是什么？

2. 用什么来判别层流和紊流？雷诺数的物理意义是什么？

3. 当输水管径一定时，随着流量的加大，雷诺数是增大了还是减小了？当输水管道的流量一定时，随着管径的加大，雷诺数是增大了还是减小了？

三、计算题

1. 如图 2-29 所示，若渠道中均匀流速度 $v = 0.95\text{m/s}$，此时的水温为 10℃，请判别此时水流属于哪种流态。

2. 有一圆形输水管道，$d = 150\text{mm}$，管道中通过的液体流量 $Q = 6.0\text{L/s}$。请判别下列两种情况下液体的流态。

（1）管道中的液体为水，水温为 20℃。

（2）管道中的液体是重燃油，其运动黏滞系数 $\nu = 150 \times 10^{-6}\text{m}^2/\text{s}$。

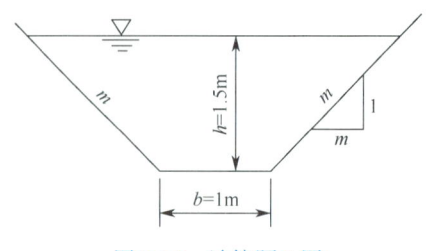

图 2-29 计算题 1 图

3. 有一矩形断面灌渠，底宽 $b=6$m，渠道用浆砌块石制成，当通过流量 $Q=15$m³/s，渠道中相应的水深 $h=3$m 时，求 1km 长渠道中的沿程水头损失。

4. 图 2-30 所示为一水塔的生活供水管路，已知铸铁管（旧管）的管长 $l=600$m，管径 $d=800$mm，管路的进口为直角进口，有一个弯头和一个闸阀，弯头的局部水头损失系数 $\zeta_\text{弯}=0.8$。当闸阀全开时，流量 $Q=0.80$ m³/s，求水塔的高度。

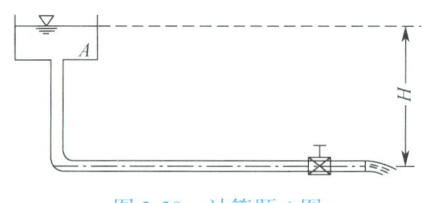

图 2-30 计算题 4 图

任务 3 简单管道的水力计算

2.3.1 任务导入

南水北调中线穿黄工程

它是世界上伟大的奇迹，让奔腾于祖国大地的长江黄河就此"握手"；它是中国的超级工程，凝结着无数人的心血和智慧；它的贯通确保一渠丹江清水穿越黄河输送至北方，惠泽千万百姓，它就是南水北调的"咽喉工程"——穿黄工程（见图 2-31）。

微课视频

这是中国第一次在万古黄河的河道下进行水利工程施工，在世界上也绝无仅有。

在千年沉积、泥沙胶结、混杂交错的黄河河床凿出两条隧道，谈何容易？

面对黄河河床游荡、河槽深度冲淤、地质条件复杂、砂土地震液化等一系列技术难题，穿黄工程集中了当时国内盾构和隧洞施工能力最强的四家央企施工单位，强强联合，组成两大联营体，分别承担上下游隧洞施工。施工过程中，参建各方先后攻克了北岸竖井施工、盾构机始发、隧洞盾构掘进等一系列难题，开创了我国的数个第一：第一次采用大直径隧洞穿越黄河，第一次在我国水利史上采用泥水平衡加压式盾构进行隧洞施工，第一次应用双层衬砌的结构。此外，相关单位还研制出新型防渗结构和材料，成功解决了结构安全、防渗与排水问题。

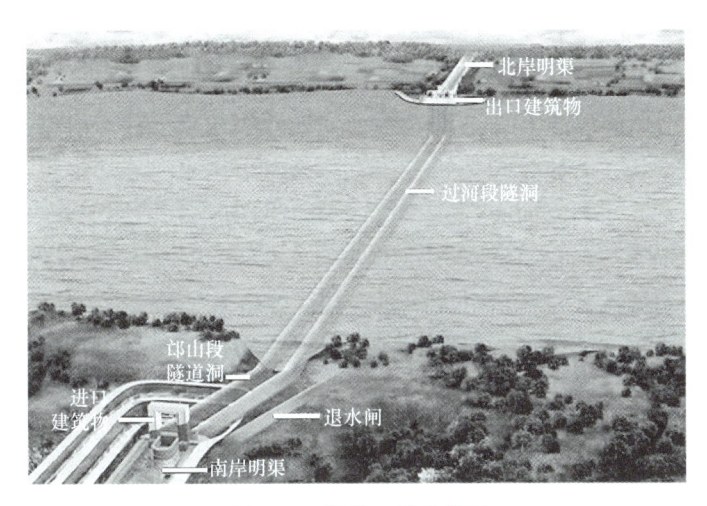

图2-31 穿黄工程示意图

"穿黄"，顾名思义就是"穿越黄河"，其任务是从中线调水，将水从黄河南岸输送到黄河北岸，向黄河以北地区供水，同时在水量丰沛时可向黄河补水。在郑州花园口西黄河河床底部40m深处，开凿两条4250m长的隧道，北上的长江水通过两条穿黄隧洞与黄河立体交叉，形成"江水不犯河水"之势俯冲而下，穿越万古黄河。

穿黄工程总长19.3km，由南岸明渠、穿黄隧洞及北岸明渠组成。南岸明渠长4.6km，穿黄隧洞全长4250m（其中邙山段隧洞长800m，过河段隧洞长3450m），北岸明渠长9.3km，一期工程设计流量为265 m³/s，加大流量为320 m³/s。

任务：这一国内穿越大江大河直径最大的输水隧洞建设9年，目前已运行10年，工程安全平稳。事实证明，中国人可以依靠自己的力量解决工程中的核心难题。截至目前，穿黄工程累计输水已超过400亿立方米，极大缓解了京津冀的缺水状况，发挥了显著的经济、社会和生态效益。穿黄隧洞的输水流量如何计算？

2.3.2 有压管流的特点分析

一、有压管流的认知

（一）有压管流的特点

有压管流的特点：在封闭周界内依靠压力流动，没有自由液面，管道断面就是过水断面，管道断面周界就是湿周，管道内部压强一般不等于大气压。例如，水电站的引水管道、水库的有压泄洪隧洞或泄水管、为农田灌溉和生活用水修建的抽水（水泵）站管道等中的水流均为有压管流。

（二）有压管流的分类

有压管流可根据管道中任意点的水力运动要素是否随时间发生变化来划分。当管道中任意一点的水力运动要素不随时间发生变化时，即为有压恒定流；否则为有压非恒定流。

（1）根据管道中水流的局部水头损失、流速水头两项之和与沿程水头损失的比值不同，可将管流分为长管管流和短管管流。当管道中水流的局部水头损失与流速水头两项之和小于沿程水头损失的5%时，局部水头损失及流速水头可以忽略，相应管道称为长管；当管道中水流的局部水头损失与流速水头两项之和大于沿程水头损失的5%时，局部水头损失及流速水头不可以忽略，相应管道称为短管。在实际工程中，串联管路、并联管路、树状管网、环状管网可按长管计算，虹吸管、倒虹吸管、坝内泄水管、抽水机的吸水管等可按短管计算。

（2）根据管道的出口情况，管流可分为自由出流和淹没出流。自由出流是指管道出口水流流入大气之中，如图2-32（a）所示；淹没出流是指管道出口在下游水面以下，被水淹没，如图2-32（b）所示。

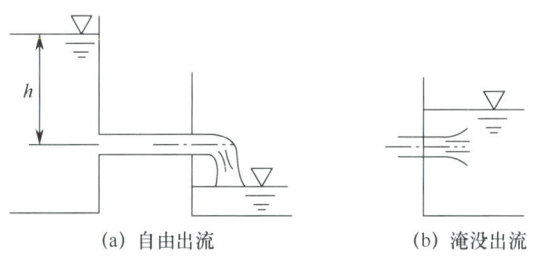

图2-32　自由出流和淹没出流

根据管道的布置情况，压力管道可分为简单管路和复杂管路。简单管路是单根管径不变的管道，如图2-32（a）所示；复杂管路是指由两根以上的管道所组成的管路，如串联管路、并联管路，树状管网、环状管网，如图2-33所示。

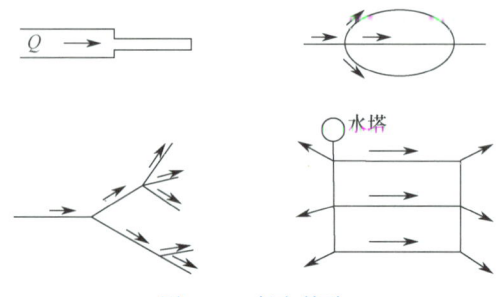

图2-33　复杂管路

> 练一练（判断题）

1. 穿黄隧洞为输水有压管道。　　　　　　　　　　　　　　　　（　）
2. 有压管道断面的周界就是湿周。　　　　　　　　　　　　　　（　）
3. 有压管道中的水流主要依靠压力流动。　　　　　　　　　　　（　）
4. 很长的管道就是长管。　　　　　　　　　　　　　　　　　　（　）
5. 管径、流量、糙率沿程不变，且无分支的有压管道是简单管路。（　）

二、工程中的简单短管

（一）虹吸管

在水利工程中，常采用虹吸原理将水引跨河堤、土坝或高地，这种部分管段高于水面，在真空条件下工作的管道称为虹吸管。

虹吸管通常采用等直径（或等断面）的简单管路，一般按短管计算，如图 2-34 所示。

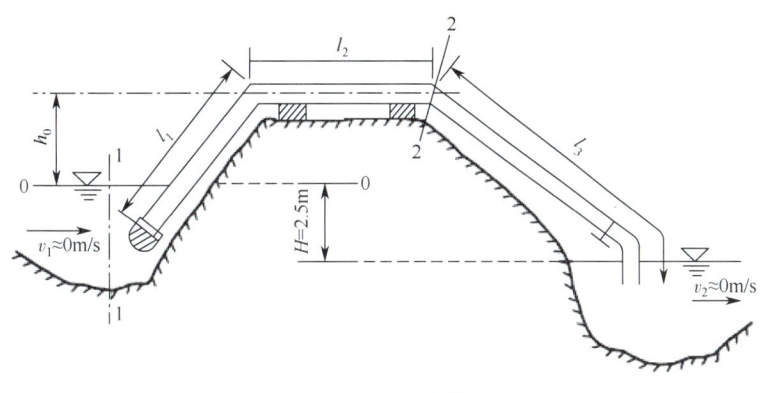

图 2-34　虹吸管

1. 虹吸原理

在水利工程中，利用虹吸原理来输水就是先对管内进行抽气，使管内形成一定的真空。虹吸管进口处受水面大气压的作用，使管内外形成压强差，迫使水流沿管道流动。只要虹吸管内的真空不被破坏且保持上下游有一定的水位差，水就会不断地由上游通过虹吸管流向下游。

用虹吸管输水的优点在于充分利用大气压的作用，无须在管道上增添抽水设备，运行费用低，因此被广泛采用。在我国黄河流域两岸，虹吸管采用较多。

2. 虹吸管的注意事项

利用虹吸管内形成的真空将上游水池（河渠）中的水吸引到较高的位置，再经管道下泄到下游水池（河渠）时需注意以下几点。

（1）要使水流通过虹吸管输送到下游，上游水位必须高于下游水位。

（2）要使上游的水开始向高处流动，必须先将管内空气排出，形成一定的真空，而管外为大气压,在管内外一定的压强差作用下,水流开始运动。

(3) 要使水流保持连续运动,管内的真空需受一定限制,根据液体汽化压强的概念,管内真空值一般限制在 $68.6 \sim 78.4 \mathrm{kPa}$,即 $7 \sim 8 \mathrm{m}$ 水柱以下,以保证虹吸管内水流不致汽化。

(二) 水泵装置

水泵装置是一种增加水流能量的水力机械,在实际生活中被广泛采用。水泵装置由吸水管、水泵和压水管三部分组成。水泵装置的工作原理:通过电动机使水泵的转轮转动,在水泵进口端形成真空,使水流在低处水流水面大气压的作用下沿吸水管上升,流经水泵时在转轮带动下获得外加能量,再经压水管输入高处。水泵装置的吸水管和压水管都是简单短管。

微课视频

在水利工程中,常常需要修建水泵站,用于灌溉、排水等,而水泵站的核心就是水泵。水泵的选择不仅影响水泵站是否能正常开展工作,其选型是否合理更直接关系到水泵站的运行成本。在我国,水泵站通常采用离心泵,离心泵具有结构简单、输液无脉动、流量调节简单等优点。

节能减排现已成为我国经济发展的重要内容,为了推动建设资源节约型社会,光伏水泵成为新的研究潮流,光伏水泵利用太阳这一持久能源,日出而作、日落而息,无须人员看管、无须公共电网,独立运行、安全可靠。光伏水泵可与滴灌、喷灌、渗灌、微灌等现代节能灌溉设施配套,解决偏远干旱地区生活用水、农田灌溉、水土保持及沙漠治理问题。光伏水泵能有效节水节电,大大降低了传统能源的投入,实现了二氧化碳零排放。

(三) 倒虹吸管

当渠道需要穿越河流、渠沟、洼地、道路,不适宜采用其他类型取水建筑物时,可选用倒虹吸管。

倒虹吸管可由钢筋混凝土及预应力钢筋混凝土材料制成,也可由混凝土、钢管制成,制作材料主要根据承压水头、管径和材料供应情况确定。倒虹吸管由进口段、管身段、出口段三部分组成。

倒虹吸管有悠久的历史。公元前 180 年,在古希腊帕加马古城(今土耳其伊兹密尔省)曾建造了一座倒虹吸管,其下弯穿越河谷的深度超过 $200 \mathrm{m}$,管径为 $30 \mathrm{cm}$。倒虹吸管在我国古代称为渴乌,公元 186 年在《后汉书》中已见记载。中华人民共和国成立后,修建了大量倒虹吸管,在结构形式、用材、施工方法和制管工艺等方面发展迅速。预应力钢筋混凝土管因承压较高,具有较高的抗裂性、抗渗性而得到了推广,南水北调中线穿黄工程就采用了倒虹吸管。

2.3.3 有压管流的计算方法

简单短管的水力计算可分为自由出流与淹没出流两种情况。

一、简单短管自由出流的水力计算方法

如图 2-35 所示，管道上游从一水池引水，水流通过下游出口泄入大气。

设管道出口轴线到上游水面的水头为 H，管道中水流流速为 v，管道出口水流流速为 v_2，因管径相同，故有 $v=v_2$。

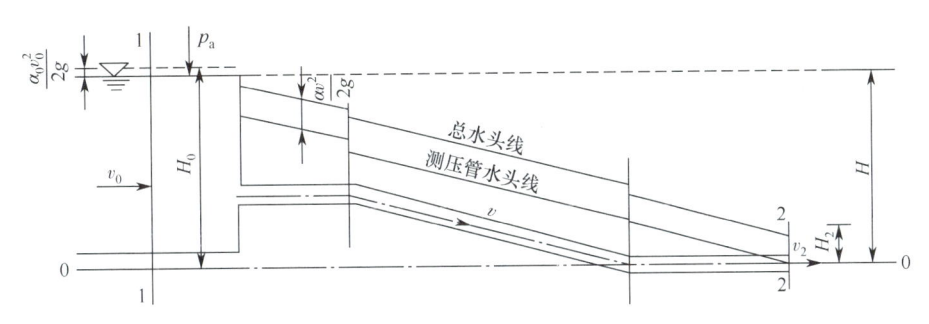

图 2-35 自由出流计算图

以通过管道出口过水断面中心点的水平面为基准面 0—0，列上游水池过水断面 1—1 和管道出口过水断面 2—2 的能量方程：

$$H + \frac{p_1}{\gamma} + \frac{\alpha_0 v_0^2}{2g} = \frac{p_2}{\gamma} + \frac{\alpha v^2}{2g} + \left(\sum \zeta + \lambda \frac{l}{d}\right)\frac{v^2}{2g}$$

$$H + \frac{\alpha_0 v_0^2}{2g} = \frac{\alpha v^2}{2g} + \left(\sum \zeta + \lambda \frac{l}{d}\right)\frac{v^2}{2g}$$

由上式求得管道中水流流速为

$$v = \frac{1}{\sqrt{\alpha + \sum \zeta + \lambda \frac{l}{d}}} \sqrt{2g\left(H + \frac{\alpha_0 v_0^2}{2g}\right)}$$

由此可得，管道中通过的流量为

$$Q = vA = \frac{A}{\sqrt{\alpha + \sum \zeta + \lambda \frac{l}{d}}} \sqrt{2g\left(H + \frac{\alpha_0 v_0^2}{2g}\right)} \tag{2-43}$$

式中　A——管道的过水断面面积。

令 $\mu_c = \dfrac{1}{\sqrt{\alpha + \sum \zeta + \lambda \dfrac{l}{d}}}$，$\mu_c$ 为管道流量系数（自由出流）；令 $H_0 = H + \dfrac{\alpha_0 v_0^2}{2g}$，$H_0$ 是以管道出口轴线为基准面的进口总水头，即管道自由出流的作用水头，则式（2-43）可简化为

$$Q = \mu_c A \sqrt{2gH_0}$$

因一般管道的上游行近流速水头 $\dfrac{\alpha_0 v_0^2}{2g}$ 很小时，可忽略不计，则有

$$Q = \mu_c A \sqrt{2gH} \tag{2-44}$$

二、简单短管淹没出流的水力计算方法

如图 2-36 所示，管道从上游一水池引水，水流通过下游出口流入另一水池，上下游水池的水位差为 z。

假设管道通过的流量为 Q，上游水池中水流的行近流速为 v_0，管中水流流速为 v，下游水池中水流的流速为 v_2，管道出口水流为淹没出流。

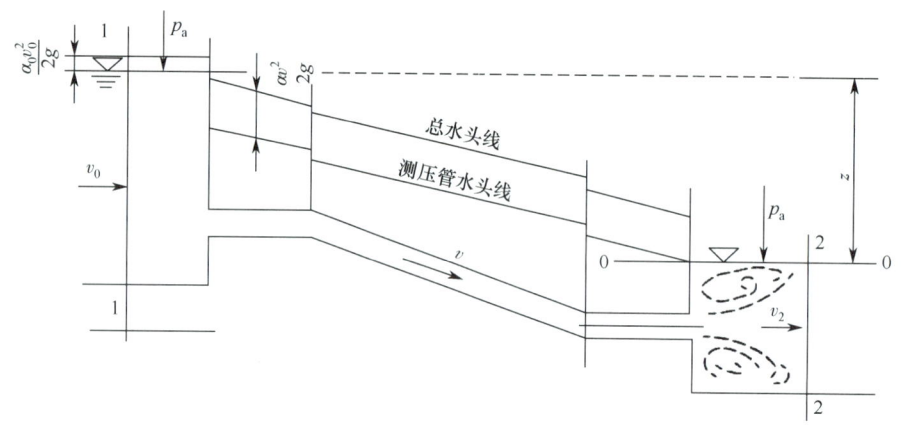

图 2-36 淹没出流计算图

以下游水面为基准面 0—0，在上游水池和下游水池中取渐变流过水断面 1—1 和 2—2，列能量方程：

$$z + \frac{p_1}{\gamma} + \frac{\alpha_0 v_0^2}{2g} = 0 + \frac{p_2}{\gamma} + \frac{\alpha_2 v_2^2}{2g} + h_w \tag{2-45}$$

$$p_1 = p_2 = p_a = 0, \quad \alpha_0 = \alpha_2 = \alpha$$

式中　h_w——过水断面 1—1 至过水断面 2—2 间全部沿程水头损失和局部水头损失之和。

由于过水断面 2—2 面积很大，因此 $\frac{\alpha_2 v_2^2}{2g}$ 可以忽略，且管中水流流速为 v，则

$$h_w = \left(\sum \zeta + \lambda \frac{l}{d} \right) \frac{v^2}{2g} \tag{2-46}$$

式中　l——整个管道的长度；

　　　λ——管道的沿程阻力系数；

　　　ζ——局部水头损失系数。

将式（2-46）代入式（2-45），得

$$z_0 = \left(\sum \zeta + \lambda \frac{l}{d} \right) \frac{v^2}{2g}$$

式中 z_0——包括行近流速水头在内的总水头，$z_0 = z + \dfrac{v_0^2}{2g}$，$z$ 为上下游水位差。

移项整理可得，管道中水流的平均流速为

$$v = \dfrac{1}{\sqrt{\sum \zeta + \lambda \dfrac{l}{d}}} \sqrt{2gz_0}$$

根据连续性方程可知，通过各过水断面的流量相等，设管道中过水断面面积为 A，则管道中的流量为

$$Q = Av = \dfrac{A}{\sqrt{\sum \zeta + \lambda \dfrac{l}{d}}} \sqrt{2gz_0} \tag{2-47}$$

令 $\mu_c = \dfrac{1}{\sqrt{\sum \zeta + \lambda \dfrac{l}{d}}}$ 为管道流量系数，则式（2-47）可简化为

$$Q = \mu_c A \sqrt{2gz_0} \tag{2-48}$$

由于一般管道的上游行近流速水头 $\dfrac{v_0^2}{2g}$ 很小，可以忽略不计，因此 $z \approx z_0$，则有

$$Q = \mu_c A \sqrt{2gz} \tag{2-49}$$

式（2-48）和式（2-49）均为简单短管淹没出流的计算公式。

特别注意：简单短管淹没出流和简单短管自由出流的计算关键在于正确计算管道流量系数。只要比较一下简单短管淹没出流和简单短管自由出流的流量计算公式，就会发现式（2-44）与式（2-49）的形式完全一样，但其管道流量系数公式有些不同。在前者中，分母根号内增加了一项 $\alpha = 1$，如果两管道流量系数中所包含的局部水头损失系数和沿程阻力系数完全一致，那么后者中 $\sum \zeta$ 内含有管道出口局部水头损失系数 $\zeta = 1$，而前者内的 $\sum \zeta$ 则不包括管道出口处的局部水头损失系数，结果两式的 μ_c 实际上是相等的。

因此，当淹没出流的下游水池（或渠）中流速水头 $\dfrac{\alpha_2 v_2^2}{2g}$ 可忽略不计时，则淹没出流的流量计算公式［式（2-49）］与自由出流的流量计算公式［式（2-44）］的形式完全相同。只要分清两种情况下作用水头的概念，就可以将其统一为一个公式。

三、虹吸管的水力计算方法

虹吸管水力计算需解决以下 3 类计算问题。

（1）在上下游水位差一定的条件下，已知管径，确定输水流量。

（2）根据虹吸管水流的允许真空高度来确定管顶的最大允许安装高度。

（3）已知管顶的安装高度，校核管中最大真空高度是否超过允许真空高度。

第（1）类计算问题可以用简单短管淹没出流的计算方法来解决，第（2）类和第（3）类问题可以通过列恒定总流的能量方程来解决。

四、水泵的水力计算方法

图 2-37 所示为一个水泵输水的管道系统，前文已对该系统的输水过程及其能量转化关系进行了介绍。这里我们着重解决的是水泵管道的水力计算问题。

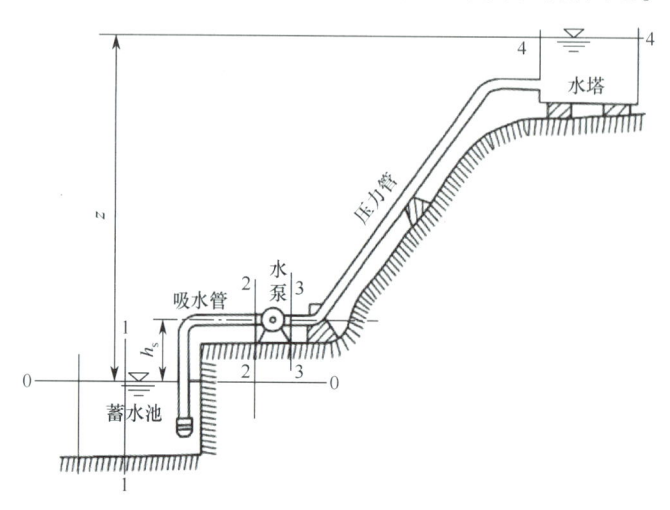

图 2-37　一个水泵输水的管道系统

1. 水泵管道水力计算的内容

①吸水管计算——主要确定吸水管管径及水泵安装高度。

②压力管计算——主要确定压力管管径、水泵扬程和水泵动力机械装机容量。

上述两部分计算都属于简单短管水力计算。

2. 管径的选择

水泵管道管径的选择是其水力计算的一个重要问题。在流量一定时，吸水管或压力管的管径大小取决于管中水流流速的大小。

若管径小，则流速大、水头损失大、水泵能耗大、运行费用高，但管道造价和管理费用低；若管径大，则流速小、水头损失小、水泵能耗小、运行费用低，但管道造价和管理费用高。

因此，从经济性上来选择管径，实际上是选择年运行费用和管道总造价的年折旧费的总和最小的经济管径。

下面给出了在工程实践中总结的一些实用管道经济流速的变化范围，并由此来确定管道的经济管径。

吸水管的经济流速 $v_e = 0.8 \sim 2.0 \text{m/s}$。

压力管的经济流速 $v_e = 1.5 \sim 2.5 \text{m/s}$。

水电站压力钢管的经济流速 $v_e = 5.0 \sim 6.0 \text{m/s}$。

压力隧洞的经济流速 $v_e = 2.5 \sim 3.5 \mathrm{m/s}$。

一般给水管道的经济流速 $v_e = 0.7 \sim 2.5 \mathrm{m/s}$。

此外，还可参阅有关设计手册和实际工程资料来确定管道的经济流速。

当经济流速确定后，则可通过下式确定管径：

$$d = \sqrt{\frac{4Q}{\pi v_e}}$$

3. 水泵安装高度或最大允许真空高度确定

水泵的最大允许安装高度 h_s 主要取决于水泵的最大允许真空高度 h_v。如图 2-37 所示，以水源水面为基准面，在蓄水池中取过水断面 1—1，吸水管的末端取过水断面 2—2，并列两个过水断面的能量方程，可推导得水泵安装高度的计算公式：

$$h_s = h_v - \left(1 + \lambda \frac{l}{d} + \sum \zeta\right) \frac{v_2^2}{2g}$$

4. 水泵扬程确定

对过水断面 1—1 和过水断面 4—4 列能量方程，得

$$0 + 0 + 0 + H_{扬程} = z + 0 + 0 + h_{w吸} + h_{w压}$$

则

$$H_{扬程} = z + h_{w吸} + h_{w压}$$

式中 z——进水池（蓄水池）和出水池（水塔）之间的水位差；

$h_{w吸}$——吸水管的总水头损失；

$h_{w压}$——压水管的总水头损失。

5. 水泵的动力机械功率

水流经过水泵获得了外加的能量，是因为带动水泵的动力机械对水流做了功，动力机械的功率应等于单位时间内对水体所做的功，即

$$N = \frac{\lambda Q H_{扬程}}{\eta_泵 \eta_动} \tag{2-50}$$

式中 $\eta_泵$——水泵的效率；

$\eta_动$——动力机械的效率。

五、倒虹吸管的水力计算方法

倒虹吸管的水力按简单短管淹没出流计算，倒虹吸管经济流速 $v_e = 1.5 \sim 2.5 \mathrm{m/s}$。

倒虹吸管水力计算的类型如下。

（1）已知管道直径 d、管长 l、上下游水位差 z，求过流量。

（2）已知管道直径 d、管长 l 及管道布置、过流量 Q，求上下游水位差 z。

（3）已知管道布置、过流量 Q 和上下游水位差 z，求管道直径 d。

2.3.4 拓展案例

一、简单短管自由出流水力计算案例

【**案例 2-12**】图 2-38 所示为某水库的泄洪隧洞，已知洞长 $L=300\text{m}$，洞径 $d=2\text{m}$，隧洞的沿程阻力系数 $\lambda=0.03$，转角 $\theta=30°$，水库水位为 42.5m，隧洞出口中心高程为 25m。试确定下游水位为 22m 时隧洞的泄洪流量。

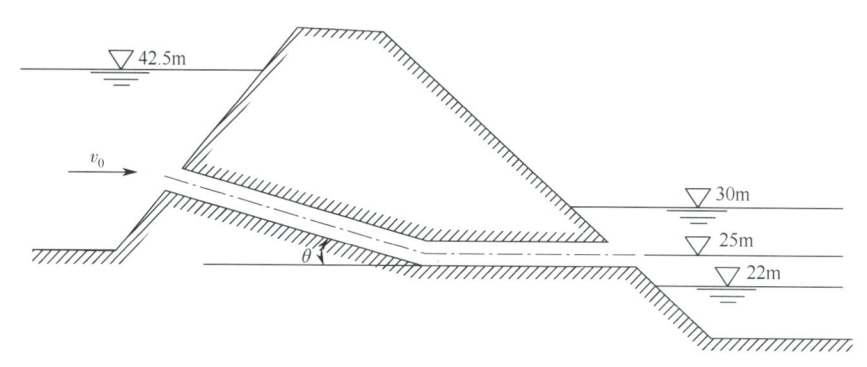

图 2-38 案例 2-12 图

【**分析与计算**】

下游水位为 22m，低于隧洞的出口，因此为自由出流。由于水库中行近流速很小，因此根据式（2-44）计算流量：

$$Q = \mu_c A \sqrt{2gH}$$

查表 2-5 可得，进口局部水头损失系数 $\zeta_{进口}=0.5$，弯管局部水头损失系数 $\zeta_{弯}=0.2$。自由出流的管道流量系数为

$$\mu_c = \frac{1}{\sqrt{1+\lambda\dfrac{l}{d}+\sum\zeta}} = \frac{1}{\sqrt{1+0.03\times\dfrac{300}{2}+0.5+0.2}} \approx 0.402$$

则隧洞的流量为

$$Q = \mu_c A \sqrt{2gH} \approx 0.402 \times \frac{3.14\times 2^2}{4} \times \sqrt{2\times 9.8 \times (42.5-25)} \approx 23.38\text{m}^3/\text{s}$$

二、简单短管淹没出流水力计算案例

【**案例 2-13**】如图 2-38 所示，当上游水位不变，下游水位升至 30m 时，求隧洞的泄洪流量。

【**分析与计算**】

由于下游水位上升至 30m，高于隧洞的出口，因此管流变为淹没出流，且上游行近流速水头忽略不计，则流量计算公式为

$$Q = \mu_c A \sqrt{2gz}$$

$$z = 42.5 - 30 = 12.5\text{m}$$

自由出流与淹没出流的管道流量系数相等：$\mu_c \approx 0.402$，则隧洞的泄洪流量为

$$Q = \mu_c A\sqrt{2gz} \approx 0.402 \times \frac{3.14 \times 2^2}{4}\sqrt{2 \times 9.8 \times 12.5} \approx 19.76 \text{ m}^3/\text{s}$$

三、虹吸管水力计算案例

【案例 2-14】 用一直径 $d = 0.4\text{m}$ 的铸铁虹吸管，将上游明渠中的水输送到下游明渠中，如图 2-39 所示。已知上下游明渠的水位差为 2.5m，铸铁虹吸管各段长分别为 $l_1 = 10\text{m}$，$l_2 = 6\text{m}$，$l_3 = 12\text{m}$。铸铁虹吸管进口处为无底阀滤网，其局部水头损失系数 $\zeta_1 = 2.5$，其他局部水头损失系数：两个折角弯头 $\zeta_2 = \zeta_3 = 0.55$，阀门 $\zeta_4 = 0.2$，出口 $\zeta_5 = 1$。铸铁虹吸管顶端中心线距上游水面的安装高度 $h_s = 4\text{m}$，允许真空高度 $h_v = 7\text{m}$。试确定铸铁管虹吸管输水流量，并校核管中最大真空高度是否超过允许真空高度（铸铁虹吸管按正常情况下的排水管计算糙率）。

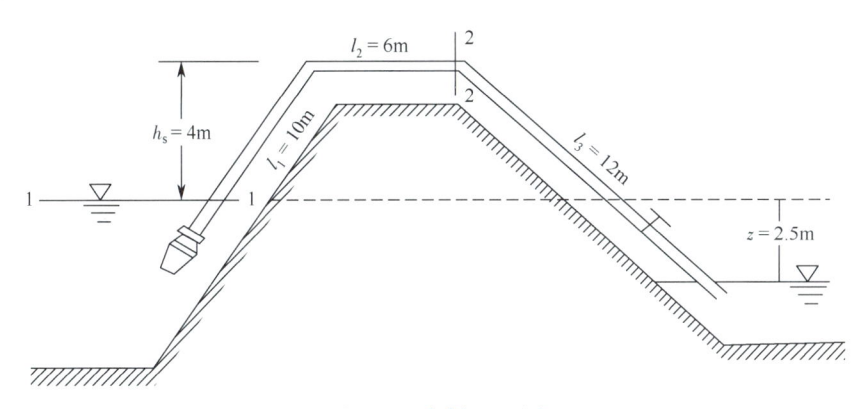

图 2-39　案例 2-14 图

【分析与计算】

（1）确定铸铁虹吸管输水流量。

确定铸铁虹吸管的沿程阻力系数 λ，查表 2-2 得铸铁虹吸管的糙率 $n = 0.013$，水力半径 $R = \dfrac{d}{4} = 0.1$。

$$C = \frac{1}{n}R^{\frac{1}{6}} = \frac{1}{0.013} \times 0.1^{\frac{1}{6}} \approx 52.41 \text{m}^{1/2}/\text{s}$$

$$\lambda = \frac{8g}{C^2} = \frac{8 \times 9.8}{52.41^2} \approx 0.0285$$

$$\mu_c = \frac{1}{\sqrt{\lambda\dfrac{l}{d} + \sum\zeta}} = \frac{1}{\sqrt{0.0285 \times \dfrac{10 + 6 + 12}{0.4} + 2.5 + 2 \times 0.55 + 0.2 + 1}} \approx 0.384$$

$$Q = \mu_c A \sqrt{2gz} \approx 0.384 \times \frac{3.14}{4} \times 0.4^2 \times \sqrt{2 \times 9.8 \times 2.5} \approx 0.338 \text{m}^3/\text{s}$$

(2) 校核铸铁虹吸管中最大真空高度。

铸铁虹吸管的最大真空高度应发生在管顶端最高段内。由于管中流速水头沿程不变，而总水头由于能量损失沿程逐渐减小，且在第一个弯头处还有局部能量损失，所以管中压强从进口一直到第二个弯头前一直是降低的；下游第三管段中，由于管路坡度一般大于水利坡降，即过水断面中心高程的下降大于沿程水头损失，所以部分位能转化为压能，使第三管段内压强沿程增加。综上所述，最大真空高度应发生在过水断面 2—2。

$$v = \frac{Q}{A} \approx \frac{0.338}{\frac{3.14}{4} \times 0.4^2} \approx 2.69 \text{m/s}$$

以上游水面为基准面，取 $\alpha_2 = \alpha_1 = 1$，建立过水断面 1—1 与过水断面 2—2 的能量方程，即得

$$z_1 + \frac{p_1}{\gamma} + \frac{v_1^2}{2g} = z_2 + \frac{p_2}{\gamma} + \frac{v_2^2}{2g} + h_w$$

式中，$z_1 = 0$，$\frac{v_1^2}{2g} \approx 0$，$p_1 = p_2 = 0$，$z_2 = h_s$，$h_w = h_f + \sum h_j = \left(\lambda \frac{l_1 + l_2}{d} + \sum \zeta \right) \frac{v_2^2}{2g}$。

整理可得安装高度为

$$h_s = h_{真} - \left(1 + \lambda \frac{l_1 + l_2}{d} + \sum \zeta \right) \frac{v_2^2}{2g}$$

则最大真空高度为

$$h_{真} = h_s + \left(1 + \lambda \frac{l_1 + l_2}{d} + \sum \zeta \right) \frac{v^2}{2g}$$
$$= 4 + \left(1 + 0.0285 \times \frac{10 + 6}{0.4} + 2.5 + 0.55 \right) \times \frac{2.69^2}{2 \times 9.8}$$
$$\approx 5.92 \text{m}$$

因为最大真空高度 5.92m 小于允许真空高度 7.0m，所以真空高度没有超过界限值。

四、水泵的水力计算案例

【案例 2-15】有一水泵如图 2-37 所示，水泵的抽水量 $Q = 28\text{m}^3/\text{h}$，吸水管的长度 $l_{吸} = 5\text{m}$，压水管的长度 $l_{压} = 18\text{m}$，沿程阻力系数 $\lambda_{吸} = \lambda_{压} = 0.046$。局部水头损失系数：进口 $\zeta_{网} = 8.5$，90°弯头 $\zeta_{吸弯} = 0.36$，其他弯头 $\zeta_{压弯} = 0.26$，出口 $\zeta_{出口} = 1.0$，水泵的提水高度 $z = 18\text{m}$，水泵进口过水断面的最大允许真空高度 $h_v = 6\text{m}$。试确定以下各项：①管道的直径（按小于 250mm 考虑）；②水泵的安装高度；③水泵的扬程；④水泵的电动机功率（水泵的效率 $\eta_{泵} = 0.8$，电动机的效率 $\eta_{动} = 0.9$）。

【分析与计算】

(1) 水泵管道直径的确定。

根据前文介绍的经济流速，选取吸水管流速 $v_{吸}=2\text{m/s}$，压水管流速 $v_{压}=2.5\text{m/s}$，则相应的管径为

$$d_{吸}=\sqrt{\frac{4Q}{\pi v_{吸}}}\approx\sqrt{\frac{4\times 28}{3.14\times 2\times 3600}}\approx 0.07\text{m}$$

$$d_{压}=\sqrt{\frac{4Q}{\pi v_{压}}}\approx\sqrt{\frac{4\times 28}{3.14\times 2.5\times 3600}}\approx 0.063\text{m}$$

按照"选大选近"的原则选用

$$d_{吸}=d_{压}=75\text{mm}$$

则吸水管和压水管的流速均为

$$v=\frac{Q}{A}=\frac{4Q}{\pi d^2}\approx\frac{4\times 28}{3.14\times 0.075^2\times 3600}\approx 1.76\text{m/s}$$

(2) 水泵安装高度 h_s 的确定。

$$h_s=h_v-\left(1+\lambda\frac{l}{d}+\sum\zeta\right)\frac{v_{吸}^2}{2g}$$

$$=6-\left(1+0.046\times\frac{5}{0.075}+8.5+0.36\right)\times\frac{1.76^2}{19.6}\approx 3.96\text{m}$$

安装高度说明：安装高度最大不能超过 3.96m，否则水泵将因真空受到破坏而出现不能抽上水或水量非常小的现象。

(3) 水泵扬程的确定。

吸水管水头损失为

$$h_{w吸}=\left(\lambda\frac{l_{吸}}{d_{吸}}+\zeta_{网}+\zeta_{吸弯}\right)\frac{v_{吸}^2}{2g}=\left(0.046\times\frac{5}{0.75}+8.5+0.36\right)\times\frac{1.76^2}{19.6}\approx 1.88\text{m}$$

压水管水头损失为

$$h_{w压}=\left(\lambda\frac{l_{压}}{d_{压}}+2\zeta_{压弯}+\zeta_{出口}\right)\frac{v_{压}^2}{2g}=\left(0.046\times\frac{18}{0.075}+2\times 0.26+1\right)\times\frac{1.76^2}{19.6}\approx 1.98\text{m}$$

所以，水泵的扬程为

$$H_{扬程}=z+h_{w吸}+h_{w压}=18+1.88+1.98=21.86\text{m}$$

(4) 水泵电动机功率的确定。

$$N=\frac{\gamma QH_{扬程}}{\eta_{泵}\eta_{动}}=\frac{9.8\times\frac{28}{3600}\times 21.86}{0.8\times 0.9}=2.31\text{kW}$$

五、倒虹吸管的水力计算案例

【案例 2-16】一横穿公路的钢筋混凝土倒虹吸管如图 2-40 所示。已知管中流量 Q

为 $2m^3/s$，倒虹吸管全长 l 为 30m，中间经过两个弯头，每个弯头的局部水头损失系数 $\zeta_\text{弯}$ 为 0.21；进口局部水头损失系数为 0.5，出口局部水头损失系数为 1，管壁糙率 $n=0.014$，若上下游渠道中流速 v_1 及 v_2 不计，试确定倒虹吸管上下游的水位差。

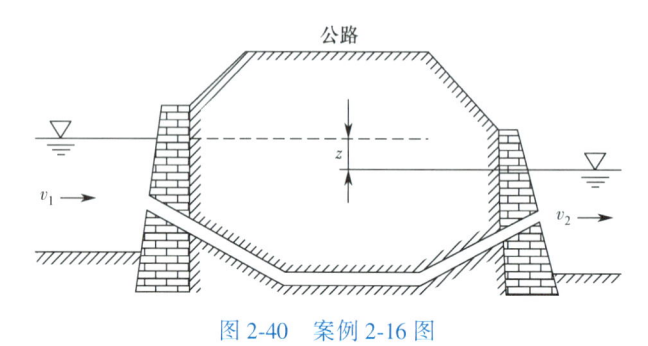

图 2-40 案例 2-16 图

【分析与计算】

先选定倒虹吸管的经济流速 $v_e=2\text{m/s}$，则管径为

$$d=\sqrt{\frac{4Q}{\pi v_e}}\approx\sqrt{\frac{4\times 2}{3.14\times 2}}\approx 1.13\text{m}$$

为方便施工，采用管径 $d=1.1\text{m}$，则

$$v=\frac{4Q}{\pi d^2}\approx\frac{4\times 2}{3.14\times 1.1^2}\approx 2.11\text{m/s}$$

再计算沿程阻力系数 λ：

$$C=\frac{1}{n}R^{\frac{1}{6}}=\frac{1}{0.014}\times\left(\frac{1.1}{4}\right)^{\frac{1}{6}}\approx 57.6\text{m}^{1/2}/\text{s}$$

$$\lambda=\frac{8g}{C^2}=\frac{8\times 9.8}{57.6^2}=0.0236$$

根据简单短管淹没出流 $z=h_w$，此倒虹吸管的上下游水位差为

$$z=\left(\lambda\frac{l}{d}+\sum\zeta\right)\frac{v^2}{2g}=\left(0.0236\times\frac{30}{1.1}+0.5+2\times 0.21+1\right)\times\frac{2.11^2}{19.6}\approx 0.58\text{m}$$

技能训练

一、选择题

1. 水泵的扬程是指（　　）。

A. 水泵的提水高度

B. 水泵向单位质量水流提供的能量

C. 水泵的安装高度

D. 吸水管和压水管的水头损失

2. 下列关于虹吸管的说法错误的是（　　）。

A. 虹吸管为有压短管

B. 虹吸管工作时先将管内空气排出，使管内形成一定的真空

C. 虹吸管的安装高度即为真空高度

D. 虹吸管顶部管轴线到上游水面的距离为虹吸管的安装高度

3. 水泵自吸水井抽水，水泵叶轮轴线到上游水面的垂直距离为（　　）。

A. 水泵的安装高度

B. 水泵的提水高度

C. 水泵的扬程

D. 水泵的高程

4. 某简单有压输水管道，出口水流为自由出流，作用水头 H 为 5m，行近流速 $v_0=$ 1m/s，则总水头 H_0 为（　　）m。

A. 5.05　　　　　B. 5.13　　　　　C. 6　　　　　D. 20.32

5. 下面哪项不是倒虹吸管水力计算的主要内容？（　　）

A. 选择适宜的流速，确定管径

B. 计算倒虹吸管的实际水头损失，确定下游渠道水面和渠底高程

C. 已知管径、管道布置，验算过流能力

D. 推算水面线

二、计算题

1. 坝下埋设一预制混凝土引水管（见图 2-41），直径 D 为 1m，长 100m，进口处有一道平板闸门来控制流量，引水管出口底部高程为 62.5m。当上游水位为 70m，下游水位为 60.5m，闸门全开时，能引多少流量？

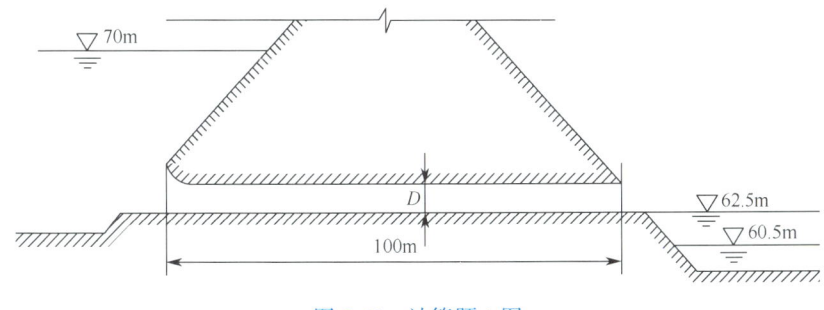

图 2-41　计算题 1 图

2. 如图 2-42 所示，倒虹吸管采用直径为 500mm 的铸铁管，管长 l 为 125m，进出口水位差为 5m。根据地形，两转角分别为 60°和 50°，上下游渠道流速相等。问：管内能通过多大流量？

3. 用图 2-43 所示虹吸管从蓄水池引水灌溉。虹吸管采用直径为 0.4m 的钢管，管道进口处安装一莲蓬头，有 2 个 40°转角，上下游水位差 z 为 4m，上游水面至管顶高度

为 1.8m，管段长度 $l_1=8$m，$l_2=4$m，$l_3=12$m。试计算：

(1) 通过虹吸管的流量为多少？

(2) 虹吸管中压强小的地方在哪里？其最大真空高度是多少？

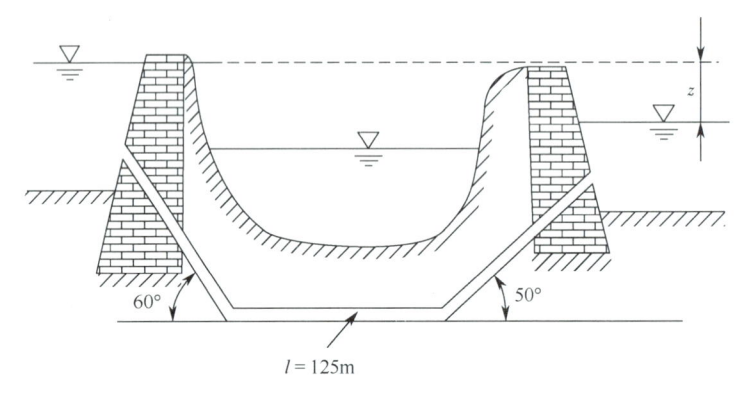

图 2-42　计算题 2 图

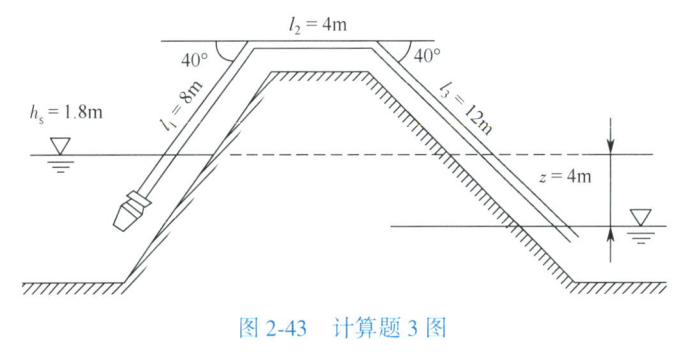

图 2-43　计算题 3 图

4. 用图 2-44 所示的离心式水泵将湖水抽到水池，流量 $Q=0.2\text{m}^3/\text{s}$，湖面高程 z_1 为 85m，水池水面高程 z_3 为 105m，吸水管长 l_1 为 10m，水泵的允许真空高度为 4.5m，吸水管底阀局部水头损失系数 $\zeta_1=2.5$，90°弯头局部水头损失系数 $\zeta_2=0.3$，水泵入口前的渐变收缩段局部水头损失系数 $\zeta_3=0.1$，吸水管沿程阻力系数 $\lambda=0.022$。压力管采用铸铁管，其直径 $d=500$mm，长度 $l_2=1000$m，$n=0.013$。试计算：

(1) 吸水管的直径 d_1 是多少？

(2) 水泵的安装高度是多少？

(3) 水泵的扬程是多少？

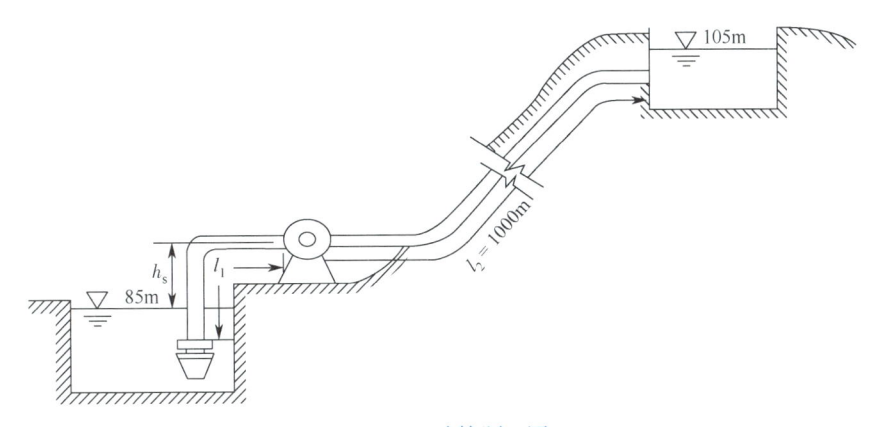

图 2-44 计算题 4 图

模块 3　输水建筑物水力计算

学习情境描述

明渠是地球上最生动、最富有创造力的生命纽带，川流不息的水流系统成就了人类文明和自然界万物生灵的繁茂。

长江是中华民族的母亲河，全长约 6300km，是中国第一大天然河，也是亚洲最长的河流，世界第三大河。长江经济带是"一带一路"的主要交汇地带。长江经济带覆盖 11 个省市，约占 1/5 国土面积，聚集的人口占全国 40%以上。经济的快速发展、流域的大规模开发，造成局部水环境质量降低、水生态系统受损、水土流失加剧、重要湿地萎缩、环境污染风险加大。2016 年 1 月，习近平总书记在重庆召开推动长江经济带发展座谈会并发表重要讲话，全面深刻阐述了推动长江经济带发展的重大战略思想，绘就了长江经济带发展的宏伟蓝图。习近平总书记在会上指出："当前和今后相当长一个时期，要把修复长江生态环境摆在压倒性位置，共抓大保护，不搞大开发。"

中华文明已延续了 5000 多年，如何再延续 5000 年直至实现永续发展？2005 年 8 月 15 日，时任浙江省委书记的习近平到安吉天荒坪镇余村考察时，首次提出"绿水青山就是金山银山"。以自然为根，尊重自然、顺应自然、保护自然，就是习近平总书记给出的答案，也是习近平总书记对中华文化中天人合一、和谐平衡思想的深刻理解。

明渠作为输水的通道，广泛应用于水利水电工程中。我国著名的京杭大运河就是一条人工修建的明渠，在 2000 多年的历史发展中发挥了巨大的作用。

明渠水流的运动是在重力作用下形成的。在水流运动过程中，自由液面不受固体边界的约束（这一点与管流不同），因此，若在明渠中有干扰出现，如底坡改变、过水断面尺寸改变、糙率变化等，都会引起自由液面的位置升降，即水面随时空变化，这就导致了水力运动要素发生变化，使得明渠水流呈现出比较多的变化。在一定的流量下，由于上下游控制条件不同，同一明渠中的水流可以形成各种不同形式的水面线。正因为明渠水流的上边界不固定，故解决明渠水流的运动问题远比解决有压管流复杂得多。

本模块将科学分析明渠恒定均匀流的水力现象及形成条件，利用明渠恒定均匀流公式精准进行水力计算，使明渠在保障水安全、修复水生态、优化水资源等方面发挥社会、经济、生态各方面效益。

明渠恒定非均匀渐变流水面线的定性分析及定量计算是确定溢洪道岸墙高度的依据，也为修建水利工程时确定淹没范围及移民数量提供参考。科学分析及精准计算明渠恒定非均匀渐变流水面线至关重要。

学习指导

(1) 明确明渠水流的特点，能根据发生条件判别明渠恒定均匀流。
(2) 会进行明渠恒定均匀流各参数的水力计算。
(3) 掌握明渠恒定均匀流三种流态的判别方法。
(4) 了解水跌和水跃的概念，会计算水跃长度和能量损失。
(5) 掌握各种坡度的概念，会判断水面线类型，计算水面线。

任务1 明渠恒定均匀流的水力计算

3.1.1 任务导入

京杭大运河

京杭大运河沿用隋唐大运河，改道并裁弯取直，是世界上里程最长、工程最大的古代运河，也是最古老的运河之一，与长城、坎儿井并称为中国古代的三项伟大工程，并且使用至今，是中国古代劳动人民创造的一项伟大工程，是中国文化地位的象征之一。

京杭大运河全长1794km，是中国仅次于长江的第二条"黄金水道"，价值堪比长城。它是世界上开凿最早、长度最长的人工河道，长度约为苏伊士运河（190km）的9倍，约为巴拿马运河（81.3km）的22倍。京杭大运河南起余杭（今杭州），北到涿郡（今北京），途经北京、天津、沧州、德州、泰安、聊城、济宁、枣庄、徐州、宿迁、淮安、扬州、镇江、常州、无锡、苏州、嘉兴、杭州18城，贯通了海河、黄河、淮河、长江、钱塘江五大水系，主要水源为微山湖。京杭大运河全程可分为七段：通惠河、北运河、南运河、鲁运河、中运河、里运河、江南运河。

大运河自公元前486年始凿，距今已有2500多年的历史。大运河开掘于春秋时期，完成于隋朝，繁荣于唐宋，取直于元代，疏通于明清。在漫长的岁月里，大运河经历了三次较大的兴修，最后一次兴修完成才称作"京杭大运河"。

京杭大运河显示了中国古代水利航运工程技术领先于世界的卓越成就，承载了丰富的历史文化，孕育了一座座璀璨明珠般的名城古镇，积淀了深厚悠久的文化底蕴，凝聚了中国政治、经济、文化、社会诸多领域的庞大信息。京杭大运河与长城同是中华民族文化身份的象征。

习近平总书记在党的二十大报告中指出：中国式现代化是人与自然和谐共生的现代化。人与自然是生命共同体，无止境地向自然索取甚至破坏自然必然会遭到大自然的报复。我们坚持可持续发展，坚持节约优先、保护优先、自然恢复为主的方针，像保护眼睛一样保护自然和生态环境，坚定不移走生产发展、生活富裕、生态良好的文明发展道路，实现中华民族永续发展。

三四十年前，在京杭大运河沿线，工厂废水、生活污水直排运河，导致河水发黑发臭，河段遭受严重污染，受地理、气候等因素影响，有些河段几度干涸断流。这些年来，随着国家有关部门和运河沿线省市持续加大生态保护力度，干涸的河段重新过水，黑臭的河水逐渐变清。如今，岸绿、水美、人和、业兴的运河生态重现，使凝聚中华文明的京杭大运河重获新生。

2002年，原本只负责通航的京杭大运河被纳入"南水北调"三线工程之一，成为中国南水北调东线工程的重要环节和通道，通过它，长江下游的水得以送到北部缺水的山东和河北等地。中华人民共和国水利部（简称水利部）2023年3月启动京杭大运河全线贯通补水工作，在2022年京杭大运河实现百年来首次全线水流贯通的基础上，进一步发挥南水北调东线工程的综合效益，持续推进华北地区河湖生态环境复苏和地下水超采综合治理，助力大运河文化保护传承利用。

任务：如何计算京杭大运河的输水流量？

3.1.2 明渠恒定均匀流的特点分析

一、明渠和明渠水流

明渠是一种水流具有自由液面的渠道，明渠包括人工渠道、天然河道及未充满水流的管道等。明渠中流动的水流为明渠水流，具有自由液面。自由液面上各点的绝对压强均等于大气压，相对压强为零，所以明渠水流又称无压流。与有压管流不同，重力是明渠水流的主要动力，而压力是有压管流的主要动力。天然河道、人工修建的渠道、无压隧洞及渡槽中的水流都属于明渠水流。

（一）明渠过水断面及水力要素

明渠的过水断面可以是各种各样的形状。天然河道的过水断面通常为不规则形状。人工渠道的过水断面可以根据要求，采用梯形、圆形、矩形等规则形状。人工渠道的过水断面通常是对称的几何形状，根据渠

微课视频

道的用途、渠道的大小、施工建造方法和渠道的材料等选定。在水利工程中，梯形过水断面最适用于天然土质渠道，也是最常用的过水断面。其他过水断面形状，如圆形、矩形、抛物线形，在有些场合也被采用。下面研究梯形过水断面（见图3-1）和圆形过水断面的水力要素。

渠道的底宽用b表示，水深用h表示，两岸边坡的倾斜程度用边坡系数m表示，边坡与水平面的夹角为θ，则定义$m=\cot\theta$，边坡系数m越大，边坡越缓，反之越陡，

矩形过水断面的边坡系数为零。边坡系数 m 的大小可以根据边坡的岩土性质或护坡情况而定，具体选用时可以参照渠道设计的有关规范。表 3-1 所示为各种岩土的边坡系数。

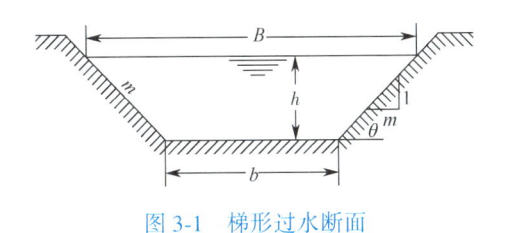

图 3-1　梯形过水断面

表 3-1　各种岩土的边坡系数

岩土种类	边坡系数 m（水下部分）	边坡系数 m（水上部分）
未风化的岩石	1~0.25	0
风化的岩石	0.25~0.5	0.25
半岩性耐水土壤	0.5~1	0.5
卵石和砂砾	1.25~1.5	1
黏土、硬或半硬黏壤土	1~1.5	0.5~1
松软黏壤土、砂壤土	1.25~2	1~1.5
细砂	1.5~2.5	2
粉砂	3~3.5	2.5

实际工程中最常见的明渠过水断面形状为对称的梯形。根据几何知识可知，梯形过水断面相关的水力要素如下。

水面宽度 B 为

$$B = b + 2mh \tag{3-1}$$

过水断面面积 A 为

$$A = (b + mh)h \tag{3-2}$$

湿周 χ 为

$$\chi = b + 2h\sqrt{1 + m^2} \tag{3-3}$$

水力半径 R 为

$$R = \frac{A}{\chi} \tag{3-4}$$

常见明渠过水断面的水力要素如表 3-2 所示。

表 3-2 常见明渠过水断面的水力要素

过水断面形状	水面宽度 B	过水断面面积 A	湿周 χ	水力半径 R
矩形	b	bh	$b+2h$	$\dfrac{bh}{b+2h}$
梯形	$b+2mh$	$(b+mh)h$	$b+2h\sqrt{1+m^2}$	$\dfrac{(b+mh)h}{b+2h\sqrt{1+m^2}}$
圆形	$2\sqrt{h(d-h)}$	$\dfrac{d^2}{8}(\theta-\sin\theta)$	$\dfrac{1}{2}\theta\cdot d$	$\dfrac{d}{4}\left(1-\dfrac{\sin\theta}{\theta}\right)$

注：圆形过水断面中 θ 以弧度计。

（二）明渠的底坡及分类

明渠渠底线（渠底与纵剖面的交线）上单位长度的渠底高程差，称为明渠的底坡，用 i 表示。例如，在图 3-2 中，1—1 和 2—2 两过水断面间，渠底线长度为 Δs，该两过水断面间渠底高程差为 $(a_1-a_2)=\Delta a$，渠底线与水平线的夹角为 θ，则底坡 i 为

微课视频

$$i=\frac{a_1-a_2}{\Delta s}=\frac{\Delta a}{\Delta s}=\sin\theta \tag{3-5}$$

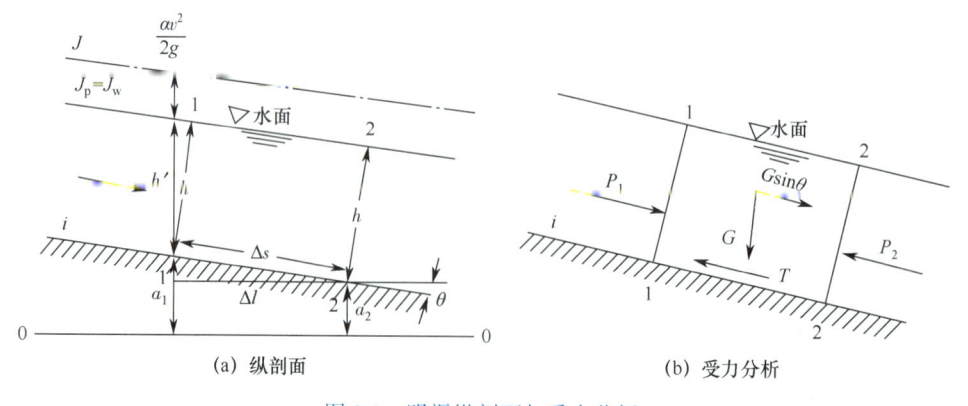

(a) 纵剖面　　　　　(b) 受力分析

图 3-2　明渠纵剖面与受力分析

在水力学中,规定渠底高程顺水流下降的底坡为正,因此以导数形式表示时,底坡 i 应为

$$i = -\frac{da}{ds} \tag{3-6}$$

当底坡较小时,如 $i<0.1$ 或 $\theta<6°$,两过水断面间渠底线长度 Δs 与两过水断面间的水平距离 Δl 近似相等,即 $\Delta s \approx \Delta l$,则由图 3-2(a)可知

$$i = \frac{\Delta a}{\Delta s} \approx \frac{\Delta a}{\Delta l} = \tan\theta$$

$$i = \sin\theta = \tan\theta \tag{3-7}$$

所以,在上述情况下,两过水断面间的距离 Δs 可用水平距离 Δl 代替,并且,过水断面可以看作铅垂平面,水深 h 也可沿铅垂线方向量取。

明渠的渠底有三种类型,如图 3-3 所示。渠底高程沿程下降的称为顺坡(正坡),规定 $i>0$;渠底高程沿程保持水平的称为平底坡,规定 $i=0$;渠底高程沿程上升的称为逆坡(负坡),规定 $i<0$。

在水利工程中,由于地形、地质条件的改变或水流运动条件的需要,在不同的渠段,过水断面的形状、尺寸或底坡并不完全相同。过水断面的形状及尺寸沿程不变的长直渠道称为棱柱形渠道,否则称为非棱柱形渠道,如渡槽槽身为棱柱形渠道,渡槽进出口段、水闸进出口渐变段为非棱柱形渠道。棱柱形渠道的过水断面面积 A 仅随水深 h 变化,即 $A=f(h)$;非棱柱形渠道的过水断面面积不仅随水深 h 变化,还随着各过水断面的沿程位置而变化,即 $A=f(h,s)$,s 为当前过水断面距其起始过水断面的距离。

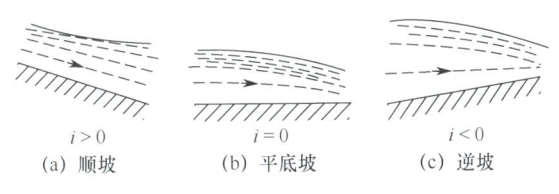

(a) 顺坡 $i>0$　　(b) 平底坡 $i=0$　　(c) 逆坡 $i<0$

图 3-3　渠底的类型

练一练(判断题)

1. 明渠水流的特点是具有自由液面。(　　)
2. 在人工渠道中,梯形过水断面占绝大多数。(　　)
3. 在梯形过水断面明渠中,边坡系数 m 越大,说明边坡越陡。(　　)
4. 矩形过水断面的边坡系数等于 1。(　　)
5. 明渠的底坡一定为正值。(　　)
6. 过水断面的形状、尺寸和底坡沿程不变的顺直渠道为棱柱形渠道。(　　)

二、明渠恒定均匀流

(一) 明渠恒定均匀流的概念

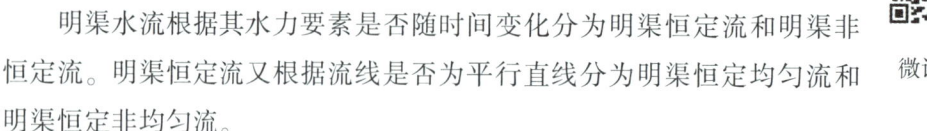

明渠水流根据其水力要素是否随时间变化分为明渠恒定流和明渠非恒定流。明渠恒定流又根据流线是否为平行直线分为明渠恒定均匀流和明渠恒定非均匀流。

明渠水流与有压管流的一个很大区别是：明渠水流的自由液面会随着不同的水流条件和渠身条件而变化，形成各种流态和水面形态。在实际工程中，很难形成明渠恒定均匀流，但是，在铁路、公路、给排水和水利工程的沟渠中，其排水或输水能力的计算，常按明渠恒定均匀流处理。此外，明渠恒定均匀流理论对进一步研究明渠恒定非均匀流也具有重要意义。

(二) 明渠恒定均匀流的特点

明渠恒定均匀流具有下列特点。

(1) 过水断面的形状、尺寸、流速分布、流量和水深都沿程不变。

(2) 总水头线、测压管水头线（在明渠水流中，就是水面线，其坡度以 J_p 表示）和渠底线都互相平行 [见图 3-2 (a)]，因而它们的坡度相等，即

$$J = J_p = i \tag{3-8}$$

对于明渠恒定均匀流 [见图 3-2 (b)]，Δs 流段的动量方程为

$$P_1 - P_2 + G\sin\theta - T = 0 \tag{3-9}$$

式中　P_1、P_2——过水断面 1—1 和过水断面 2—2 的动水压力；

　　　G——Δs 流段水体重力；

　　　T——边壁（包括岸壁和渠底）阻力。

对于棱柱形明渠恒定均匀流，$P_1 = P_2$，所以

$$G\sin\theta = T \tag{3-10}$$

可见，水体重力沿水流流向的分力 $G\sin\theta$ 与水流所受到的边壁阻力平衡是明渠恒定均匀流的力学特性。如果是非棱柱形明渠，或者是棱柱形明渠而底坡为逆坡（$i = \sin\theta < 0$）或平底坡（$i = \sin\theta = 0$），则式 (3-9) 的动量平衡关系不可能存在。因此，明渠恒定均匀流只能发生在顺坡的棱柱形明渠中。

(三) 明渠恒定均匀流的发生条件

根据明渠恒定均匀流的特点可知，只有同时具备下述条件，才能形成明渠恒定均匀流。

(1) 明渠水流必须是恒定的，流量沿程不变。

(2) 明渠必须是棱柱形渠道。

（3）明渠的糙率必须保持沿程不变。

（4）明渠的底坡必须是顺坡，同时应有相当长且其上没有建筑物的顺直段。只有在这样的长顺直段上且同时满足上述条件时才能发生明渠恒定均匀流。

练一练（判断题）

1. 明渠恒定均匀流水面线与渠底线不一定平行。　　　　　　　　　　　（　）
2. 非棱柱形渠道可以发生明渠恒定均匀流。　　　　　　　　　　　　　（　）
3. 明渠恒定均匀流一定发生在顺坡明渠上。　　　　　　　　　　　　　（　）

3.1.3 明渠恒定均匀流的计算方法

一、明渠恒定均匀流的基本公式

明渠恒定均匀流的水力计算可分为两类：一类是对已建成的渠道，根据生产运行要求，进行某些必要的水力计算，如求流量、求某渠段水流的水力坡度 J（$J=i$）、求某渠段通水后的糙率、绘制渠道运用期间的水深-流量关系曲线等；另一类是为设计新渠道进行水力计算，如确定底宽 b、水深 h、底坡 i 等。这两类计算，都是需要应用明渠恒定均匀流基本公式来解决的问题。

在实际工程中，梯形渠道的应用最广，现以梯形渠道为例，说明经常采用的几种水力计算方法。

明渠恒定均匀流可采用谢才公式计算：

$$v = C\sqrt{RJ} \tag{3-11}$$

对于明渠恒定均匀流，由于 $J=i$，所以式（3-11）可写为

$$v = C\sqrt{Ri} \tag{3-12}$$

$$Q = Av = AC\sqrt{Ri} = K\sqrt{i} \tag{3-13}$$

式中　K——流量模数。

式（3-12）和式（3-13）中的谢才系数 C 可以用曼宁公式计算。将曼宁公式代入以上两式，便可得到

$$v = \frac{1}{n}R^{\frac{2}{3}}\sqrt{i} \tag{3-14}$$

$$Q = A\frac{1}{n}R^{\frac{2}{3}}\sqrt{i} \tag{3-15}$$

明渠恒定均匀流基本公式中 Q、A、K、C、R 都与明渠恒定均匀流过水断面的形状、尺寸和水深有关。明渠恒定均匀流水深通常称为正常水深，以 h_0 表示，区别于明

渠恒定非均匀流水深 h。由式（3-15）可以看出，正常水深 h_0 与流量 Q、过水断面的形状和尺寸、糙率 n、底坡 i 有关。

糙率 n 的选择对渠道水力计算结果和工程造价影响很大。在设计渠道时，若选择的 n 值小于实际值，则计算出的渠道过水断面面积小于需要的过水断面面积，从而导致渠道过水能力不足，流速偏小，不能满足工程需求；反之，若 n 值大于实际值，则渠道过水断面偏大，导致工程量增大，同时流速过高可能造成渠床被冲刷、破坏。

对于人工渠道的糙率，由于生产实践中已积累了丰富资料，因此计算时可以参照表 3-3 或有关水力计算手册选取。对于十分重要的工程，其糙率需要由实测资料来确定。

表 3-3　部分渠道与河道的糙率 n

渠道类型及状况	最 小 值	正 常 值	最 大 值
一、衬砌渠道			
1. 净水泥表面	0.010	0.011	0.013
2. 水泥灰浆	0.011	0.013	0.015
3. 刮平的混凝土表面	0.013	0.015	0.016
4. 未刮平的混凝土表面	0.014	0.017	0.020
5. 表面良好的混凝土喷浆	0.016	0.019	0.023
6. 浆砌块石	0.017	0.025	0.030
7. 干砌块石	0.023	0.032	0.035
8. 光滑的沥青表面	0.013	0.013	
9. 用木馏油处理的、表面刨光的木材	0.011	0.012	0.015
10. 油漆的光滑钢表面	0.012	0.013	0.017
二、无衬砌的渠道			
1. 清洁的顺直土渠	0.018	0.022	0.025
2. 有杂草的顺直土渠	0.022	0.027	0.033
3. 有一些杂草、过水断面变化的弯曲土渠	0.025	0.030	0.033
4. 光滑而均匀的石渠	0.025	0.035	0.040
5. 参差不齐、不规则的石渠	0.035	0.040	0.050
6. 有与水深同高的浓密杂草的渠道	0.050	0.080	0.120
三、小河（汛期最大水面宽度约 30m）			
1. 清洁、顺直的平原河流	0.025	0.030	0.033
2. 清洁、弯曲、少许淤滩和潭坑的平原河流	0.033	0.040	0.045
3. 水深较浅、底坡多变、回流区较多的平原河流	0.040	0.048	0.055
4. 河底为砾石、卵石间有孤石的山区河流	0.030	0.040	0.050
5. 河底为卵石和大孤石的山区河流	0.040	0.050	0.070

续表

渠道类型及状况	最小值	正常值	最大值
四、大河，同等情况下 n 值比小河略小			
1. 过水断面比较规则，无孤石或丛木	0.025		0.060
2. 过水断面不规则，床面粗糙	0.035		0.100
五、汛期滩地漫流			
1. 短草	0.025	0.030	0.035
2. 长草	0.030	0.035	0.050
3. 已熟成行庄稼	0.025	0.035	0.045
4. 茂密矮树丛（夏季情况）	0.070	0.100	0.160
5. 密林，树下少植物，洪水位在枝下	0.080	0.100	0.120
6. 同上，洪水位及树枝	0.100	0.120	0.160

天然河道的糙率比较复杂，往往与河道的组成、植被情况、农田、庄稼等因素有关，一般应根据实测资料来确定。

练一练（判断题）

1. 明渠水流的水深称为正常水深。　　　　　　　　　　　　　　　（　　）
2. 明渠恒定均匀流的流量与糙率无关。　　　　　　　　　　　　　（　　）
3. 在其他条件不变的情况下，明渠恒定均匀流的正常水深与底坡 i 成反比。
（　　）

二、渠道中的允许流速

一条设计合理的渠道除需考虑上述水力最佳条件及经济因素外，还应使渠道的设计流速既不大到使渠床遭受冲刷，也不小到使水中悬浮的泥沙发生淤积，而应当是不冲、不淤的流速。因此在设计中，要求渠道流速 v 在不冲、不淤的允许流速范围内，即

$$v_{不淤} < v < v_{不冲}$$

式中　$v_{不冲}$——使渠床免遭冲刷的最大允许流速，简称不冲允许流速；

$v_{不淤}$——使渠床免受淤积的最小允许流速，简称不淤允许流速。

渠道中的不冲允许流速 $v_{不冲}$ 大小取决于土质情况（土壤种类、颗粒大小和密实程度）或渠道的衬砌材料、渠中流量等因素。表3-4、表3-5所示分别为坚硬岩石和人工护面渠道、土质渠道的不冲允许流速，可供设计明渠时选用。

渠道中的不淤允许流速 $v_{不淤}$ 是保证含沙水流中挟带的泥沙不致在渠道淤积的允许流速下限，其取值可参考有关文献。

还有其他类型的允许流速，如为阻止渠床上植物生长所要求的流速下限、航道中为保证航运而要求的流速上限等。

表 3-4　坚硬岩石和人工护面渠道的不冲允许流速

坚硬岩石和人工护面渠道	流量范围/(m³/s)		
	<1	1~10	>10
软质水成岩（泥灰岩、页岩、软砾岩）	2.5	3.0	3.5
中等硬质水成岩（致密砾质、多孔石灰岩、层状石灰岩、白云石灰岩、灰质砂岩）	3.5	4.25	5.0
硬质水成岩（白云砂岩、砂质石灰岩）	5.0	6.0	7.0
结晶岩、火成岩	8.0	9.0	10.0
单层块石铺砌	2.5	3.5	4.0
双层块石铺砌	3.5	4.5	5.0
混凝土护面	6.0	8.0	10.0

表 3-5　土质渠道的不冲允许流速

	土质	不冲允许流速/(m/s)	说明
均质黏性土	轻壤土	0.60~0.80	（1）均质黏性土各种土质的干容重为 12.75~16.67kN/m³。 （2）表中所列为水力半径 $R=1m$ 的情况。当 $R \neq 1m$ 时，应将表中数值乘 R^α 才得相应的不冲允许流速。 （3）对于砂、砾石、卵石和疏松的壤土、黏土，$\alpha=1/3~1/4$。 （4）对于密实的壤土、黏土，$\alpha=1/4~1/5$
	中壤土	0.65~0.85	
	重壤土	0.70~1.0	
	黏土	0.75~0.95	

	土质	粒径/mm	不冲允许流速/(m/s)
均质无黏性土	极细砂	0.05~0.1	0.35~0.45
	细砂、中砂	0.25~0.5	0.45~0.60
	粗砂	0.5~2.0	0.60~0.75
	细砾石	2.0~5.0	0.75~0.90
	中砾石	5.0~10.0	0.90~1.10
	粗砾石	10.0~20.0	1.10~1.30
	小卵石	20.0~40.0	1.30~1.80
	中卵石	40.0~60.0	1.80~2.20

练一练（判断题）

1. 渠道中的流速应大于不冲允许流速。（　　）

2. 渠道中的不冲允许流速 $v_{不冲}$ 的大小取决于土质情况（土壤种类、颗粒大小和密实程度）或渠道的衬砌材料、渠中流量等因素。（　　）

3. 渠道的设计流速不可小到使水中悬浮的泥沙发生淤积。（　　）

三、水力最佳断面和实用经济断面

在明渠的底坡、糙率和流量已定时，渠道过水断面的设计（形状、大小）可有多种选择方案，要从施工、应用和经济等方面进行比较。

从水力学的角度考虑，若选定的过水断面形状满足下列条件之一，则将这种过水断面称为水力最佳断面：在流量、底坡、糙率已知时，设计的过水断面具有最小的面积；在过水断面面积、底坡、糙率已知时，设计的过水断面能使渠道通过的流量最大。

显然，水力最佳断面应该是在给定条件下水流阻力最小的过水断面。由式 $Q = \frac{A^{5/3}\sqrt{i}}{n\chi^{2/3}}$ 知，要在给定的过水断面面积上使通过的流量最大，过水断面的湿周就必须最小。根据几何学可知，在各种明渠过水断面中，能最好地满足这一条件的过水断面为半圆形过水断面（水面不计入湿周），因此有些人工渠道（如小型混凝土渡槽）的过水断面设计成半圆形或 U 形，但由于地质条件和施工技术、管理应用等方面的原因，渠道的过水断面常常不得不设计成其他形状。下面针对土质渠道常用的梯形过水断面，讨论其水力最佳条件。

梯形过水断面的湿周 $\chi = b + 2h\sqrt{1+m^2}$，边坡系数 m 已知，由于过水断面面积 A 给定，b 和 h 相互关联，$b = A/h - mh$，所以

$$\chi = \frac{A}{h} - mh + 2h\sqrt{1+m^2}$$

在水力最佳条件下应有

$$\frac{\mathrm{d}\chi}{\mathrm{d}h} = -\frac{A}{h^2} - m + 2\sqrt{1+m^2} = -\frac{b}{h} - 2m + 2\sqrt{1+m^2} = 0$$

从而得到水力最佳条件下的梯形过水断面的宽深比 β_m：

$$\beta_m = \frac{b}{h} = 2\left(\sqrt{1+m^2} - m\right) \tag{3-16}$$

可以证明，这种梯形过水断面的三个边与半径为 h、圆心在水面的半圆相切，如图 3-4（a）所示。这里要指出的是，由于正常水深随流量改变，在设计流量下具有水力最佳断面的明渠，当流量发生改变时，实际的过水断面宽深比就不再满足式（3-16）了。

作为梯形过水断面特例的矩形过水断面，$m = 0$，计算得 $\beta_m = 2$，或 $b = 2h$，所以水力最佳条件下矩形过水断面的底宽为水深的两倍，如图 3-4（b）所示。

(a) 梯形水力最佳断面　　　　　(b) 矩形水力最佳断面

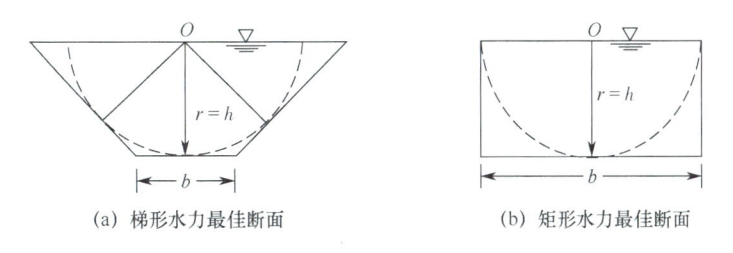

图 3-4　梯形水力最佳断面和矩形水力最佳断面

虽然水力最佳断面在相同流量下的面积最小，但从经济、技术和管理等方面综合考虑，它有一定的局限性。一般土质渠道的边坡系数 $m>1$，水力最佳断面宽深比 $\beta_m<1$，渠道过水断面都是窄深式的，虽然工程量小但需要深挖高填。对于大型渠道来说，施工开挖工程量大、费用高昂，维持管理也不方便，并且流量改变时水深变化较大，给灌溉、航运带来不便。因此工程上一般在水力最佳断面的基础上宽浅一些，使其过水断面面积略大于水力最佳断面的面积，这种过水断面称为实用经济断面。设计渠道过水断面尺寸时，既要考虑水力最佳断面，也要考虑实用经济断面。关于实用经济断面的宽深比可查相关手册确定，这里不再介绍。

练一练（判断题）

1. 水力最佳断面的宽深比与边坡系数有关。　　　　　　　　　　　　　　（　）
2. 矩形水力最佳断面的宽深比为 2。　　　　　　　　　　　　　　　　　（　）
3. 水力最佳断面在相同流量下的面积最小，但从经济、技术和管理等方面综合考虑，它有一定的局限性。　　　　　　　　　　　　　　　　　　　　　（　）

3.1.4 拓展案例

由明渠恒定均匀流的计算公式和梯形过水断面各水力要素的计算公式可得

$$Q = AC\sqrt{Ri} = A\frac{1}{n}R^{2/3}\sqrt{i} = \frac{\sqrt{i}}{n}\frac{[(b+mh)h]^{5/3}}{(b+2h\sqrt{1+m^2})^{2/3}} \quad (3\text{-}17)$$

从上式中可看出 $Q=f(b,h,m,n,i)$。在已知五个数据的情况下，用上式求另一个未知数，有时可从上式中直接求出，有时则要求解复杂的高次方程，相当困难。为此，将两类问题从计算方法角度加以统一研究。只要掌握这些方法，就能顺利进行明渠恒定均匀流的各项水力计算。

如果已知其他五个数据，要求流量 Q、糙率 n 或底坡 i，只要应用基本公式，进行简单的代数运算，就可直接求得解。现用案例说明。

一、渠道过流能力计算

【案例 3-1】一条过水断面为矩形的输水渠道，底宽 $b=10\text{m}$，底坡 $i=1.25\times10^{-4}$，糙率 $n=0.028$，试计算：当正常水深 $h_0=4\text{m}$ 时，能否通过设计流量 $Q_\text{设}=27\text{m}^3/\text{s}$？

【分析与计算】

（1）计算过水断面水力要素。

由已知条件可知，渠道水流为均匀流，正常水深 $h_0=4\text{m}$，则过水断面面积为

$$A = bh_0 = 10 \times 4 = 40\text{m}^2$$

湿周为

$$\chi = b + 2h_0 = 10 + 2\times 4 = 18\text{m}$$

水力半径为

$$R = \frac{A}{\chi} = \frac{40}{18} \approx 2.22\text{m}$$

谢才系数为

$$C = \frac{1}{n}R^{\frac{1}{6}} = \frac{1}{0.028} \times 2.22^{\frac{1}{6}} \approx 40.79$$

(2) 计算流量。

将谢才系数代入明渠恒定均匀流的流量计算公式，可得

$$Q = AC\sqrt{Ri} = 40 \times 40.79 \times \sqrt{2.22 \times 0.000125} \approx 27.18\text{m}^3/\text{s}$$

通过计算校核可知，渠道能通过 $Q_{设} = 27\text{m}^3/\text{s}$ 的流量。

【案例 3-2】 白峰干渠流量 $Q = 16\text{m}^3/\text{s}$，边坡系数 $m = 1.5$，底宽 $b = 3\text{m}$，水深 $h = 2.84\text{m}$，底坡 $i = 1/6000$，求渠道的糙率 n。

【分析与计算】

(1) 计算过水断面水力要素。

$$A = (b + mh)h = (3 + 1.5 \times 2.84) \times 2.84 \approx 20.62\text{m}$$

$$v = \frac{Q}{A} = \frac{16}{20.62} \approx 0.78\text{m/s}$$

$$\chi = b + 2h\sqrt{1+m^2} = 3 + 2 \times 2.84 \times \sqrt{3.25} \approx 13.24\text{m}$$

$$R = \frac{A}{\chi} = \frac{20.62}{13.24} \approx 1.56\text{m}$$

(2) 计算糙率。

由式（3-14）可得

$$n = \frac{R^{2/3}\sqrt{i}}{v} = \frac{(1.56)^{2/3}\sqrt{\frac{1}{6000}}}{0.78} \approx 0.0223$$

二、渠道过水断面尺寸设计

【案例 3-3】 某土质渠道的过水断面为梯形，边坡系数 $m = 1.5$，糙率 $n = 0.025$，底宽 $b = 4\text{m}$，底坡 $i = 0.0006$，求通过流量 $Q = 9\text{m}^3/\text{s}$ 时的正常水深 h_0。

【分析与计算】

可采用列表法，将各试算数据列出，如表 3-6 所示。

表 3-6 列表法计算土质渠道过水断面的正常水深 h_0

b/m	m	h/m	A/m²	χ/m	R/m	$\sqrt{R}$/m	n	C	$\sqrt{i}$	Q/(m³/s)
4		1.0	5.50	7.6	0.72	0.85		37.9		4.34
4	1.5	1.2	6.92	8.3	0.83	0.91	0.025	38.8	$\frac{2.45}{100}$	5.99
4		1.4	8.54	9.0	0.95	0.98		39.7		8.14
4		1.5	9.40	9.4	1.00	1.00		40.0		9.17

将表 3-6 中 Q 和 h 的相应值绘在方格坐标上,得到 $Q=f(h)$ 曲线,如图 3-5 所示。根据 $Q=9\text{m}^3/\text{s}$,在曲线上查得相应的正常水深 $h_0=1.48\text{m}$。

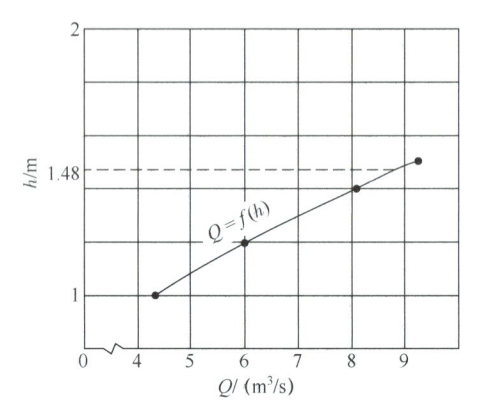

图 3-5 流量 Q 和水深 h 的关系曲线

试算法也可直接根据式(3-17)进行,而不列上述表格进行分项计算,读者可自行练习。

【案例 3-4】 某干渠全长 9.5km,输送流量 $Q=13\text{m}^3/\text{s}$,渠道所经地区为壤土地带,糙率 $n=0.025$,底坡 $i=1/3500$,$m=1.5$,已知水深 $h=2\text{m}$,求渠道底宽 b。

【分析与计算】

由式(3-17)进行计算:

$$Q = \frac{\sqrt{i}}{n} \frac{[(b+mh)h]^{5/3}}{(b+2h\sqrt{1+m^2})^{2/3}} \approx 0.676 \times \frac{[(b+3)\times 2]^{5/3}}{(b+7.2)^{2/3}}$$

假设 $b=3,4,5,6$,算出相应的 Q 值如表 3-7 所示。

表 3-7 试算法计算相应渠道底宽时的流量 Q

b/m	3	4	4.5	6
Q/(m³/s)	9.04	10.98	11.96	14.96

画出 $Q=f(b)$ 曲线,如图 3-6 所示。由曲线可查得 $Q=13\text{ m}^3/\text{s}$ 时的 $b=5\text{m}$。

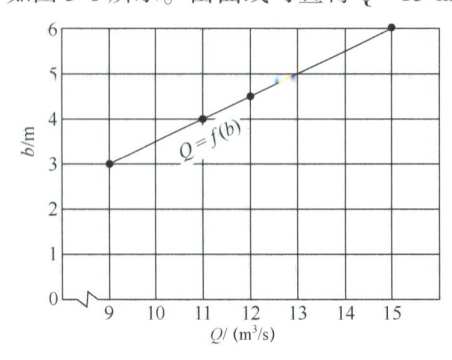

图 3-6 流量 Q 和渠道底宽 b 的关系曲线

技能训练

一、选择题

1. 下列关于明渠水流的说法中，错误的是（　　）。
   A. 无压水流 B. 有自由液面
   C. 过水断面周长等于湿周 D. 靠重力流动

2. 对称梯形过水断面的面积（　　）。
   A. $A=b+2mh$
   B. $A=(b+mh)h$
   C. $A=b+2h\sqrt{1+m^2}$
   D. $A=\dfrac{(b+mh)h}{b+2h\sqrt{1+m^2}}$

3. 若明渠底坡 $i=0$，则称其为（　　）。
   A. 顺坡 B. 逆坡 C. 负坡 D. 平底坡

4. 明渠恒定均匀流是指（　　）。
   A. 运动要素沿程不变的流动
   B. 过水断面流速均匀分布的流动
   C. 速度方向不变，大小可以沿程改变的流动
   D. 运动要素随时间变化的流动

5. 明渠恒定均匀流的水深与（　　）无关。
   A. 糙率 B. 底坡
   C. 过水断面面积 D. 渠道长度

6. 红旗渠中最长的夺丰渡槽分为上、下两段，下段长 241m，槽底落差为 0.268m，则夺丰渡槽下段底坡（　　）。
   A. $i>0$ B. $i<0$ C. $i=0$ D. 都不是

7. 某梯形过水断面灌溉渠道，已知底宽 $b=7$m，边坡系数 $m=1.5$，当水深 $h=2$m 时，其过水断面的面积 A 为（　　）m^2。
   A. 15 B. 14 C. 20 D. 22

8. 某梯形过水断面灌溉渠道，已知底宽 $b=7$m，边坡系数 $m=1.5$，当水深 $h=2$m 时，其过水断面的湿周 χ 为（　　）m。
   A. 14.2 B. 10.6 C. 20 D. 27.2

9. 一建在轻壤土地段的排水渠道，水力半径 $R=0.5$m，不冲允许流速为 $0.6\sim0.8$m/s，取 $\alpha=1/4$，则 $v_{不冲}=$（　　）m/s。
   A. $0.5\sim0.67$ B. 0.125 C. $0.15\sim0.2$ D. $0.075\sim0.1$

10. 某渠道过水断面的形状和尺寸、流量、底坡不变，边壁越光滑，则正常水深（　　）。
    A. 越大 B. 越小 C. 不变 D. 不一定

二、计算题

1. 在我国铁路现场中，路基排水的最小梯形过水断面尺寸一般规定如下：其底宽 b 为 0.4m，过流深度 h 按 0.6m 计算，沟底坡度 i 最小值为 0.002。现有一段梯形排水沟在土层开挖（$n=0.025$），边坡系数 $m=1$，b、h 和 i 均采用上述规定值，此段排水沟通过的流量有多大（按曼宁公式计算）？

2. 为测定某梯形过水断面渠道的糙率 n，选取 $l=150$m 的均匀流流段进行测量。已知底宽 $b=10$m，边坡系数 $m=1.5$，正常水深 $h_0=3$m，两过水断面的水面高程差 $\Delta z=0.3$m，流量 $Q=50\text{m}^3/\text{s}$，试计算 n 值。

3. 某梯形过水断面渠道中的均匀流，流量 $Q=20\text{ m}^3/\text{s}$，底宽 $b=5.0$m，水深 $h=2.5$m，边坡系数 $m=1$，糙率 $n=0.025$，试求渠道底坡 i。

4. 有一输水渠道，在岩石中开凿，采用矩形过水断面，$i=0.003$，$Q=1.2\text{m}^3/\text{s}$。试按水力最佳条件设计过水断面尺寸。

5. 有一梯形过水断面明渠，已知 $Q=2\text{m}^3/\text{s}$，$i=0.0016$，$m=1.5$，$n=0.02$，若允许流速 $v'=1$m/s，试计算此明渠的过水断面尺寸。

6. 有一梯形过水断面渠道，底宽 $b=1.5$m，边坡系数 $m=1.5$，通过流量 $Q=3\text{m}^3/\text{s}$，糙率 $n=0.03$，当按不冲允许流速 $v'=0.8$m/s 设计时，求正常水深及底坡。

7. 有一梯形过水断面渠道，设计流量 $Q=10\text{m}^3/\text{s}$，采用小片石干砌护面，$n=0.02$，边坡系数 $m=1.5$，底坡 $i=0.01$，要求水深 $h=1.5$m，问渠道的底宽 b 应为多少？

任务2 明渠恒定非均匀流的水力计算

3.2.1 任务导入

红旗渠

红旗渠位于河南省安阳市林州市，是 20 世纪 60 年代林县（今林州市）人民在极其艰难的条件下，从太行山腰修建的引漳入林的水利工程，被人称为"人工天河"。

红旗渠工程（原称"引漳入林工程"）于 1960 年 2 月动工，1969 年 7 月支渠配套工程全面完成，历时近 10 年，已成为"引、蓄、提、灌、排、电、景"配套的大型体系。红旗渠全长 1500km，共削平了 1250 座山头，架设了 151 座渡槽，开凿了 211 个隧洞，修建了各种建筑物 12408 座，挖砌土石达 2225 万立方米，全部开凿在峰峦叠嶂的太行山腰，工程艰险。红旗渠工程是参与修建人数近 10 万、耗时近 10 年的伟大工程，是"新中国奇迹"，被誉为"世界第八大奇迹"。

红旗渠以浊漳河为源，在山西省长治市平顺县石城镇侯壁断下设坝截流，将漳河水引入河南省林县。要引漳入林，林县就必须面对几个问题：①特殊的时期；②资金

（财政只有 300 万元储备金）；③粮食（只有 3000 万斤）；④技术问题（全县水利技术人员共 28 人，最高学历人员为中等技术学校毕业生）；⑤水源（为保证水量，必须到漳河上游山西境内修坝引水）。

面对重重困难，修渠民工自己动手，想尽各种办法解决住的问题。大家找不到合适的地方，就睡在山崖下、石缝中，有的垒石庵，有的挖窑洞，有的露天打铺，睡在没有房顶、没有床、更没有火的石板上，薅把茅草当铺草。几块布撑起来，就是指挥千军万马的指挥部。在近 10 年的修渠过程中，住得再难再苦，都没有任何人用修渠的钱盖过一间房子。

在修建红旗渠的近 10 年中，涌现出了许多英雄人物，先后有 81 位干部和群众献出了自己宝贵的生命。其中年龄最大的 63 岁，年龄最小的只有 17 岁。红旗渠总设计师吴祖太在接到设计红旗渠的任务后，不畏艰险，翻山越岭，进行实地勘测。期间他遭遇了母亲病故和妻子救人牺牲的巨大变故，仍没有停下手中的工作，坚持奋斗在红旗渠建设的第一线。1960 年 3 月 28 日下午，吴祖太听说王家庄隧洞洞顶裂缝掉土严重，深入洞内察看险情，却不幸被洞顶坍塌掉下的巨石砸中，失去了年仅 27 岁的生命。

红旗渠的建成彻底改善了林县人民靠天等雨的恶劣生存环境，解决了 56.7 万人和 37 万头家畜的吃水问题，54 万亩耕地得到灌溉，粮食亩产由红旗渠未修建时的 100 公斤增加到 1991 年的 476.3 公斤，因此红旗渠也被林县人民称为"生命渠""幸福渠"。红旗渠是林县人民发扬"自力更生、艰苦创业、自强不息、开拓创新、团结协作、无私奉献"精神创造的一大奇迹，全长 1500km 的红旗渠结束了林州十年九旱、水贵如油的苦难历史。

林县人民在修建这项惊天地、泣鬼神的伟大工程中，锻造了气壮山河的"红旗渠精神"，红旗渠施工场景如图 3-7 所示。红旗渠不是一项单纯的水利工程，它已成为民族精神的象征，中华文化的一个符号。

图 3-7　红旗渠施工场景

任务：如图3-8所示，灌区共有干渠、分干渠10条，总长304.1km；支渠51条，总长524.1km；斗渠290条，总长697.3km；农渠4281条，总长2488km。水流在这些渠道内流动时水面线的变化趋势如何判断？会发生哪些水力现象？

图3-8 红旗渠

3.2.2 明渠恒定非均匀流的特点分析

由于产生明渠恒定均匀流的条件非常严格，自然界中的水流条件很难满足，故实际的人工渠道或天然河道中的水流绝大多数是明渠恒定非均匀流。明渠恒定非均匀流的特点是底坡线、水面线、总水头线彼此互不平行，如图3-9所示。产生明渠恒定非均匀流的原因很多，明渠过水断面的几何形状或尺寸沿程改变，糙率或底坡沿程改变，在明渠中修建水工建筑物（如闸、桥梁、涵洞等）都能使明渠水流产生非均匀流。明渠恒定非均匀流中也存在渐变流和急变流，若流线是近似相互平行的直线，或流线间夹角很小、流线的曲率半径很大，则这种水流称为明渠恒定非均匀渐变流；反之，则称为明渠恒定非均匀急变流。

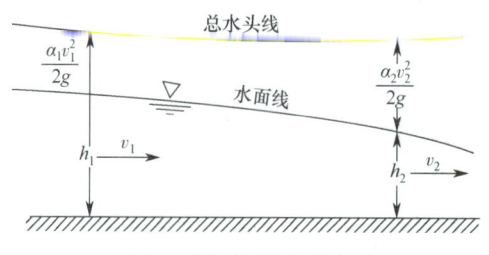

图3-9 明渠恒定非均匀流

一、明渠恒定非均匀流的流态及判别

有的明渠水流比较平缓，如灌溉渠道中的水流和平原地区江河中的水流。如果在明渠水流中有一障碍物，便可观察到障碍物上水深降低，障碍物前水位壅高，并能逆流上传到较远的地方［见图 3-10（a）］。而有的明渠水流则非常湍急，如山区河道中的水流，过坝下溢的水流，跌水、瀑布和险滩地的水流。若水流遇障碍物仅在石块附近隆起，则障碍物上水深增加，障碍物干扰的影响不能向上游传播［见图 3-10（b）］。上述两种情况表明，明渠水流存在两种不同的流态（实际上，明渠水流还可能是临界流，但其在自然界中仅偶然出现，且时间很短暂）。它们对于所产生的干扰波的传播，有着不同的影响。障碍物的存在可视为对水流发生的干扰，下面分析干扰波在明渠中传播的特点。

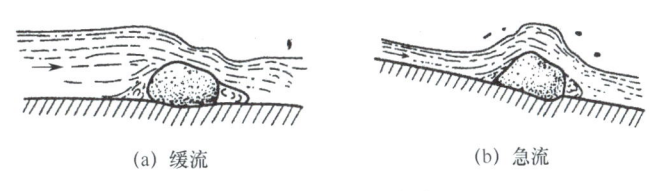

(a) 缓流　　　　　　(b) 急流

图 3-10　缓流和急流

（一）干扰波的波速

明渠水流的三种流态（缓流、急流和临界流）是根据水流速度与干扰波传播速度的对比关系来定义的，它仅存在于明渠水流。当水流速度 v 小于干扰波传播速度 c，即干扰波能够向上游传播时，称此时的水流为缓流；当水流速度 v 大于干扰波传播速度 c，即干扰波不能够向上游传播时，称此时的水流为急流；当水流速度 v 等于干扰波传播速度 c 时，干扰波也不能够向上游传播，称此时的水流为临界流。

为了了解干扰波的传播特点，可以做如下简单实验。

若在静水中沿铅直方向丢下一块石子，水面将产生一个微小波动，称为干扰波，这个波动以石子的着落点为中心，以一定的速度 c 向四周传播，平面上的波形将是一连串的同心圆［见图 3-11（a）］。这种在静水中传播的干扰波速度 c 为相对波速。若把石子投入明渠恒定均匀流中，则干扰波的传播速度应是水流流速与相对波速的矢量和。当水流的断面平均流速 v 小于相对波速 c 时，干扰波将以绝对速度 $v'=c-v$ 向上游传播，同时以绝对速度 $v'=v+c$ 向下游传播［见图 3-11（b）］，这种水流称为缓流。当水流的断面平均流速 v 等于相对流速 c 时，干扰波向上游传播的绝对速度 $v'=0$，而向下游传播的绝对速度 $v=2c$［见图 3-11（c）］，这种水流称为临界流。当水流的断面平均流速 v 大于相对波速 c 时，干扰波只以绝对速度 $v'=v+c$ 向下游传播，而对上游水流不产生任何影响［见图 3-11（d）］，这种水流称为急流。

由此可知，只要比较水流的断面平均流速 v 和相对波速 c 的大小，就可判断干扰波是否会往上游传播，也可判别水流属于哪一种流态。

■ 水力分析与计算

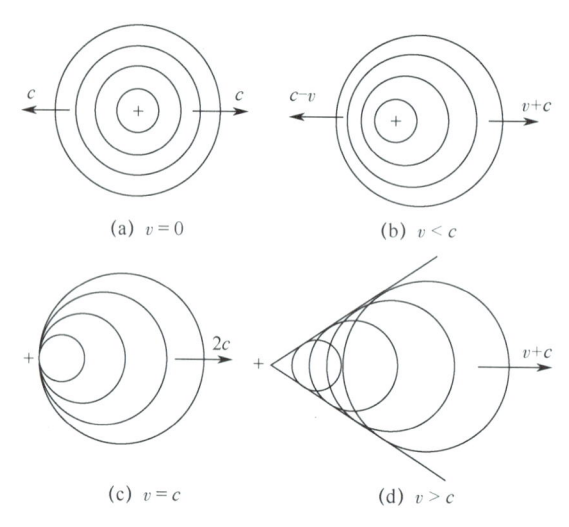

(a) $v = 0$

(b) $v < c$

(c) $v = c$

(d) $v > c$

图 3-11　干扰波的传播

当 $v<c$ 时，水流为缓流，干扰波能向上游传播。

当 $v=c$ 时，水流为临界流，干扰波不能向上游传播。

当 $v>c$ 时，水流为急流，干扰波不能向上游传播。

要判别水流的流态，必须首先确定干扰波的相对波速，根据能量方程可以推导出静水中干扰波的相对波速为

$$c = \sqrt{g\frac{A}{B}} = \sqrt{g\bar{h}} \tag{3-18}$$

式中　$\bar{h}$——过水断面平均水深，$\bar{h}=\dfrac{A}{B}$；

　　　A——过水断面面积；

　　　B——水面宽度。

由上式可以看出，在忽略阻力的情况下，干扰波相对波速的大小与过水断面平均水深的 1/2 次方成正比，过水断面的平均水深越大，干扰波的相对波速越大。

在河道或渠道上修建建筑物后，会对原河道水流产生干扰，导致河（渠）道上游或下游的水流流态发生改变，正确判别明渠水流的三种流态，对分析研究明渠恒定非均匀渐变流的水面曲线变化有着重要作用。

（二）流态判别数

对 $v/\sqrt{g\bar{h}}$ 进行量纲分析可知，它是无量纲数，称为弗劳德（Froude）数，用符号 Fr 表示。显然，对临界流来说，弗劳德数恰好等于 1，因此也可用弗劳德数来判别明渠水流的流态。

当 $Fr<1$ 时，水流为缓流。

当 $Fr=1$ 时，水流为临界流。

当 $Fr>1$ 时，水流为急流。

弗劳德数在水力学中是一个极其重要的判别数，为了加深对其物理意义的理解，可把它的形式改写为

$$Fr = \frac{v}{\sqrt{g\dfrac{A}{B}}} = \frac{v}{\sqrt{g\bar{h}}} = \sqrt{\dfrac{\dfrac{v^2}{2g}}{\dfrac{\bar{h}}{2}}} \qquad (3-19)$$

由上式可以看出，弗劳德数是表示过水断面单位质量液体平均动能与平均势能之比的二倍的平方根，这个比值大小的不同反映了水流流态的不同。当水流的平均势能等于平均动能的二倍时，弗劳德数 $Fr=1$，水流是临界流。弗劳德数越大，意味着水流的流速越大，水流越趋近急流，否则与之相反。弗劳德数还代表水流的惯性力和重力两种作用力的对比关系，当 $Fr=1$ 时，惯性力与重力恰好相等，水流是临界流。当 $Fr>1$ 时，惯性力大于重力，惯性力对水流起主导作用，水流处于急流状态。当 $Fr<1$ 时，惯性力小于重力，这时重力对水流起主导作用，水流处于缓流状态。

（三）临界水深

水流为临界流时的水深为临界水深，用 h_k 表示。临界流对应的水力要素加下角标 k 表示。临界流的流速等于相对波速，即 $v=c$，利用相对波速公式即可得出临界水深表达式。

$$v = c = \sqrt{g\dfrac{A_k}{B_k}}$$

$$\dfrac{Q}{A_k} = \sqrt{g\dfrac{A_k}{B_k}}$$

$$\dfrac{\alpha Q^2}{g} = \dfrac{A_k^3}{B_k} \qquad (3-20)$$

上式便是求临界水深的基本公式。可以看出，临界水深只和渠道的过水断面形状、流量有关，与渠道的底坡、糙率无关。式（3-20）中等号的左边是已知值，右边 B_k 及 A_k 为相应于临界水深的水力要素，均是 h_k 的函数，故可以确定 h_k。由于 A^3/B 一般是水深 h 的隐函数形式，故常采用试算法或作图法来求解。

对于给定的过水断面，设各种 h 值，依次算出相应的 A、B 和 $\dfrac{A^3}{B}$ 值。以 $\dfrac{A^3}{B}$ 为横坐标，以 h 为纵坐标作图，如图 3-12 所示。

由式（3-20）可知，图 3-12 中 $\dfrac{A^3}{B}$ 恰等于 $\dfrac{\alpha Q^2}{g}$ 时对应的水深 h 便是 h_k。

对于矩形过水断面的明渠水流，其临界水深 h_k 可用以下关系式求得。

此时，矩形过水断面的水面宽度 B 等于底宽 b，代入式（3-20）便有

$$\frac{\alpha Q^2}{g} = \frac{(bh_k)^3}{b}$$

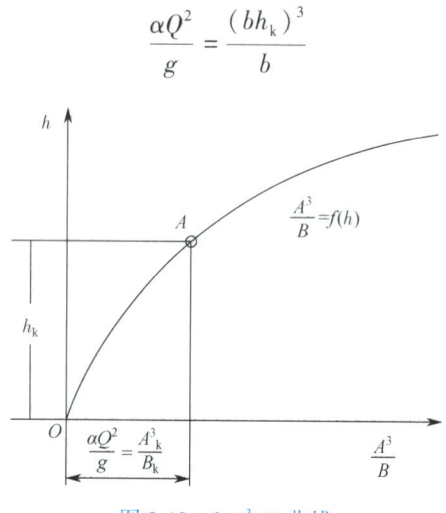

图 3-12 $h\text{-}A^3/B$ 曲线

整理可得

$$h_k = \sqrt[3]{\frac{\alpha Q^2}{gb^2}} = \sqrt[3]{\frac{\alpha q^2}{g}} \tag{3-21}$$

式中 q——单宽流量，$q = \frac{Q}{b}$。

可见，在底宽 b 一定的矩形过水断面明渠中，水流在临界水深状态下，$Q = f(h_k)$。根据临界水深定义分析，对于明渠恒定非均匀流，可根据以下原则判别其流态。

当 $h > h_k$ 时，水流为缓流。

当 $h < h_k$ 时，水流为急流。

当 $h = h_k$ 时，水流为临界流。

（四）陡坡、缓坡及临界坡

设想在流量和过水断面形状、尺寸一定的棱柱形明渠中，当水流为均匀流时，如果改变明渠的底坡，则均匀流的正常水深 h_0 也随之改变。如果变为某一底坡，均匀流的正常水深 h_0 恰好与临界水深 h_k 相等，则此底坡为临界底坡。

若已知明渠的过水断面形状及尺寸，当流量给定时，在均匀流的情况下，可以将底坡与渠中正常水深的关系绘出，如图 3-13 所示。不难理解，当底坡 i 增大时，正常水深 h_0 将减小；反之，当 i 减小时，正常水深 h_0 将增大。从该曲线上必能找出一个正常水深恰好与临界水深相等的 K 点。曲线上 K 点所对应的底坡 i_k 即为临界底坡。

根据上述分析可知，临界底坡对应的水流既是均匀流又是临界流。根据正常水深和临界水深公式可得，临界底坡的计算公式为

$$i_k = \frac{g\chi_k}{\alpha C_k^2 B_k} \tag{3-22}$$

式中 B_k、χ_k、C_k——明渠中正常水深为临界水深时所对应的水力宽度、湿周和谢才系数。

由式（3-22）不难看出，明渠的临界底坡 i_k 与过水断面的形状和尺寸、流量、渠道的糙率有关，与明渠的实际底坡无关。由图 3-13 可以看出，明渠水流为均匀流时，若 $i<i_k$，则正常水深 $h_0>h_k$；若 $i>i_k$，则正常水深 $h_0<h_k$；若 $i=i_k$，则正常水深 $h_0=h_k$。所以在明渠恒定均匀流的情况下，用底坡的类型就可以判别水流的流态。

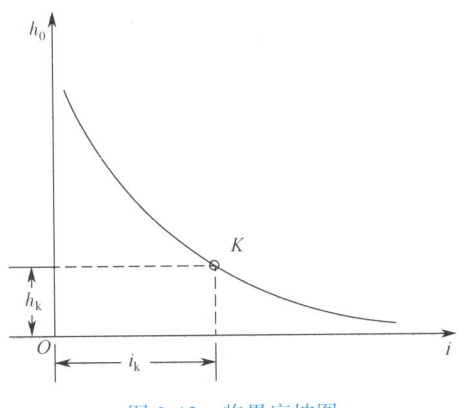

图 3-13　临界底坡图

(1) 当 $i<i_k$ 时，底坡为缓坡，此时 $h_0>h_k$，水流为缓流。
(2) 当 $i=i_k$ 时，底坡为临界底坡，此时 $h_0=h_k$，水流为临界流。
(3) 当 $i>i_k$ 时，底坡为陡坡，此时 $h_0<h_k$，水流为急流。

必须指出，上述关于底坡的缓、陡之分，是对应于一定流量来讲的。对于某一明渠，底坡已经确定，但当流量改变时，所对应的 h_k（或 i_k）也发生改变，从而该明渠是缓坡还是陡坡的结论也可能随之改变。

练一练（判断题）

1. 明渠恒定非均匀流的运动要素是沿程变化的。　　　　　　　　　　　　（　　）
2. 当运动水流中水面产生的干扰波只能向上游传播时，该水流为缓流。　（　　）
3. 急流中的干扰波不能向上游传播，只能向下游传播。　　　　　　　　（　　）
4. 明渠水流可以用弗劳德数 Fr 来判别急流和缓流，当 $Fr>1$ 时，水流为急流。
　　　　　　　　　　　　　　　　　　　　　　　　　　　　　　　　（　　）
5. 当明渠恒定均匀流的水深大于临界水深时，该水流一定是急流。　　　（　　）
6. 缓坡上只能出现均匀流缓流。　　　　　　　　　　　　　　　　　　（　　）
7. 陡坡上一定发生急流，缓坡上一定发生缓流。　　　　　　　　　　　（　　）

二、水跌和水跃

缓流和急流是明渠水流两种不同的流态。当水流由一种流态转换为另一种流态时，会产生局部急变流水力现象——水跌和水跃。下面分别讨论这两种急变流水力现象的特点及有关内容。

（一）水跌

当明渠水流由缓流过渡到急流的时候，水面会在短距离内急剧降落，这种水流现象称为水跌。水跌发生在明渠有跌坎或底坡突变处，其上、下游流态分别为缓流和急流，如图 3-14 所示。由于边界的突变，水流底部和下游的受力条件显著改变，使重力占据主导地位，它力图将水流的势能转变成动能，从而使水面急剧下降，形成局部的急变流流段，水面急剧地从临界水深线之上降落到临界水深线之下。

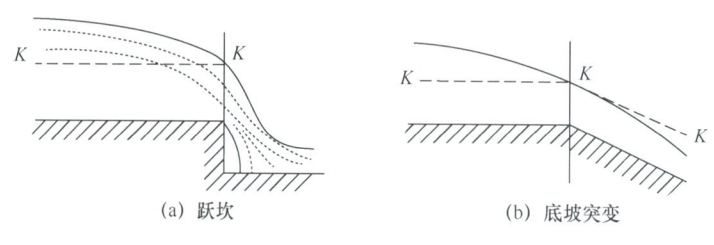

图 3-14 水跌现象

(a) 跌坎　　(b) 底坡突变

根据明渠恒定渐变流水面线的理论分析，水跌上游的水面不会低于临界水深线，水跌下游的水深小于临界水深，因此转折过水断面上的水深 h_D 应等于临界水深，所以在进行明渠恒定渐变流的水面线分析时，通常近似取 $h_D = h_k$ 作为控制水深。

通过实验观察可知，由于急变流的水面变化规律与渐变流有所不同，水流流线很弯曲，实际上跌坎断面的水深 h_D 约为 $0.7 h_k$，而水深等于 h_k 的过水断面约在跌坎断面上游 $(3 \sim 4) h_k$ 处，如图 3-15 所示。

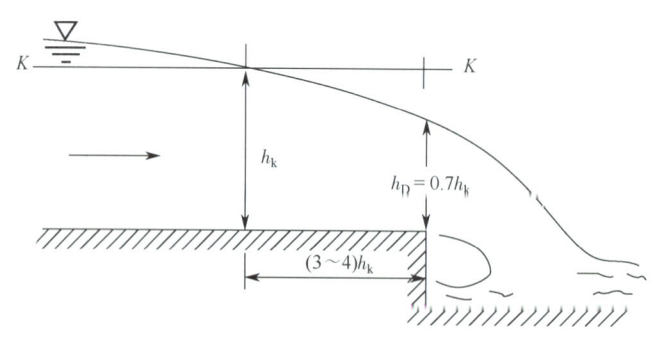

图 3-15 水跌与控制水深

（二）水跃

1. 水跃现象

水跃是明渠水流从急流状态过渡到缓流状态时水面突然跃起的局部水力现象，如图 3-16 所示。它可以在溢洪道下、洪水闸下、跌水下游形成，也可以在平底坡渠道中闸下出流时形成。

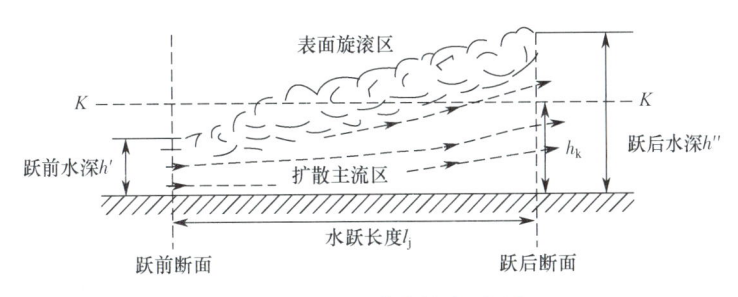

图 3-16 平坡渠道中的水跃现象

在水跃发生的流段内，流速大小及其分布不断变化。水跃区域的上部旋滚区充满剧烈翻滚的漩涡，并掺入大量气泡，称为表面旋滚区；在水跃区域的底部，水流流速很大，主流接近渠底，受下游缓流的阻遏，在短距离内水深迅速增加，水流扩散，水流从急流转变为缓流，称为扩散主流区。表面旋滚区和扩散主流区之间存在大量的质量、动量交换，不能截然分开，界面上形成横向流速梯度很大的剪切层。

水跃是明渠急变流的重要水力现象，它的发生不仅增加了上下游水流衔接的复杂性，还造成了大量的能量损失，是实际工程中有效的消能方式。

2. 棱柱形平底坡明渠的水跃方程

这里仅讨论棱柱形平底坡（$i=0$）明渠中的完整水跃。所谓完整水跃，是指发生在棱柱形明渠中，其跃前水深 h' 和跃后水深 h'' 相差显著的水跃。在推导水跃方程时，由于水跃区域内部水流极为紊乱复杂，其阻力分布规律尚未弄清，应用能量方程还有困难，无法计算其能量损失 h_w，故应用不需考虑水流能量损失的动量方程来推导，并且在推导过程中，根据水跃发生的实际情况，进行了下列假设。

（1）水跃长度不大，渠床的摩擦阻力较小，可以忽略不计。

（2）跃前、跃后两过水断面上水流具有渐变流的条件，因此作用在该两过水断面上的动水压强可以按静水压强的分布规律计算。

（3）设跃前、跃后两过水断面的动能修正系数相等，即 $\alpha'_1 = \alpha'_2 = \alpha'$。

在上述假设下，对控制面 $ABDCA$ 的水体（见图 3-17）建立动量方程，置投影轴 $S—S$ 于明渠底线，并指向水流方向。

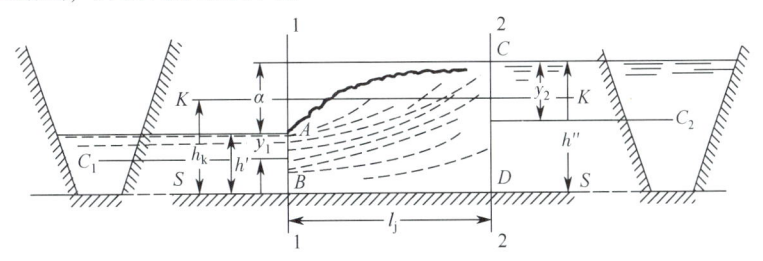

图 3-17 棱柱形平底坡明渠中的完整水跃

根据上述假设，因内力不必考虑，且渠床的反作用力与水体重力均与投影轴正交，故作用在控制面 ABDCA 水体上的力只有两端过水断面的动水压力，根据假设（2），动水压力按静水压力计算，即

$$\gamma y_1 A_1 - \gamma y_2 A_2$$

式中 y_1、y_2——跃前断面 1—1 及跃后断面 2—2 形心的水深。

在单位时间内，控制面 ABDCA 水体的动量增量为

$$\frac{\alpha'\gamma Q}{g}(v_2 - v_1)$$

根据恒定总流的动量方程，则有

$$\frac{\alpha'\gamma Q}{g}(v_2 - v_1) = \gamma(y_1 A_1 - y_2 A_2) \tag{3-23}$$

以 $\dfrac{Q}{A_1}$ 代替 v_1，以 $\dfrac{Q}{A_2}$ 代替 v_2。经整理后，得

$$\frac{\alpha' Q^2}{gA_1} + y_1 A_1 = \frac{\alpha' Q^2}{gA_2} + y_2 A_2 \tag{3-24}$$

式（3-24）即为棱柱形平底坡明渠中完整水跃的基本方程。令

$$J(h) = \frac{\alpha' Q^2}{gA} + yA \tag{3-25}$$

式中 y——过水断面形心的水深。

$J(h)$ 称为水跃函数。当渠道流量和过水断面的形状、尺寸一定时，水跃函数便是水深 h 的函数，因此，完整水跃的基本方程可写成

$$J(h') = J(h'') \tag{3-26}$$

式中 h'、h''——跃前、跃后水深，称为共轭水深。

上述完整水跃的基本方程表明，对于某一流量 Q，若两个水深具有相同的水跃函数 $J(h)$，则这一对水深为共轭水深。

3. 棱柱形矩形过水断面平底坡明渠共轭水深公式

对于矩形过水断面的棱柱形平底坡明渠，有 $A=bh$，$y=\dfrac{h}{2}$，$q=\dfrac{Q}{b}$ 和 $\dfrac{\alpha q^2}{g} = h_k^3$ 等简单关系，采用 $\alpha'=\alpha$ 后，其水跃函数为

$$J(h) = \frac{\alpha Q^2}{gA} + yA = \frac{\alpha b^2 q^2}{gbh} + \frac{h}{2}bh = b\left(\frac{\alpha q^2}{gh} + \frac{h^2}{2}\right) = b\left(\frac{h_k^3}{h} + \frac{h^2}{2}\right)$$

因 $J(h') = J(h'')$，故有

$$b\left(\frac{h_k^3}{h'} + \frac{h'^2}{2}\right) = b\left(\frac{h_k^3}{h''} + \frac{h''^2}{2}\right)$$

于是得

$$h'h''(h' + h'') = 2h_k^3$$

$$h'^2 h'' + h' h''^2 - 2h_k^3 = 0$$

从而解得

$$h' = \frac{h''}{2}\left[\sqrt{1 + 8\left(\frac{h_k}{h''}\right)^3} - 1\right] \text{ 或 } h'' = \frac{h'}{2}\left[\sqrt{1 + 8\left(\frac{h_k}{h'}\right)^3} - 1\right] \tag{3-27}$$

由于 $\left(\dfrac{h_k}{h''}\right)^3 = \dfrac{\alpha q^2}{g} \times \dfrac{1}{h''^3} = \dfrac{\alpha v_2^2}{gh''} = Fr_2^2$，$\left(\dfrac{h_k}{h'}\right)^3 = \dfrac{\alpha q^2}{g} \times \dfrac{1}{h'^3} = \dfrac{\alpha v_1^2}{gh'} = Fr_1^2$，因此上式又有如下形式：

$$h' = \frac{h''}{2}(\sqrt{1 + 8Fr_2^2} - 1)$$

$$h'' = \frac{h'}{2}(\sqrt{1 + 8Fr_1^2} - 1) \tag{3-28}$$

4. 棱柱形矩形过水断面平底坡明渠水跃长度

水跃长度是消能建筑物（尤其是建筑物下游加固保护段）尺寸设计的主要依据之一，但是到目前为止，关于水跃长度的确定还没有可供应用的理论分析公式，虽然经验公式很多，但彼此相差较大。一方面是因为水跃位置不断摆动，不易测准；另一方面是因为不同的研究者选择跃后断面的标准不一致，除对表面旋滚区末端位置的看法不一外，还有人认为应根据过水断面上的流速分布或压强分布是否接近渐变流的分布规律来选取跃后断面。

根据明渠水流的性质和实验结果，目前采用的经验公式多以 h'、h'' 和来流的弗劳德数 Fr_1 为自变量。下面介绍几个常用的棱柱形矩形过水断面平底坡明渠水跃长度计算的经验公式。

（1）以跃后水深表示的，如美国垦务局公式：

$$l_j = 6.1 h'' \tag{3-29}$$

上式适用范围为 $4.5 < Fr_1 < 10$。

（2）以水跃高度表示的，如 Elevatorski 公式：

$$l_j = 6.9(h'' - h') \tag{3-30}$$

长江科学院根据资料将系数取为 4.4~6.7。

（3）以 Fr_1 表示的，如原成都科学技术大学公式：

$$l_j = 10.8 h' (Fr_1 - 1)^{0.93} \tag{3-31}$$

该式是根据宽度为 0.3~1.5m 的水槽上 $Fr_1 = 1.72~19.55$ 的实验资料总结而来的。

陈椿庭公式：

$$l_j = 9.4 h' (Fr_1 - 1) \tag{3-32}$$

切尔托乌索夫公式：

$$l_j = 10.3 h' (Fr_1 - 1)^{0.81} \tag{3-33}$$

在公式的适用范围内，式（3-29）~式（3-32）的计算结果比较接近。式（3-33）

适用于 Fr_1 值较小的情况，在 Fr_1 值较大时计算结果与其他公式相比偏小。

练一练（判断题）

1. 水流从缓流过渡到急流发生水跃。（　　）
2. "飞流直下三千尺，疑是银河落九天"描写的是水跌现象。（　　）
3. 水跃的跃后水深大于跃前水深。（　　）
4. 水利工程上常利用水跃来消能。（　　）
5. 水流从缓流过渡到急流发生水跃。（　　）

3.2.3　明渠恒定非均匀流的计算方法

一、明渠恒定非均匀渐变流水面线定性分析

（一）明渠水深沿程变化的微分方程

对于棱柱形明渠，水深的沿程变化能够反映出水面线的变化，在棱柱形明渠上任意选取两个渐变流过水断面列能量方程，只考虑沿程水头损失，通过能量方程化简，水深 h 对流程 s 求导，即可得

$$\frac{dh}{ds} = \frac{i - \dfrac{Q^2}{K^2}}{1 - \dfrac{\alpha Q^2 B}{gA^3}} = \frac{i - J}{1 - Fr^2} \tag{3-34}$$

根据明渠恒定均匀流流量公式 $Q = K_0\sqrt{i}$ 和明渠恒定非均匀流流量公式 $Q = K\sqrt{J}$，式（3-34）可进一步简化为

$$\frac{dh}{ds} == i\frac{1 - \dfrac{J}{i}}{1 - Fr^2} = i\frac{1 - \left(\dfrac{K_0}{K}\right)^2}{1 - Fr^2} \tag{3-35}$$

式（3-35）即为棱柱形明渠水深沿程变化的微分方程，主要用于分析棱柱形明渠非均匀渐变流水面线的变化规律。对于过水断面形状和尺寸不变、糙率相同的棱柱形明渠，式（3-35）中 K、K_0 分别与非均匀流实际水深和均匀流水深相关，Fr 反映了水流的急缓程度，可用临界水深等同反映。分析式（3-35）可以看出，棱柱形明渠恒定非均匀渐变流水深的沿程变化与底坡 i 有关，与实际水深和正常水深、临界水深的大小关系有关。

（二）明渠恒定非均匀渐变流水面线分析

明渠恒定非均匀渐变流的水面线比较复杂，在进行定量计算之前，必须对水面线的性质、形状进行定性分析。

利用式（3-35）可定性分析棱柱形明渠水面线的沿程变化。

当$\frac{dh}{ds}>0$时，水深沿程增大，水流做减速流动，水面线为壅水曲线。

当$\frac{dh}{ds}<0$时，水深沿程减小，水流做加速流动，水面线为降水曲线。

当$\frac{dh}{ds}\to 0$时，水深沿程不变，水流趋于均匀流动，水深趋于正常水深。

当$\frac{dh}{ds}\to\pm\infty$时，由式（3-35）可知$Fr\to 1$，水流趋于临界流，水深趋于临界水深。

当$\frac{dh}{ds}\to+\infty$时，水深沿程增大很快，水面急剧跃起升高，必然发生由急流向缓流过渡的急变流水跃，水深由$h<h_k$趋近于$h=h_k$。

当$\frac{dh}{ds}\to-\infty$时，水深沿程减小很快，水面急剧降落，必然发生由缓流向急流过渡的急变流水跌，水深由$h>h_k$趋近于$h=h_k$。

1. 水面线的分类及表示

从式（3-35）中可以看出，分子反映水流的不均匀程度，分母反映水流的缓急程度。因为，水流的不均匀程度需要与正常水深h_0进行对比，水流的缓急程度需要与临界水深h_k进行对比，由此可见，在棱柱形明渠中，其水深沿程变化的规律与上述两方面的因素有关。水面线形式必然与底坡i，以及实际水深h与正常水深h_0、临界水深h_k之间的大小关系有关。为此，可将水面线根据底坡的情况和实际水深变化的范围进行分类。

（1）顺坡明渠（$i>0$）有以下三种情况。

第Ⅰ种情况：缓坡，$i<i_k$，缓坡水面线以"1"表示。

第Ⅱ种情况：陡坡，$i>i_k$，陡坡水面线以"2"表示。

第Ⅲ种情况：临界坡，$i=i_k$，临界坡水面线以"3"表示。

（2）平底坡明渠（$i=0$），平底坡水面线以"0"表示。

（3）逆坡明渠（$i<0$），逆坡水面线以"'"表示。

对于每一种情况，实际水深又可以在不同水深范围内变化。若实际水深在既大于正常水深h_0又大于临界水深h_k的范围内变化，则称为a区；若实际水深在既小于正常水深h_0又小于临界水深h_k的范围内变化，则称为c区；若实际水深在h_0与h_k之间变化，则称为b区。

为此，我们画出平行于渠底线的两条平行线。一条与渠底的铅直距离为正常水深h_0，叫作正常水深线$N—N$；另一条与渠底的铅直距离为临界水深h_k，叫作临界水深线$K—K$。由于是棱柱形渠道，过水断面形式和尺寸沿程不变，因此正常水深h_0及临界水深h_k沿程均不变，据此分区及确定各区的水面线名称，如图3-18所示。

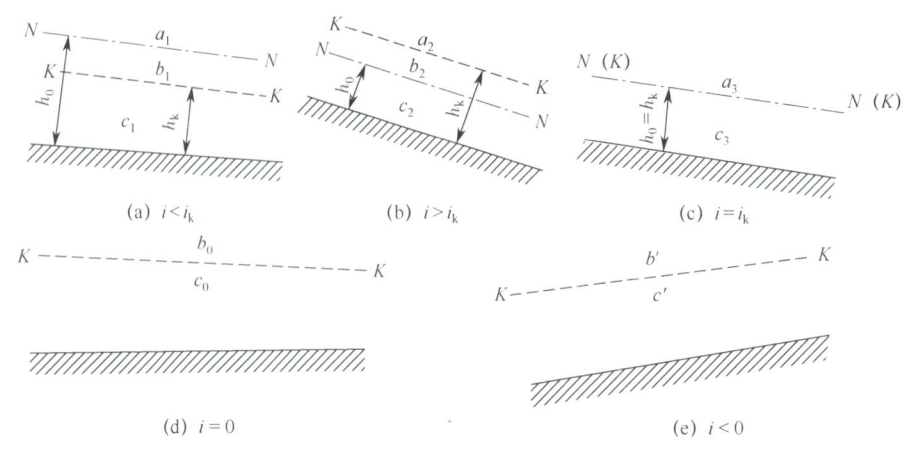

图 3-18　水面线分区及类型

2. 水面线定性分析

现着重对顺坡（$i>0$）棱柱形明渠中水面线的变化规律进行讨论。由图 3-18 可知，在顺坡明渠中，缓坡有三个区，陡坡有三个区，临界坡有两个区，这八个区共有八种水面线。通过对水面线的微分方程进行分析，可得如下规律。

（1）在 a、c 区内的水面线，水深沿程增大，即 $dh/ds>0$，而 b 区的水面线，水深沿程减小，即 $dh/ds<0$。

分析如下：a 区中的水面线，其水深 h 均大于正常水深 h_0 和临界水深 h_k，由 $h>h_0$ 得 $K=AC\sqrt{R}>K_0=A_0C_0\sqrt{R_0}$，式（3-35）的分子 $1-(K_0/K)^2>0$。当 $h>h_k$ 时，$Fr<1$，该式的分母 $(1-Fr^2)>0$，由此得 $dh/ds>0$，说明 a 区的水面线的水深沿程增大，即为壅水曲线。c 区中的水面线，其水深 h 均小于 h_0 和 h_k，式（3-35）中的分子与分母均为负值，由此可得 $dh/ds>0$，说明 c 区水面线的水深沿程增大，也为壅水曲线。b 区中的水面线，其水深介于 h_0 和 h_k 之间，引用式（3-35）可证得 $dh/ds<0$，说明 b 区水面线的水深沿程减小，即为降水曲线。

（2）水面线与正常水深线 N—N 渐近相切。

这是因为当 $h\to h_0$ 时，$K\to K_0$，式（3-35）的分子 $1-(K_0/K)^2\to 0$，则 $dh/ds\to 0$。这说明在非均匀流中，当 $h\to h_0$ 时，水深沿程不再变化，水流成为均匀流。

（3）水面线与临界水深线 K—K 正交。

这是因为当 $h\to h_k$ 时，$Fr\to 1$，式（3-35）的分母 $(1-Fr^2)\to 0$，由此可得 $dh/ds\to\pm\infty$。这说明在非均匀流中，当 $h\to h_k$ 时，水面线将与 K—K 线垂直，即渐变流水面线的连续性在此中断。但是实际水流仍要向下游流动，因而水流便越出渐变流的范围形成了急变流的水跃或水跌现象。

（4）水面线在向上、下游无限抬升时将趋于水平线。

这是因为当 $h\to\infty$ 时，$K\to\infty$，式（3-35）中的分子 $1-(K_0/K)^2\to 1$；又当 $h\to\infty$

时，$A=f(h)\to\infty$，$Fr^2=\alpha Q^2B/gA^3\to 0$，该式分母 $1-Fr^2\to 1$，$dh/ds\to i$。从图 3-18 中可看出，这一关系只有当水面线趋近于水平线时才合适。因为这时 $dh=h_2-h_1=\sin\theta ds=ids$，故 $dh/ds=i$。

（5）在临界坡明渠（$i=i_k$）的情况下，$N-N$ 线与 $K-K$ 线重合，上述（2）与（3）结论相互矛盾。

由式（3-35）可知，当 $h\to h_0=h_k$ 时，$dh/ds=0/0$，因此要另行分析。

将式（3-34）的分母改写为

$$1-\frac{\alpha Q^2B}{gA^3}=1-\frac{\alpha K_0^2 i_k B}{gA^3}\times\frac{C^2R}{C^2R}=1-\frac{\alpha K_0^2 i_k}{g}\times\frac{BC^2}{A^2C^2R}\times\frac{R}{A}=1-\frac{\alpha i_k C^2}{g}\times\frac{B}{\chi}\times\frac{K_0^2}{K}=1-j\frac{K_0^2}{K}$$

式中　j——几个水力要素的组合数，$j=\alpha i_k C^2 B/g\chi$。

在水深变化较小的范围内，可近似地认为 j 为一常数，则

$$\lim_{h\to h_0=h_k}\left(\frac{dh}{ds}\right)=\lim_{h\to h_0=h_k}i\frac{\dfrac{d}{dh}\left(1-\dfrac{K_0^2}{K^2}\right)}{\dfrac{d}{dh}\left(1-j\dfrac{K_0^2}{K^2}\right)}=\frac{i}{j}$$

再考虑到式（3-22），即 $i_k=g\chi_k/\alpha C_k^2 B_k$，当 $h\to h_k$ 时，$j\approx 1$，故有

$$\lim_{h\to h_0=h_k}\left(\frac{dh}{ds}\right)\approx i$$

这说明，图 3-18 中 a_3 与 c_3 两种水面线在接近 $N-N$ 线或 $K-K$ 线时都近乎水平。

需要指出，上述水面线的变化规律对平底坡明渠及逆坡明渠一般也适用。对于平底坡明渠（$i=0$）的水面线形式 b_0 与 c_0、逆坡明渠（$i<0$）的水面线形式 b' 与 c'，可采用上述类似方法分析，在此不再一一讨论。

综上所述，在棱柱形明渠的恒定非均匀渐变流中，共有 12 种水面线，即顺坡明渠 8 种，平底坡明渠与逆坡明渠各 2 种。水面线的简图和工程实例如表 3-8 所示。

图 3-8　水面线的简图和工程实例

底　　坡	水面线简图	工程实例
缓坡（$i<i_k$）	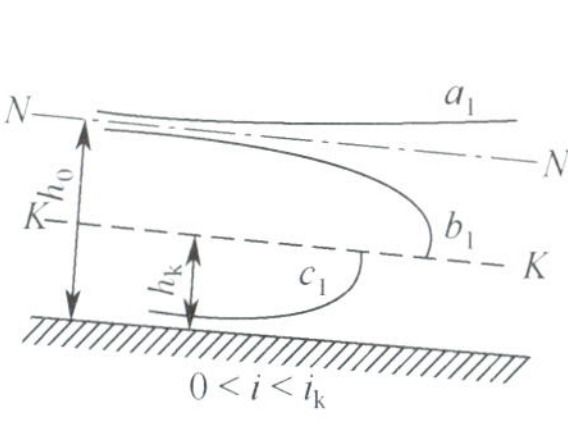	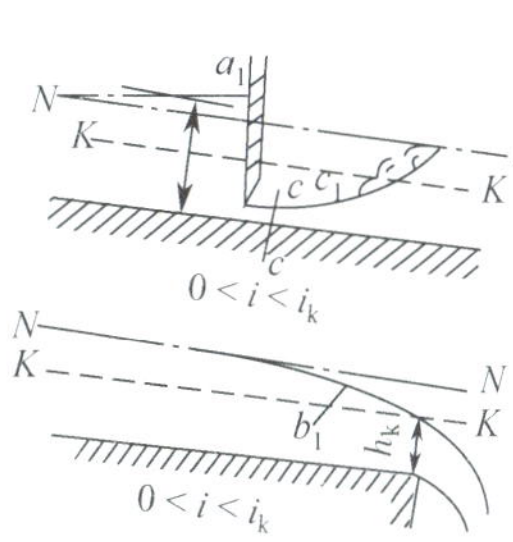

续表

底坡	水面线简图	工程实例
陡坡（$i<i_k$）		
临界坡（$i<i_k$）		
平底坡（$i<0$）		
逆坡（$i<0$）		

在对水面线进行具体分析时，可参照以下步骤进行。

（1）根据已知条件，给出 N—N 线和 K—K 线（平底坡明渠和逆坡明渠无 N—N 线）。

（2）从水流边界条件出发，即从实际存在的或经水力计算确定的，已知水深的过水断面（控制面）出发，急流从上游往下游分析，缓流从下游往上游分析，确定水面线的类型，并参照其壅水、降水的性质和边界情形进行描绘。

（3）如果水面线中断，出现了不连续现象（产生了水跌或水跃），则要进行具体分析。一般情况下，水流至跌坎处便形成水跌现象，水流从急流到缓流便发生水跃现象。至于形成水跃的具体位置，则要根据水跃原理及水面线计算理论进行具体分析后才能确定。

为了正确地分析水面线，还必须了解以下几点。

（1）上述12种水面线只表示了棱柱形明渠中可能发生的渐变流的情况，至于在某一底坡上出现的究竟是哪一种水面线，则需要根据具体情况而定，但每一种具体情况的水面线都是唯一的。

（2）顺坡长明渠中，在距障碍物相当远处，水流仍为均匀流。这是水流重力与阻力相互作用，力图达到平衡的结果。

（3）由缓流向急流过渡时产生水跌，由急流向缓流过渡时产生水跃。

（4）由缓流向缓流过渡时只影响上游，下游仍为均匀流；由急流向急流过渡时只影响下游，上游仍为均匀流。

（5）临界坡中的流动形态，视其相邻底坡的类型（缓坡或陡坡）而定，如上游相邻底坡为缓坡，则视为缓流过渡到缓流，只影响上游。

练一练（判断题）

1. 平底坡明渠上可能形成三种水面线。（ ）
2. 棱柱形明渠上可能发生的恒定非均匀渐变流水面线共有12种。（ ）
3. 棱柱形明渠恒定非均匀渐变流 a 区只能产生壅水曲线。（ ）
4. 棱柱形明渠恒定非均匀渐变流 b 区可以产生壅水曲线。（ ）
5. 在缓坡上修建水闸，闸上游产生壅水曲线。（ ）

二、明渠恒定非均匀渐变流水面线定量计算

在实际工程中，仅对水面线进行定性分析是不够的，还需要知道明渠恒定非均匀渐变流过水断面的水力要素，如水深和断面平均流速等的具体数值，这就必须对水面线进行具体计算和绘制。水面线计算结果可以预测水位的变化及水流对堤岸的影响，断面平均流速则可为判断明渠是否冲淤提供主要依据。因此，它在明渠水力计算中是一个非常重要的问题。

前面介绍过，棱柱形明渠恒定非均匀渐变流满足微分方程：

$$\frac{dh}{ds} = \frac{i - J}{1 - Fr^2}$$

表面上看比较适合直接应用常微分方程的数值解法，但是当水深接近临界水深 h_k 时计算遇到困难，所以还是直接求解方程更为可行。

计算时先将整段明渠分成许多小渠段。设某渠段长 Δs，渠段内底坡不变，令下标 u 代表渠段的上游入口过水断面，下标 d 代表渠段下游出口过水断面，注意坐标 s 指向下游为正，对微分方程积分，得

$$E_{sd} - E_{su} = \int_u^d (i - J) \, ds = \Delta s \times (i - \bar{J}) \qquad (3-36)$$

渠段平均水力坡度可近似地取两过水断面水力坡度的平均值，即

$$\bar{J} = (J_u + J_d)/2 \qquad (3-37)$$

当然也可以取 $\bar{J} = J(\bar{h})$，$\bar{h} = (h_u + h_d)/2$ 或 $\bar{J} = \dfrac{\bar{v}^2}{\bar{C}^2 \bar{R}}$，$\bar{v} = \dfrac{1}{2}(v_u + v_d)$，$\bar{C} = \dfrac{1}{2}(C_u + C_d)$，$\bar{R} = \dfrac{1}{2}(R_u + R_d)$。

若 Δs 足够小，则这些处理方法的精度相差不大，但式（3-35）使用较为简便。若用曼宁公式计算谢才系数 C，则

$$E_{sd} - E_{su} = \Delta s \left[i - \dfrac{Q^2 n^2}{2} \left(\dfrac{1}{A_u^2 R_u^{4/3}} + \dfrac{1}{A_d^2 R_d^{4/3}} \right) \right] \tag{3-38}$$

利用该式，可以根据已测得的明渠水深资料反算出流量 Q 和糙率 n。

在水面线计算中，有时已知下游水深，求上游水面线，有时则反之。在下面的表达式中，以下标 1 代表水深已知的过水断面，下标 2 代表水深待求的过水断面，式（3-36）可写为

$$E_{s2} = E_{s1} + r \times \Delta s (i - \bar{J}) \tag{3-39}$$

$$\bar{J} = \dfrac{1}{2}(J_1 + J_2) \tag{3-40}$$

式中　r——方向参数。

若 $r = 1$，则过水断面 1 位于上游，计算下游渠段的水面线；若 $r = -1$，则过水断面 1 位于下游，计算上游渠段的水面线。明渠水流为急流时一般是前一种情况，为缓流时一般是后一种情况。

若已知明渠中的流量、糙率，以及过水断面形状、尺寸等条件，水面线的计算通常采用分段求和法。

给定水深 h_1、h_2，计算过水断面 1、2 的间距 Δs_{1-2}，计算公式为

$$\Delta s_{1-2} = \dfrac{E_{s2} - E_{s1}}{r \times (i - \bar{J})} \tag{3-41}$$

式中　E_{s1}、E_{s2}——两过水断面的断面比能。

当将渠底这一特殊位置选为参考基准面时，把通过渠底的水平面所计算得到的单位能量称为断面比能。

式（3-41）是一显式计算式，由给定的水深可以计算出两个过水断面的断面比能和水力坡度，从而直接计算出 Δs_{1-2}。

计算时从水深已知的控制面出发，按一定的变化幅度取若干水深值，分别计算出所有给定水深之间的距离 Δs，从而确定各水深所在的位置，得到水深的沿程变化规律。这种方法称为分段求和法，其优点是简单、计算量小、不必解方程、可以人工计算，缺点是要求先判断水面线的变化趋势和水深的变化范围，不便用于计算非棱柱形明渠的水面线。

> 练一练（判断题）

1. 计算明渠恒定非均匀渐变流水面线时，若为急流，则应从下游向上游分段计算。
（　　）
2. 非棱柱形明渠恒定非均匀渐变流水面线按水深分段计算。　　（　　）
3. 计算棱柱形明渠恒定非均匀渐变流水面线时，要先判断水面线类型。（　　）

3.2.4 拓展案例

【案例3-5】试判别甲河与乙河的水流状态。

（1）甲河通过的流量 $Q=173\text{m}^3/\text{s}$，水面宽度 $B=80\text{m}$，流速 $v=1.6\text{m/s}$。

（2）乙河通过的流量 $Q=1730\text{m}^3/\text{s}$，水面宽度 $B=90\text{m}$，流速 $v=6.86\text{m/s}$。

【分析与计算】

（1）求甲河的相对波速：

$$A = Q/v = 173/1.6 = 108.125\text{m}^2$$

$$c = \sqrt{g\frac{A}{B}} = \sqrt{9.8 \times \frac{108.125}{80}} \approx 3.64\text{m/s}$$

因为 $v=1.6\text{m/s}<c$，所以甲河的水流为缓流。

（2）求乙河的相对波速：

$$A = Q/v = 1730/6.86 \approx 252.19\text{m}^2$$

$$c = \sqrt{g\frac{A}{B}} = \sqrt{9.8 \times \frac{252.19}{90}} \approx 5.24\text{m/s}$$

因为 $v=6.86\text{m/s}>c$，所以乙河的水流为急流。

【案例3-6】有一按水力最佳条件设计的浆砌石的矩形过水断面长明渠，已知明渠的底坡 $i=0.0009$，糙率 $n=0.017$，通过的流量 $Q=8\text{m}^3/\text{s}$，动能修正系数 $\alpha=1.1$，试分别用水深法、相对波速法、弗劳德数法和底坡法判别明渠水流是缓流还是急流。

【分析与计算】

矩形过水断面明渠水力最佳条件为 $b/h=2$，所以 $b=2h$。

（1）水深法。

求明渠中水深：

$$A = bh = 2hh = 2h^2$$

$$\chi = b + 2h = 2h + 2h = 4h$$

$$R = A/\chi = 2h^2/4h = h/2$$

$$Q = \frac{\sqrt{i}}{n}AR^{2/3} = \frac{\sqrt{i}}{n} \times 2h^2 \times \left(\frac{h}{2}\right)^{2/3} = \frac{\sqrt{0.0009}}{0.017} \times 2 \times \left(\frac{h}{2}\right)^{2/3} h^2 \approx 2.2234 h^{8/3}$$

$$h = (Q/2.2234)^{3/8} = (8/2.2234)^{3/8} \approx 1.6163\text{m}$$
$$b = 2h = 2 \times 1.6163 \approx 3.233\text{m}$$

单宽流量 $q = Q/b = 8/4 = 2.0\text{m}^3/(\text{s}\cdot\text{m})$，临界水深为

$$h_k = \sqrt[3]{\frac{\alpha q^2}{g}} = \sqrt[3]{\frac{1.1 \times 2^2}{9.8}} \approx 0.766\text{m}$$

因为 $h > h_k$，所以水流为缓流。

（2）相对波速法。

矩形过水断面的相对波速为

$$c = \sqrt{gh} = \sqrt{9.8 \times 1.6163} \approx 3.98\text{m/s}$$

明渠中水流的流速为

$$v = Q/A = 8/(2 \times 1.6163^2) = 1.531\text{m/s}$$

因为 $v < c$，所以水流为缓流。

（3）弗劳德数法。

$$Fr = \frac{v}{\sqrt{gh}} = \frac{1.531}{\sqrt{9.8 \times 1.6163}} \approx 0.385 < 1$$

因为 $Fr < 1$，所以水流为缓流。

（4）底坡法。

由水深法已求得 $h_k = 0.766\text{m}$，则

$$A_k = bh_k = 3.233 \times 0.766 \approx 2.476\text{m}^2$$
$$B_k = b = 3.233\text{m}$$
$$\chi_k = b + 2h_k = 3.233 + 2 \times 0.766 = 4.765\text{m}$$
$$R_k = A_k/\chi_k = 2.476/4.765 = 0.52\text{m}$$
$$C_k = \frac{1}{n}R_k^{1/6} = \frac{1}{0.017} \times 0.52^{1/6} = 52.749\text{m}^{1/2}/\text{s}$$
$$i_k = \frac{g\chi_k}{\alpha C_k^2 B_k} = \frac{9.8 \times 4.765}{1.1 \times 52.749^2 \times 3.233} \approx 0.00472$$

因为 $i < i_k$，所以水流为缓流。

【案例 3-7】 有一条长直的矩形过水断面明渠（$n = 0.02$），宽度 $b = 5\text{m}$，正常水深 $h_0 = 2\text{m}$ 时通过的流量 $Q = 40\text{m}^3/\text{s}$。试分别根据 h_k、i_k 及 Fr 来判别该明渠的水流的缓急状态。

【分析与计算】

（1）临界水深为

$$h_k = \sqrt[3]{\frac{\alpha Q^2}{gb^2}} = \sqrt[3]{\frac{1 \times 40^2}{9.8 \times 5^2}} \approx 1.87\text{m}$$

因为 $h_0 > h_k$，所以水流为缓流。

(2) 临界底坡 $i_k = \dfrac{Q^2}{K_k^2}$，而 $K_k = A_k C_k \sqrt{R_k}$，其中

$$A_k = bh_k = 5 \times 1.87 = 9.35 \text{m}^2$$

$$\chi_k = b + 2h_k = 5 + 2 \times 1.87 = 8.74 \text{m}$$

$$R_k = \frac{A_k}{\chi_k} = \frac{9.35}{8.74} \approx 1.07 \text{m}$$

$$K_k = A_k C_k \sqrt{R_k} = A_k \frac{1}{n} R_k^{1/6} R_k^{1/2} = \frac{A_k}{n} R_k^{2/3} = \frac{9.35}{0.02} \times 1.07^{2/3} \approx 489 \text{m}^3/\text{s}$$

因此临界底坡为

$$i_k = \frac{Q^2}{K_k^2} = \frac{40^2}{489^2} \approx 0.0067$$

另外，$i = \dfrac{Q^2}{K^2}$，而 $K = AC\sqrt{R}$，其中

$$A = bh_0 = 5 \times 2 = 10 \text{m}^2$$

$$\chi = b + 2h_0 = 5 + 2 \times 2 = 9 \text{m}$$

$$R = \frac{A}{\chi} = \frac{10}{9} \approx 1.11 \text{m}$$

$$K = AC\sqrt{R} = \frac{A}{n} R^{2/3} = \frac{10}{0.02} \times 1.11^{2/3} \approx 536 \text{m}^3/\text{s}$$

因此底坡为

$$i = \frac{Q^2}{K^2} = \frac{40^2}{536^2} \approx 0.0056$$

因为 $i < i_k$，所以水流为缓流。

(3) 弗劳德数 $Fr = \sqrt{\dfrac{\alpha v^2}{gh}}$，其中

$$h = h_0 = 2 \text{m}$$

$$v = \frac{Q}{A} = \frac{Q}{bh_0} = \frac{40}{5 \times 2} = 4 \text{m/s}$$

计算可得

$$Fr^2 = \frac{\alpha v^2}{gh} = \frac{1 \times 4^2}{9.8 \times 2} \approx 0.816 < 1$$

由此可得 $Fr < 1$，故水流为缓流。

上述利用 h_k、i_k 及 Fr 来判别明渠水流状态的方法是等价的，实际应用时只选用其中一种方法即可。

【案例 3-8】 某泄水建筑物泄流单宽流量 $q=15\text{m}^2/\text{s}$，在下游渠道产生水跃，渠道过水断面为矩形。已知跃前水深 $h'=0.8\text{m}$，求：

（1）跃后水深 h''。

（2）水跃长度 l_j。

【分析与计算】

（1）已知 $q=15\text{m}^2/\text{s}$，$h'=0.8\text{m}$，求 h''。设 $\alpha=1$，则跃前断面的弗劳德数为

$$Fr_1 = \sqrt{\alpha q^2/gh'^3} \approx 6.696$$

跃后水深为

$$h'' = \frac{h'}{2}(\sqrt{1+8Fr_1^2}-1) \approx 7.19\text{m}$$

（2）水跃长度计算，按式（3-29）~式（3-32）计算分别得

$$l_j = 6.1h'' \approx 43.86\text{m}$$

$$l_j = 6.9(h''-h') \approx 44.09\text{m}$$

$$l_j = 10.8h'(Fr_1-1)^{0.93} \approx 43.57\text{m}$$

$$l_j = 9.4h'(Fr_1-1) \approx 42.83\text{m}$$

上述计算结果彼此相差不到 3%。若按式（3-33）计算，则

$$l_j = 10.3h'(Fr_1-1)^{0.81} \approx 33.72\text{m}$$

该结果与采用前几个公式计算得到的结果相比，相差近 24%。

【案例 3-9】 试分析图 3-19 中水流从缓流过渡到急流时水面线的连接方法。

【分析与计算】

首先画出各渠段的 $N—N$ 线和 $K—K$ 线。由于渠道在过水断面 1—1 处底坡改变，形成非均匀流，因此在 $i<i_k$ 的渠段中，水面线的上游端一定是均匀流水深 h_{01}，在 $i>i_k$ 的渠段中，水面线的下游端一定是均匀流水深 h_{02}。由上游缓坡渠段的均匀流水深过渡到下游陡坡渠段的均匀流水深 h_{02}，水面线总的趋势是下降的。上游渠段中的水深从等于 h_{01} 逐渐变为小于 h_{01}，形成降水曲线。问题的关键是两渠段的连接过水断面 1—1 处的水深如何确定？

假设在过水断面 1—1 处水面线衔接于 A 点或 B 点，当在 A 点衔接时，上游渠段中的 c 区将有一段降水曲线，由水面线的分区可知，在 c 区只能是壅水曲线，所以在 A 点衔接是不合理的，当在 B 点衔接时，降水曲线则进入下游渠段中的 a 区，由于 a 区只能产生壅水曲线，所以进入 a 区的水面线不能有降水曲线，在 B 点衔接也是不合理的。因此只有过水断面 1—1 处的水深 $h=h_k$ 时，才是唯一正确的衔接形式。据此分析的水面线如图 3-19 中实线所示。

【案例 3-10】 如图 3-20 所示，两段长直棱柱形明渠的过水断面尺寸及糙率相同，试分析由底坡变化所引起的明渠中非均匀流水面线的变化形式。已知上游及下游渠段的水流均为缓流，但 $i_2>i_1$。

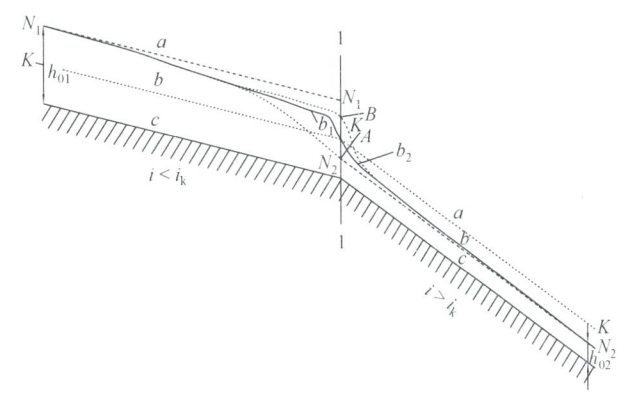

图 3-19 案例 3-9 图

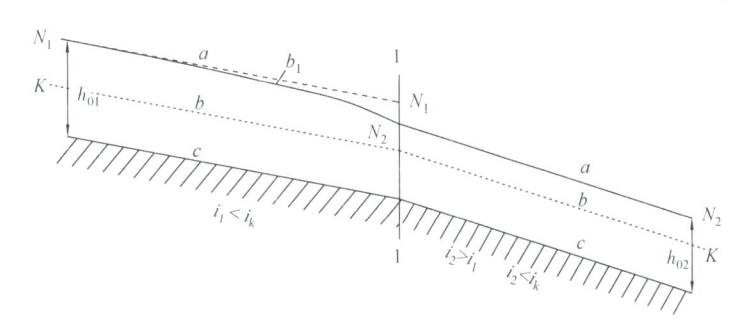

图 3-20 案例 3-10 图

【分析与计算】

画出各渠段的 N—N 线和 K—K 线。

由题意可知，因明渠较长，在上游无限远处应为均匀流，其水深为正常水深 h_{01}，在下游无限远处也为均匀流，其水深为正常水深 h_{02}，由于 $i_1 < i_2$，所以 $h_{01} > h_{02}$。

由上游较大的水深 h_{01} 转变为下游较小的水深 h_{02}，中间必经历一段水面线降落过程。如果水流在第一渠段的全长上均匀流动，则流入第二渠段时，水面线将位于第二渠段的 a 区，由于 a 区为壅水曲线，所以这种情况是不可能发生的。如果在第一渠段上发生 b_1 型降水曲线，且在过水断面 1—1 处水深降至 N_2—N_2 线以下，则水面线处于第二渠段的 b 区，b 区为降水曲线，如果水面线要在 b 区上升到 N_2—N_2 线，则要出现壅水曲线，这显然是不可能的；另外，$i_1 < i_k$，$i_2 < i_k$，在过水断面 1—1 上不可能发生临界水深。所以只有一种可能，在第一渠段发生 b_1 型降水曲线，在第二渠段全渠段上为正常水深 h_{02}。水面线为图 3-20 中的实线。

【案例 3-11】 某水库泄水渠的纵剖面如图 3-21 所示，渠道过水断面为矩形，宽 $b = 5\text{m}$，底坡 $i = 0.25$，用浆砌块石护面，糙率 $n = 0.025$，渠长 56m，当泄流量 $Q = 30\text{m}^3/\text{s}$ 时，绘制水面线。

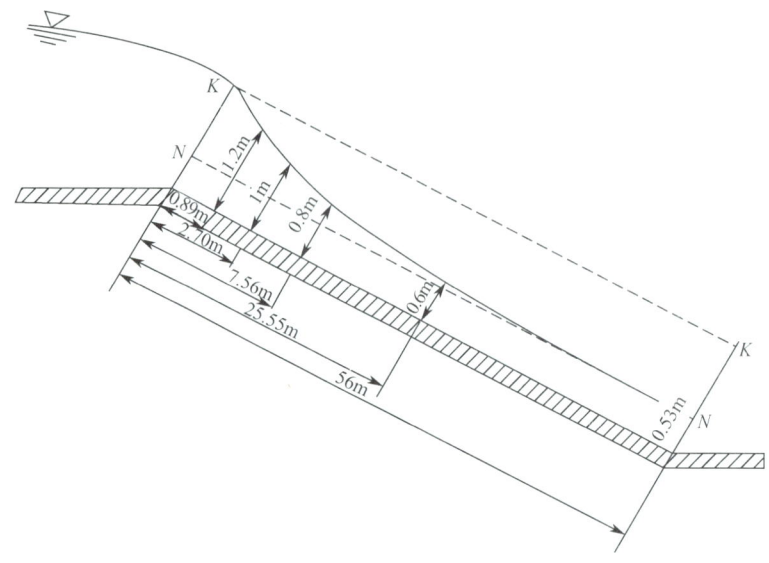

图 3-21 案例 3-11 图

【分析与计算】

已知 $b=5\text{m}$，$i=0.25$，$n=0.025$，$Q=30\text{m}^3/\text{s}$。

（1）判断渠道底坡性质和水面线形式。

$q=Q/b=6\text{m}^2/\text{s}$，$\cos\theta=\sqrt{1-i^2}\approx 0.9682$，取 $\alpha=1.05$，临界水深 $h_k=\sqrt[3]{\alpha q^2/g\cos\theta}\approx 1.585\text{m}$；计算正常水深（过程略），得 $h_0=0.524\text{m}<h_k$，所以渠道底坡为陡坡。

根据以上情况判断水面线为 b_2 型降水曲线，进口处水深为临界水深 h_k，渠道中水深从 h_k 趋向正常水深 h_0。

（2）用分段求和法计算水面线。

因水流为急流，进口处为控制面，$h_1=h_k=1.585\text{m}$，向下游计算水面线，方向参数 $r=1$，依次取 $h_2=1.2\text{m}$，$h_3=1\text{m}$，$h_4=0.8\text{m}$，$h_5=0.6\text{m}$，$h_6=0.53\text{m}$，根据式（3-41）分段计算间距，s 为各水深所在过水断面距起始过水断面的距离，计算结果如表 3-9 所示。

表 3-9 水面线计算结果

过水断面	h/m	A/m^2	$v/(\text{m/s})$	$\dfrac{\alpha v^2}{2g}/\text{m}$	E_s/m	$\Delta E_s/\text{m}$	R/m	J	$i-\overline{J}$	$\Delta s/\text{m}$	s/m
1	1.585	7.925	3.785	0.768	2.254	0.21	0.97	0.0093	0.235	0.89	0.00
2	1.20	6.00	5.00	1.339	2.464		0.811	0.0207			0.89
3	1.00	5.00	6.00	1.929	2.866	0.402	0.714	0.0353	0.222	1.81	2.70
4	0.80	4.00	7.50	3.013	3.763	0.897	0.606	0.0957	0.1845	4.86	7.56
5	0.60	3.00	10.00	5.357	5.920	2.157	0.484	0.1645	0.1199	17.99	25.55
6	0.53	2.65	11.32	6.866	7.363	1.443	0.437	0.2415	0.047	30.7	56.25

根据计算结果可绘制出水面线（见图 3-21），可见渠道末端水深已接近正常水深。

另外一种情况是已知 h_1、Δs，求过水断面 2 的水深 h_2。这种情况是先给定过水断面位置，然后从水深已知的控制面出发，逐个计算出下一个过水断面的水深。此时根据式（3-41）可得到 h_2 的非线性方程：

$$f(h_2) = E_{s1} + r \times \Delta s \left(i - \frac{1}{2} J_1 \right) - E_s(h_2) - \frac{1}{2} r \times \Delta s \times J(h_2) = 0 \quad (3-42)$$

若方程的求解采用人工计算，则计算工作量繁重不堪，但对于计算机则不是问题，而且这种方法对棱柱形明渠和非棱柱形明渠都适用，所以水面线的计算程序多属于这一类。

武汉大学精心研发了最新版计算软件——"河道水面线计算程序 3.1"，该程序不仅功能强大，而且操作简便，能够在水利工程、环境工程等领域快速、准确地完成河道水面线的计算，极大地提高了工作效率。美国陆军工程兵团水文工程中心开发的 HEC-RAS 是一款广泛用于河流水文、洪水分析及河道工程设计的强大工具，可以根据拟定堤距、河段糙率、控制面水位-流量关系和实测过水断面资料，计算各过水断面水力要素，并以最下游实测过水断面作为边界起算过水断面，逐步向上推算，最终求出各过水断面的水面线。

技能训练

一、选择题

1. 当水流满足（　　）时为急流。

A. 断面平均流速大于干扰波的相对波速

B. 断面平均流速小于干扰波的相对波速

C. 断面平均流速等于干扰波的相对波速

D. 无法确定

2. 若某渠道中水流的断面平均流速 $v = 2\text{m/s}$，干扰波的相对波速 $c = 2.5\text{m/s}$，则该渠道中水流为（　　）。

A. 急流　　　　B. 临界流　　　　C. 缓流　　　　D. 渐变流

3. 若弗劳德数 $Fr = 3.5$，则水流为（　　）

A. 缓流　　　　B. 临界流　　　　C. 急流　　　　D. 都不是

4. 明渠水流的临界水深取决于（　　）。

A. 流量和底坡　　　　　　　　B. 过水断面形状、尺寸和底坡

C. 流量和糙率　　　　　　　　D. 过水断面形状、尺寸和流量

5. 临界水深是（　　）。

A. 均匀流时的水深　　　　　　B. 通过设计流量时的水深

C. 非均匀流时的水深　　　　　D. 水流为临界流时的相应水深

6. 产生水跌时，跌坎处的水深一般认为是（　　）。
   A. 正常水深　　　B. 临界水深　　　C. 实际水深　　　D. 任意水深
7. 共轭水深是指（　　）。
   A. 水跃的跃前水深与跃后水深　　　B. 临界水深
   C. 溢流坝下游水流收缩断面水深　　　D. 均匀流水深
8. "水不激（急）不跃，人不激不奋"描述的水力现象是（　　）。
   A. 缓流　　　B. 水跃　　　C. 水跌　　　D. 都不是
9. 长直棱柱形顺坡渠道上的水面线类型有（　　）。
   A. 2 种　　　B. 12 种　　　C. 8 种　　　D. 4 种
10. 正常水深线 $N—N$ 高于临界水深线 $K—K$ 的渠道底坡属于（　　）。
    A. 缓坡　　　B. 临界底坡　　　C. 陡坡　　　D. 平底坡

二、作图题

试定性分析图 3-22 中各图的水面线衔接形式，其中上下游渠道均很长。

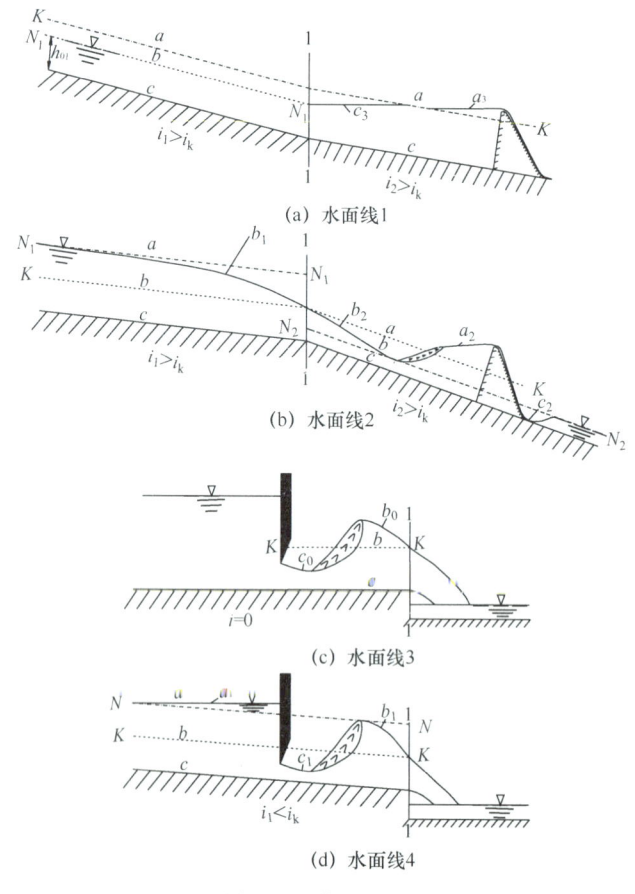

图 3-22　作图题图

(e) 水面线5

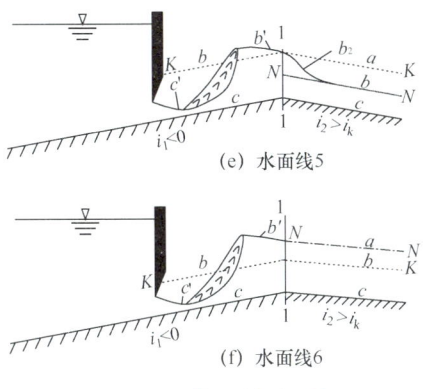

(f) 水面线6

图 3-22 作图题图（续）

三、计算题

1. 有一顺直小河，过水断面近似矩形，已知 $b=10$m，$n=0.04$，$i=0.03$，$\alpha=1$，$Q=10$m³/s，试判别在均匀流情况下的水流状态（急流还是缓流）。

2. 有一条运河，过水断面为梯形，已知 $b=45$m，$m=2$，$n=0.025$，$i=0.333/1000$，$\alpha=1$，$Q=500$m³/s，试判别在均匀流情况下的水流状态。

3. 有一按水力最佳条件设计的浆砌石的矩形过水断面长明渠，已知底宽 $b=4$m，糙率 $n=0.017$，通过的流量 $Q=8$m³/s，动能修正系数 $\alpha=1.1$。试分别根据 h_k、i_k 及 Fr 来判别该明渠水流的状态。

4. 如图 3-23 所示，有一梯形过水断面明渠，长度 $L=500$m，底宽 $b=6$m，边坡系数 $m=2$，底坡 $i=0.0016$，糙率 $n=0.025$，当通过的流量 $Q=10$m³/s 时，闸前水深 $h_e=1.5$m，试采用分段求和法计算并绘制水面线。

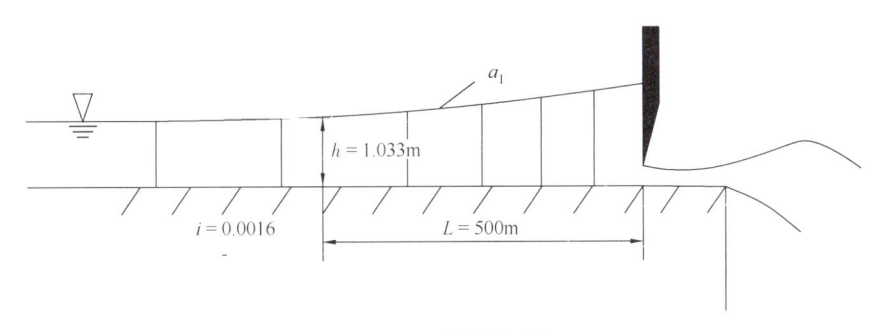

图 3-23 计算题 4 图

模块 4　泄水建筑物水力计算

学习情境描述

当上游水位超过建筑物顶部（如溢流坝或水闸顶部）时，水将由其上溢流而过，泄至下游。在水力学中，把顶部溢流的壅水建筑物称为堰。

为了达到泄放洪水、引水灌溉、发电、给水等目的，常在堰顶安装闸门，这样既可以抬高挡水的高度，又可以通过调节闸门的开度，控制和调节河渠中的水位、流量。过堰的水流没有受到闸门控制时为堰流。堰流的特点是水流的下方受到堰型的控制，而水流的上方为仅受重力作用而降落的连续变化的光滑曲面。因此，堰的过流能力与堰型有很大的关系。当过堰的水流受到闸门控制时为闸孔出流，简称孔流。闸孔出流的特点是水流的下方受到堰型的控制，同时水流上方受闸门的控制形成不连续变化的曲面。由于闸孔出流受到上下两方面的控制，影响其过流能力的主要因素不仅有堰型，还有闸门的形式和控制方式，因此闸孔出流的水力计算要比堰流的水力计算复杂得多。泄水建筑物的泄流能力直接关系到泄放洪水、引水灌溉、发电、给水等任务能否完成。

当水流经泄水建筑物泄到下游时，便具有较高的流速。从泄水建筑物的经济造价和工程布置方面来说，往往要求尽可能缩小泄流宽度，但这样会造成下泄流量集中，单宽流量加大，以致经泄水建筑物下泄的水流具有更高的流速，大大地超过下游河床所能承受的不冲允许流速，导致下游河床被冲刷。因此必须采取消能防冲措施，使得高速集中的水流与下游河道的正常水流衔接起来，这就是本模块要讨论的泄水建筑物下游水流衔接和消能的问题。这些问题若得不到妥善处理，将会引起下列不良后果。

1. 下游河床的严重冲刷

如图 4.1 所示，水流自坝顶下泄至坝趾计水断面时，单位质量水体所具有的能量为 E_1，下游河道正常水流单位质量水体所具有的能量为 E_2，两种水流能量差 $\Delta E = E_1 - E_2$ 称为余能，其值常常很大。以一个泄流量 $Q = 1000 \text{m}^3/\text{s}$，$\Delta E = 50 \text{m}$ 的溢流坝为例，在下游河床上应消除的余能为

$$N = \rho g Q \Delta E = 1000 \times 9.8 \times 1000 \times 50 = 4.9 \times 10^5 \text{kW}$$

这样巨大的能量，若不设法加以消除，势必冲刷河床，有时部分能量会变为波动能，冲刷河道两岸，甚至使闸、坝等建筑物遭到破坏。例如，奥地利的列伯丁（Lebring）坝，

上下游水位差为11.35m，砂卵石河床，冲刷坑的深度达到12m，可见冲刷之严重。因此，在设计水工建筑物时，要选择合理的水流衔接形式，采取必要的工程措施，将泄水建筑物下泄水流的部分动能加以消除或转变为势能，即所谓的消能，以改善水流状态，保证水工建筑物的安全。泄水建筑物下游水流衔接与消能有密切的联系，研究时应一起考虑。

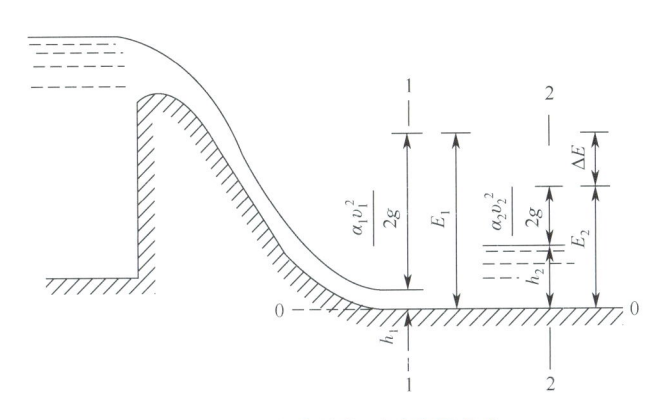

图4-1　泄水建筑物下游能量分布

2. 发生折冲水流

当经水工建筑物下泄的水流与其下游河道中心线不对称、下游河道的水面宽度B比溢流宽度b大很多或多闸孔的闸门启闭程序不当时，经水工建筑物下泄的水流会向一边偏折，使另一边形成巨大回流，这种现象称为折冲水流。图4-2所示为某水利枢纽的平面布置图，由溢流坝下泄的水流（主流）速度比较大，即动能较大，势能较小，所以水位较低；而由水电站下泄的水流（非主流）速度较小，水位较高。这样便造成横向水位差，以致水电站下泄的水流挤压溢流坝下泄的水流，使主流偏折，形成折冲水流。折冲水流对工程不利，由于主流偏向左岸，右岸就形成巨大的回流区，而靠近左岸的主流过水断面减小，流速加大，导致对河床及岸壁的冲刷。若在水利枢纽中设有船闸，则折冲水流会在船闸的下游形成不利的航行条件。而回流往往把主流冲刷的泥沙带到水电站下游形成淤积，影响水电站发电。因此，在水利工程的设计过程中必须注意避免出现折冲水流。

这样看来，水流衔接和消能的目的是用最有效的措施将集中下泄水流的部分动能消除，以改善水流在平面及过水断面上的流态，减少水流对河床及两岸的冲刷，保证水工建筑物的安全。只有解决好这一问题，才可保证水工建筑物的安全，避免下泄水流对水利枢纽的其他建筑物（水电站和航运建筑物）造成不利影响，这是研究水流衔接与消能的基本任务。

水流的衔接与消能是一个问题的两个方面，二者不是孤立的。一方面，一定的衔接形式恰好反映了相应消能机理的实质；另一方面，解决消能问题，同时伴随着解决水流的衔接问题。所以，需在泄水建筑物下游设置消能工程，以消除下泄水流的能量，保护水工建筑物的安全。

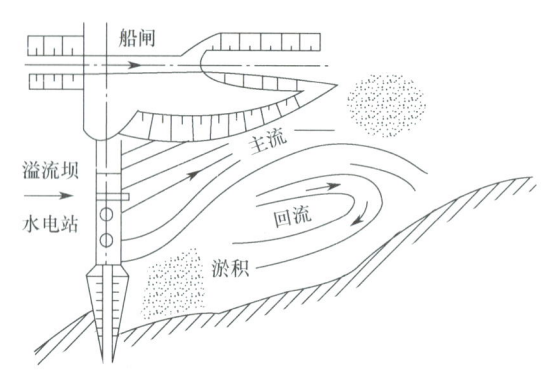

图 4-2 某水利枢纽的平面布置图

> 学习指导

（1）了解堰流及闸孔出流的水力特性。
（2）掌握堰流和闸孔出流的计算方法。
（3）了解堰的流量系数、侧收缩系数、淹没系数，以及闸孔出流的流量系数、垂直收缩系数和淹没系数等参数的物理意义。
（4）理解底流式衔接与消能和挑流式衔接与消能的工作原理。
（5）掌握各种消能池的水力计算。
（6）理解影响挑流式衔接与消能的挑距及冲刷坑深度的主要因素，并能进行挑距和冲刷坑深度的计算。

任务 1　堰流的水力计算

4.1.1　任务导入

丹江口大坝

丹江口大坝（见图 4-3）位于湖北省十堰市丹江口市，地处汉江与丹江汇合口下游 800m 处，始建于 1958 年，是中国自行设计、自行建造和自行管理的以防洪为主，兼有发电、灌溉、航运、养殖等综合作用的大型水利枢纽工程，为全国"五利俱全"的水利工程之一。1974 年，丹江口水利枢纽工程全面建成，这是新中国水利建设史上第一个大型综合利用工程。

丹江口水库建成几十年来，共拦蓄、削滞汉江上游发生的上万立方米每秒的洪水 59 次，解除和缓解了湖北省武汉、襄阳等 23 个县市 1 亿多人口及 1860 多万亩耕地面临的洪水威胁，其抵御洪水的能力达到了百年一遇的标准。汉江中上游洪水峰高量大，来势迅猛，径流分配很不均匀。下游河槽越往下游越窄，宣泄能力不断递减，又常受长江水位的顶托，一旦遇到洪水，湖北省极易受灾。1935年的洪水造成14处溃口，湖北省老河口市以下悉成泽国，淹没耕地670万亩，受灾人口达370万人，淹死8万余人。从1931年至1948年的18年间，汉江发生的大型水灾有9次之多，出现11次溃口。而丹江口大坝的建成增强了汉江的防洪能力，保护着下游约1700万亩耕地，1390万人口，以及襄阳、武汉等重要城市。1998年夏季，长江流域发生继1954年长江特大洪水之后的又一次全流域型洪水，汉江上游8月份总来水量高达110.7亿立方米，经丹江口水库调蓄，削峰率为60%~93%，丹江口水库超蓄洪水37亿立方米。

图 4-3 丹江口大坝

2024年8月13日，习近平总书记在给湖北十堰丹江口库区环保志愿者的回信中强调，南水北调工程事关战略全局、长远发展和人民福祉，保护好水源地生态环境，确保"一泓清水永续北上"，需要人人尽责、久久为功。丹江口水库的水域面积达1022.75 km^2，蓄水量达290.5亿立方米，丹江口水库作为亚洲首屈一指的人工淡水湖，不仅是南水北调中线工程的生命之源，更是国家一级水源保护的璀璨明珠。其水质之清，连续多年稳居国家二类标准以上，被誉为"亚洲天池"，不仅滋养了广袤的土地，还见证了人类对水资源保护与利用的智慧和决心。我们要坚定不移走生产发展、生活富裕、生态良好的文明发展道路，实现中华民族永续发展。

任务：丹江口大坝高162m，混凝土大坝坝高97m，大坝总长2494m（其中混凝土坝长1141m），设计蓄水水位为157m，相应库容为174亿立方米，平均泄洪能力为9200m^3/s。泄水建筑物的泄洪能力如何计算？

4.1.2 堰流的特点分析

一、堰的分类及水流特点

由于堰的挡水作用，堰上游水位壅高，上游水流为缓流。水流流经

微课视频

堰顶时，发生急剧垂向收缩，在不受下游水位干扰时，堰顶水流为急流。不受下游水位影响的堰流称为自由出流，此时影响堰过流能力的主要因素是堰顶水头和堰型。当下游水位较高，导致堰顶水流由急流变为缓流时，缓流中的干扰波可以向上游传播，下游水位对过堰的流量将产生影响，这种堰流称为淹没出流，此时影响堰过流能力的主要因素除上游水头和堰型外，还有下游水位。因此，在堰流的水力计算中，淹没出流比自由出流复杂。闸孔出流同样存在自由出流和淹没出流两种情况。

通过堰、闸的水流，流线在较短的范围内急剧弯曲，属于急变流，水流能量损失主要为局部损失。因此，在堰流和闸孔出流的水力计算中，只考虑局部水头损失。

堰型是影响堰过流能力的主要因素之一。因此，在水力计算中，根据堰型特点，即按堰顶厚度与堰顶水头的相对大小，将堰分为薄壁堰 [见图4-4（a）]、实用堰 [见图4-4（b）和图4-4（c）] 和宽顶堰 [见图4-4（d）] 三类。上游渐变流过水断面处的水面到堰顶的高差称为堰顶水头，用 H 表示。需要注意的是，堰顶水头不是指堰顶水深，因为堰顶处为急变流，所以应用三大方程时不能将其作为控制面。H 一般在距堰上游（3~5）H 处测量，该测量过水断面可视为渐变流过水断面。堰顶厚度用 δ 表示。

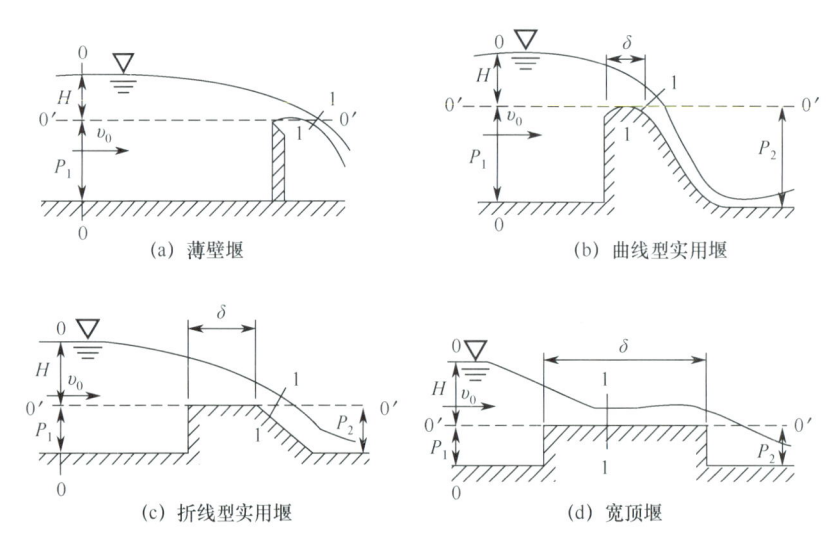

(a) 薄壁堰

(b) 曲线型实用堰

(c) 折线型实用堰

(d) 宽顶堰

图 4-4 堰的分类示意图

1. 薄壁堰

当水流流过薄壁堰时，堰顶下泄的水流形如舌状，如图4-4（a）所示。由于堰顶的厚度 δ 较小，堰壁没有触及到水舌的下缘，其厚度 δ 对水舌形状没有影响，因此称这种堰为薄壁堰或锐缘堰。根据实验数据，堰顶至水舌下缘之间的水平距离约为 $0.67H$，故在设计中，把 $\delta<0.67H(\delta/H<0.67)$ 的堰称为薄壁堰。

2. 实用堰

当堰顶厚度影响到水舌的形状时，水流受到堰顶的阻力，把 $0.67H<\delta<2.5H(0.67<\delta/H<2.5)$ 的堰称为实用堰。为了减小水流的阻力，一些大型溢流坝的剖面形状常做成

曲线形，使堰面形状尽量与水舌形状相吻合，这种堰称为曲线型实用堰，如图4-4（b）所示。对于一些小型的水利工程，为了施工方便，常采用折线型实用堰，如图4-4（c）所示。

3. 宽顶堰

对于顶部水平的堰，当$\delta>2.5H$时，堰顶厚度对水流的影响使水流在堰进口附近的堰顶上游出现收缩现象。当$\delta>4H$时，在收缩断面之后还可以在堰上出现近似水平的流段，如图4-4（d）所示。当$\delta>10H$时，堰顶的沿程水头损失已不能忽略不计，需按明渠理论计算。因此，把$2.5H<\delta<10H$（$2.5<\delta/H<10$）的堰称为宽顶堰。

以上是从水力学角度，根据过堰水流的特点对堰进行分类的。实际上，对于一定的堰顶厚度δ，当堰顶水头H不同时，该堰可以是实用堰，也可以是宽顶堰，因此对某一特定的堰，其分类不一定是确定不变的。按堰顶厚度分类是古老而典型的分类，是为了细化堰流的计算，有利于掌握堰流的规律和提高水力计算的精度。对于非典型堰和一些特殊堰，则可根据堰流计算的基本方法和基本公式，通过试验，建立相应的堰流计算关系式。

注意：在图4-4中，δ为堰顶沿水流方向的厚度；H为堰顶水头，即距堰上游（3~5）H处的水面与堰顶的高度差；v_0为上游行近流速。

此外，对于每一种堰，还可分为有侧收缩堰（溢流宽度小于上游渠道的宽度）和无侧收缩堰，并按堰顶轴线在平面上的位置分为正堰（堰顶轴线与水流方向垂直）、斜堰和侧堰（堰顶轴线与水流方向平行）等。本模块仅讨论正堰。

练一练（判断题）

1. 堰流水面线是不连续的。（ ）
2. 堰是河渠中修建的既可以挡水，顶部又可以溢流的水工建筑物。（ ）
3. 堰顶水头就是堰顶水深。（ ）
4. 堰顶厚度为沿水流方向水流溢过堰顶的厚度，常用δ表示。（ ）
5. 薄壁堰的堰顶厚度δ与堰顶水头H之比$\delta/H<0.67$。（ ）

4.1.3 堰流的计算方法

一、堰流的通用公式

堰流的通用公式是指矩形薄壁堰、实用堰和宽顶堰均适用的普遍流量公式。如图4-4所示，对各种堰取堰顶水平面为基准面，列过水断面0—0和过水断面1—1的能量方程如下：

$$z_0 + \frac{p_0}{\gamma} + \frac{\alpha_0 v_0^2}{2g} = z_1 + \frac{p_1}{\gamma} + \frac{\alpha_1 v_1^2}{2g} + \zeta \frac{v_1^2}{2g}$$

式中 v_0、v_1——过水断面0—0、过水断面1—1的流速；

α_0、α_1——过水断面0—0、过水断面1—1的动能修正系数。

令 $H_0 = H + \dfrac{\alpha_0 v_0^2}{2g}$，过水断面0—0符合渐变流条件，而过水断面1—1为急变流断面，该过水断面上有垂直收缩，压强不按静水压强分布规律分布，则测压管水头不为常数，故用 $\overline{z_1 + \dfrac{p_1}{\gamma}}$ 表示过水断面1—1的平均测压管水头，则有

$$H_0 = \overline{z_1 + \dfrac{p_1}{\gamma}} + (\alpha_1 + \zeta)\dfrac{v_1^2}{2g}$$

令 $\overline{z_1 + \dfrac{p_1}{\gamma}} = \xi H_0$，$\varphi = \dfrac{1}{\sqrt{\alpha_1 + \zeta}}$，整理后得

$$v_1 = \varphi\sqrt{2g(H_0 - \xi H_0)} = \varphi\sqrt{1-\xi}\sqrt{2gH_0}$$

假设堰顶过水断面净宽度为 B，过水断面1—1的水舌厚度为 kH_0，则过水断面1—1的面积为 $A_1 = kH_0 B$，通过过水断面1—1的流量为

$$Q = A_1 v_1 = kH_0 B\varphi\sqrt{1-\xi}\sqrt{2gH_0} = k\varphi B\sqrt{1-\xi}\sqrt{2g}\,H_0^{3/2}$$

令 $m = k\varphi\sqrt{1-\xi}$ 为堰流的流量系数，则

$$Q = mB\sqrt{2g}\,H_0^{3/2} \tag{4-1}$$

式（4-1）说明，过堰流量与堰顶总水头的3/2次方成正比，即 $Q \propto H_0^{3/2}$。流量系数 m 与 φ、k、ξ 的值相关。流速系数 φ 值主要反映流速分布的不均匀程度和局部阻力对堰流的影响；k 值主要反映堰流的垂直收缩程度；ξ 值反映急变流过水断面1—1上动水压强不按直线分布的影响。由以上分析可知，φ、k、ξ 三个系数的值主要取决于堰的边界条件及堰顶总水头 H_0。而堰的边界条件变化多样，因此堰流的流量系数在不同的边界条件下具有不同的试验数值。在后面的内容中，针对具体堰型，将分别进行讲解。

注意：

（1）根据下游水位是否影响堰的过流能力，将堰流分为自由出流和淹没出流两类。但在什么情况下，下游水位才影响堰的过流能力，对于不同的堰型有不同的确定方法，在计算时用淹没系数 σ_s 来表示淹没程度。当堰流为淹没出流时，$\sigma_s < 1$；当堰流为自由出流时，$\sigma_s = 1$。

（2）当堰顶的过流宽度 $B(B-nb)$ 小于堰前的引水渠宽度 B_0 时（如堰顶设有闸墩和边墩等），会引起过流侧收缩，影响堰的过流能力，这种堰流称为有侧收缩的堰流，如图4-5所示。侧收缩对流量的影响程度用侧收缩系数 ε 来表示。当有侧收缩时，$\varepsilon < 1$；当无侧收缩时，$\varepsilon = 1$。

（3）当堰为低堰且进口不正时，水流的流态将发生变化，其对流量的影响程度用流态系数 K 来表示。本模块中均按进水渠顺直，正向进流条件，即 $K=1$ 计算。

考虑以上各种因素的影响，堰流的普遍公式为

$$Q = \sigma_s m \varepsilon B \sqrt{2g} H_0^{3/2} \qquad (4\text{-}2)$$

图 4-5　有侧收缩的堰流

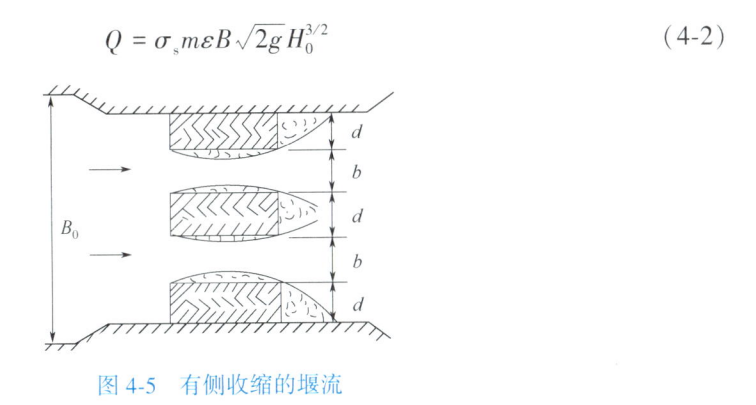

堰流水力计算的关键是根据不同堰型的几何边界条件和水流条件，确定相应的流量系数 m、淹没系数 σ_s 和侧收缩系数 ε。

练一练（判断题）

1. 在堰流的普遍公式中，m 是流量系数。　　　　　　　　　　　　　（　　）
2. 在堰流的普遍公式中，侧收缩系数 ε 一定大于 1。　　　　　　（　　）
3. 在堰流的普遍公式中，淹没系数 σ_s 可能大于 1。　　　　　　　（　　）

二、薄壁堰的水力计算

薄壁堰相对于实用堰和宽顶堰而言，具有测流精度较高的优点，但由于堰顶较薄，难以承受过大的水压力，上游水头不宜过大，因此实验中和小型渠道常按薄壁堰测量流量。

薄壁堰的堰口形状有矩形、三角形、梯形等，对应的薄壁堰分别称为矩形薄壁堰、三角形薄壁堰和梯形薄壁堰，如图 4-6 所示。常用的薄壁堰为矩形薄壁堰和三角形薄壁堰。

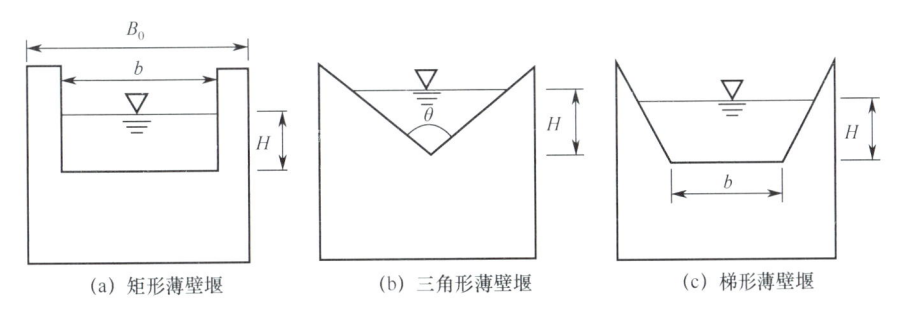

(a) 矩形薄壁堰　　　(b) 三角形薄壁堰　　　(c) 梯形薄壁堰

图 4-6　薄壁堰分类示意图

（一）矩形薄壁堰

1. 流量计算公式

矩形薄壁堰的应用历史很长且试验资料很多，习惯上使用下式作为其流量计算公式：

$$Q = m_0 B \sqrt{2g} H^{3/2} \tag{4-3}$$

式中 m_0——包括行近流速水头影响在内的流量系数。

需要注意的是，式（4-3）中使用的是堰顶水头 H 而不是堰顶总水头 H_0。

2. 流量系数

矩形薄壁堰的流量系数 m_0 在自由出流和无侧收缩的情况下可按以下经验公式计算。

巴辛（Bazin）公式：

$$m_0 = \left(0.405 + \frac{0.0027}{H}\right)\left[1 + 0.55\left(\frac{H}{H+P_1}\right)^2\right] \tag{4-4}$$

式中 P_1——上游堰高，单位为 m。

上式的适用条件为 $0.2\text{m} < P_1 < 1.13\text{m}$，$B < 2\text{m}$，$0.1\text{m} < H < 1.24\text{m}$。

雷保克（T. Rehbock）公式：

$$m_0 = 0.4034 + 0.0534\frac{H}{P_1} + \frac{1}{1610H - 4.5} \tag{4-5}$$

上式的适用条件为 $0.15\text{m} < P_1 < 1.22\text{m}$，$H < 2P_1$。

在应用以上各式时，水舌下面应为大气压（$p = 0$）。一般可设通气管与大气相通，否则，会因为水舌下部的部分空气被带走而出现负压，从而加大流量，使应用以上各式计算得到的流量与实际通过的流量之间出现较大偏差。

矩形薄壁堰有侧收缩时通常不单独计算侧收缩系数，而是将其影响并入流量系数 m_0 中考虑，如巴辛公式：

$$m_0 = \left(0.405 + \frac{0.0027}{H} - 0.03\frac{B_0 - B}{B_0}\right)\left[1 + 0.55\left(\frac{H}{H+P_1}\right)\left(\frac{B}{B_0}\right)^2\right] \tag{4-6}$$

式中 B_0——渠宽，单位为 m；

B——堰顶宽（垂直于流向），单位为 m。

当下游水位超过堰顶一定高度时，堰的过水能力开始减小，这种溢流状态为淹没出流。在淹没出流时，水面有较大的波动，水头不易测准，测流精度较自由出流低。因此，测流设备不宜在淹没条件下工作。

（二）三角形薄壁堰

三角形薄壁堰简称三角堰。其最大的优点是过堰的水面宽度随水头而变。在实验室测量较小流量时，若用矩形薄壁堰，则水头过小，测流精度降低。三角形薄壁堰在小水头时水面宽度小，流量的微小变化将引起较大的水头变化，可得到较高的测流精度。因此，三角形薄壁堰是测量较小流量的理想堰型。其堰口夹角可取不同值，但常做成90°。

直角（$\theta = 90°$）三角形薄壁堰的流量计算公式为

$$Q = 1.343H^{2.47} \quad (4-9)$$

上式中，H 的单位为 m，Q 的单位为 m³/s。其适用条件为渠宽 $B_0 > 5H$；上游堰高 $P_1 \geqslant 2H$；$H = 0.06 \sim 0.65$ m。

练一练（判断题）

1. 常用薄壁堰的开口形状常做成矩形或三角形，对应的薄壁堰分别称为矩形薄壁堰和三角形薄壁堰。（　　）
2. 薄壁堰常用来测量流量，所以又称量水堰。（　　）
3. 当流量较小时，为提高测流精度，常采用直角三角形薄壁堰。（　　）

三、实用堰的水力计算

在实际工程中，实用堰是溢流坝中常见的堰型，其剖面形状较多，可大体分为折线型实用堰和曲线型实用堰两大类。折线型实用堰常用于中、小型溢流坝，具有取材方便和施工简单等优点。曲线型实用堰在水利工程中应用广泛，常用于混凝土修筑的中、高水头溢流坝，堰顶的曲线形状与自由溢流水舌下缘形状相符合，可提高过流能力。无论是曲线型实用堰还是折线型实用堰，其流量计算公式均为堰流的普遍公式，即

$$Q = \sigma_s m \varepsilon B \sqrt{2g} H_0^{3/2}$$

（一）曲线型实用堰的剖面形状

曲线型实用堰的剖面形状如图 4-7（a）所示。一般由上游直线段 AB、堰顶曲线段 BC、下游斜坡段 CD 和反弧段 DE 组成。上游直线段 AB 可做成铅直线，也可以做成斜坡线；下游斜坡段 CD 的坡度主要依据堰的稳定性和强度要求选定，一般采用 1:0.6～1:0.7；反弧段 DE 的反弧半径可根据堰的设计水头及下游堰高确定。

（二）曲线型实用堰的分类

堰顶曲线段 BC 对过流能力的影响最大，是设计曲线型实用堰剖面形状的关键。堰顶曲线段常根据矩形薄壁堰自由出流时水舌下缘的形状来设计，并据此将曲线型实用堰分为真空堰和非真空堰两类。

真空堰即水流溢过堰顶时，溢流水舌部分脱离堰面，堰顶表面出现真空（负压）现象的曲线型实用堰，如图 4-7（b）所示。其优点是堰顶真空的存在可相应地增大堰的溢流量，缺点是堰面可能受到正负压力的交替作用，增加了动荷载，且会造成水流的不稳定，当真空达到一定程度时，堰面还可能发生气蚀，遭到破坏。所以，真空堰一般较少使用。非真空堰是指水流溢过堰顶时不出现真空现象的曲线型实用堰，如图 4-7（c）所示。

曲线型实用堰的剖面有各种定型设计，如克里格尔-奥菲采洛夫剖面（简称克-奥剖面）、WES 剖面、长研Ⅰ型剖面等。其设计原则是使堰面轮廓与实用堰水舌下缘形状

基本吻合，以减小水流阻力。然而水舌的形状、尺寸随堰顶水头 H 而变，但堰面轮廓只能根据某一特定水头设计，该水头称为设计水头，用 H_d 表示。当实际泄流的水头等于设计水头时，堰顶附近的动水压强接近零。我国一些高坝在二十世纪五六十年代常采用克-奥剖面，近几十年来多采用 WES 剖面。

(a) 曲线型实用堰的剖面形状　　(b) 真空堰剖面图　　(c) 非真空堰剖面图

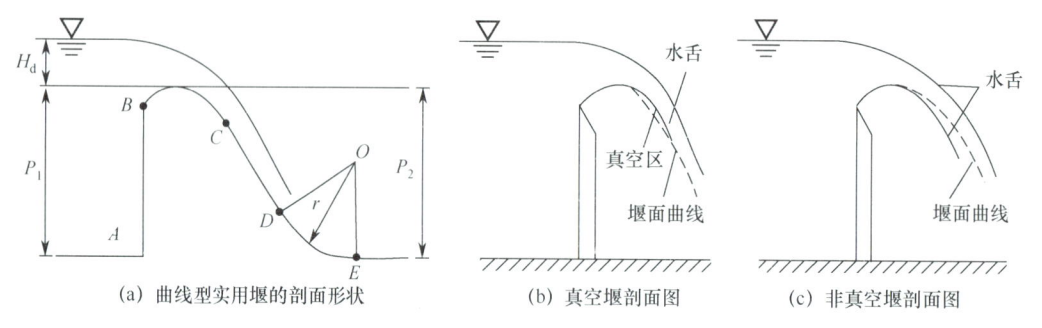

图 4-7　曲线型实用堰的剖面形状及真空堰、非真空堰剖面图

（三）WES 型实用堰水力计算

WES 剖面是美国陆军工程兵团水道试验站（The Water-ways Experiment Station）研究出的标准剖面。其符合曲线方程，便于施工控制，且 WES 型实用堰的剖面较"瘦"，可节省工程量。下面主要介绍 WES 型实用堰的水力设计及计算问题。

1. WES 型实用堰堰顶曲线段

WES 型实用堰的堰顶曲线段由圆弧段构成，有两圆弧段（见图 4-8）和三圆弧段（见图 4-9）两大类，每一类又有几种型号。现以图 4-9 所示的三圆弧段 WES 型实用堰的堰顶曲线段为例说明其设计思想。在图 4-9 中，上游堰面铅直，其堰顶上游部分由三段圆弧连接，与两圆弧段相比，可以更平顺地与上游堰面连接，从而改善了堰面压力条件。堰顶下游也用曲线方程表示。

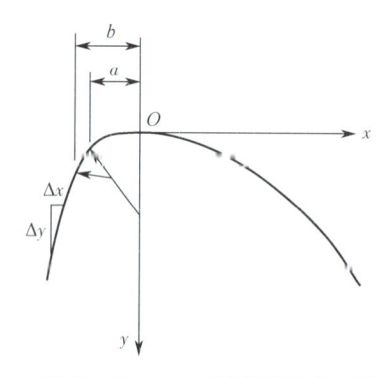

图 4-8　两圆弧段 WES 型实用堰的堰顶曲线段

WES 型实用堰剖面的下部可先与一斜直线相连接，再用圆弧与下游河床相连接，以便水流平顺地进入河床。斜直线的坡度主要依据堰的稳定性和强度要求选定，一般取

1∶0.65～1∶0.75。圆弧半径 R 根据下游堰高 P_2 和设计水头 H_d 确定，可查阅有关规范。

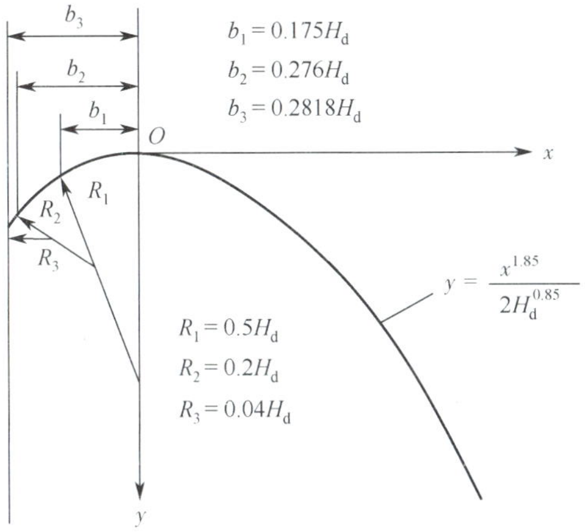

图 4-9　三圆弧段 WES 型实用堰的堰顶曲线段

2. WES 型实用堰流量系数 m

（1）试验表明，当上游堰面铅直时，WES 型实用堰的流量系数 m 主要取决于上游堰高与设计水头之比 P_1/H_d（称为相对堰高）和堰顶总水头与设计水头之比 H_0/H_d（称为相对水头），m 值可根据表 4-1 确定。

注意：高堰可不计行近流速水头的影响，但低堰要考虑行近流速水头的影响。

表 4-1　WES 型实用堰的流量系数 m

H_0/H_d	P_1/H_d				
	0.2	0.4	0.6	1.0	≥1.33
0.4	0.425	0.430	0.431	0.433	0.436
0.5	0.438	0.442	0.445	0.448	0.451
0.6	0.450	0.455	0.458	0.460	0.464
0.7	0.458	0.463	0.468	0.472	0.476
0.8	0.467	0.474	0.477	0.482	0.486
0.9	0.473	0.480	0.485	0.491	0.494
1.0	0.479	0.486	0.491	0.496	0.501
1.1	0.482	0.491	0.496	0.502	0.507
1.2	0.485	0.495	0.499	0.506	0.510
1.3	0.496	0.498	0.500	0.508	0.513

注：表中 m 值适用于两圆弧段 WES 型实用堰、三圆弧段 WES 型实用堰和椭圆曲线堰。

（2）当 WES 型实用堰为高堰时（上游堰面铅直），其流量系数也可用下面的经验公式计算：

$$m = 0.385 + 0.149\frac{H}{H_d} - 0.040\left(\frac{H}{H_d}\right)^2 + 0.004\left(\frac{H}{H_d}\right)^3 \qquad (4\text{-}10)$$

上式的适用条件为 $\dfrac{H}{H_d}=0\sim 1.8$。

3. 上游堰面坡度影响系数 C

当上游堰面为斜坡时,流量系数将受到影响,此时在流量系数前乘一个上游堰面坡度影响系数 C 即可,则流量公式可写成

$$Q = C\sigma_s m\varepsilon B\sqrt{2g}H_0^{3/2} \tag{4-11}$$

C 值可根据表 4-2 确定,当上游堰面铅直时,$C=1$。

表 4-2　上游堰面坡度影响系数 C

上游堰面坡度 ($\Delta y:\Delta x$)	P_1/H_d						
	0.3	0.4	0.6	0.8	1.0	1.2	1.3
3∶1	1.009	1.007	1.004	1.002	1.000	0.998	0.997
3∶2	1.015	1.011	1.005	1.002	0.999	0.996	0.993
3∶3	1.021	1.014	1.007	1.002	0.998	0.993	0.988

4. WES 型实用堰侧收缩系数 ε

实践证明,侧收缩系数 ε 与边墩、闸墩头部的形状,闸孔的尺寸和数目,以及堰顶总水头 H_0 有关,可用下面的经验公式计算:

$$\varepsilon = 1 - 0.2[\zeta_k + (n-1)\zeta_0]\dfrac{H_0}{nb} \tag{4-12}$$

式中　n——闸孔数;

　　　H_0——堰顶总水头;

　　　b——单孔宽度;

　　　ζ_k、ζ_0——边墩、闸墩的形状系数。

ζ_k 取决于边墩头部形状及进流方向,对于正向进水情况,可根据表 4-3 选取。ζ_0 取决于闸墩头部形状、闸墩伸向上游堰面的距离 L_u 及淹没程度 $\dfrac{h_s}{H_0}$,可根据表 4-4 选取。闸墩头部形状如图 4-10 所示。

表 4-3　边墩形状系数 ζ_k

边墩头部形状	ζ_k
直角形	1.00
折线形(八字形)	0.70
圆弧形	0.70

注意：在应用式（4-12）时，若 $\dfrac{H_0}{b}>1$，不论 $\dfrac{H_0}{b}$ 数值为多少，均按 $\dfrac{H_0}{b}=1$ 计算。

表 4-4　闸墩形状系数 ζ_0

闸墩头部形状	$L_u = H_0$	$L_u = 0.5H_0$	$L_u = 0$			
			$h_s/H_0 \leqslant 0.75$	$h_s/H_0 = 0.80$	$h_s/H_0 = 0.85$	$h_s/H_0 = 0.90$
矩形	0.20	0.40	0.80	0.86	0.92	0.98
楔形或半圆形	0.15	0.30	0.45	0.51	0.57	0.63
尖圆形	0.15	0.15	0.25	0.32	0.39	0.46

注：h_s 为下游水深超过堰顶的高度。

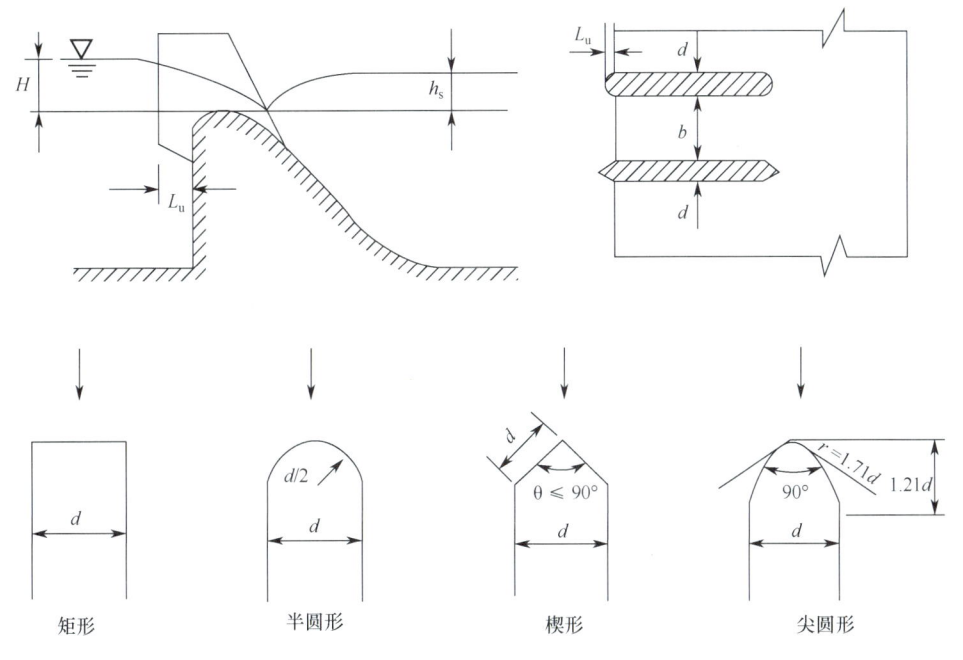

图 4-10　闸墩头部形状

5. 淹没条件及淹没系数 σ_s

在实际工程中，一般高堰多为自由出流，而低堰多为淹没出流。以下两种情况可以导致淹没出流：①当下游水位超过堰顶且 $h_s/H_0>0.15$ 时；②当 $h_s/H_0<0.15$ 且 $P_1/H_0<2$ 时（这种情况属于下游护坦较高，即下游堰高 P_1 较小，使下游水位低于堰顶，受护坦影响，也产生淹没出流）。淹没出流时堰流受到下游水位的顶托，使流量降低。计算时，用淹没系数 σ_s 反映其对过堰流量的影响，$\sigma_s<1$。

对于 WES 型实用堰，σ_s 可由图 4-11 查得。淹没系数 σ_s 与 h_s/H_0（纵坐标）及 P_1/H_0（横坐标）有关。其中，h_s 为下游水深 h_t 超过堰顶的高度，即 $h_s=h_t-P_1$。由图 4-11 可知，当 $h_s/H_0 \leqslant 0.15$ 且 $P_1/H_0 \geqslant 2$ 时，为自由出流，$\sigma_s=1.0$。

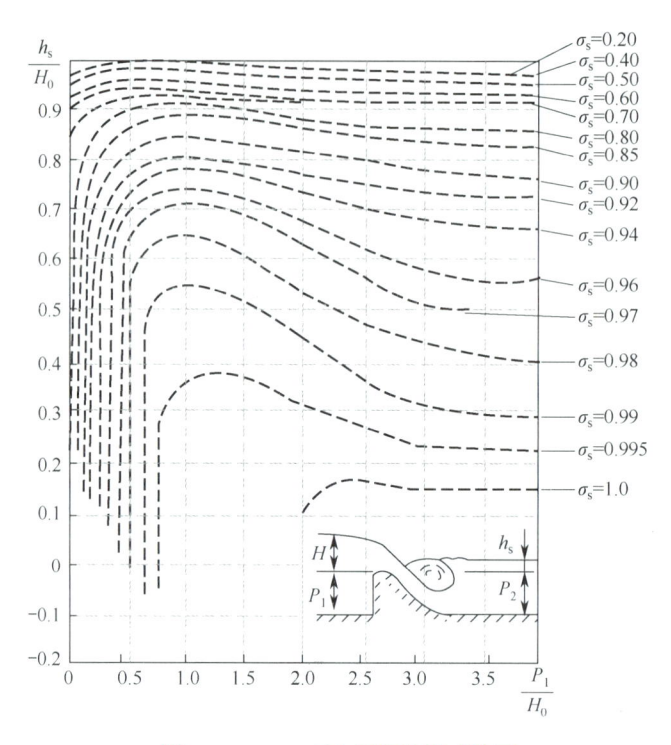

图 4-11　WES 型实用堰淹没系数图

（四）折线型实用堰

小型溢流坝为了取材和施工方便，常采用折线型剖面，其中尤以梯形剖面应用较广，其流量系数与 P_1/H、H/δ，以及上、下游堰面的倾角 θ_1、θ_2 有关，如表 4-5 所示。梯形剖面堰的流量系数 $m = 0.33 \sim 0.43$，较曲线型剖面堰小。折线型实用堰的侧收缩系数 ε_s 和淹没系数 σ_s 可近似地按曲线型实用堰计算。

表 4-5　梯形剖面堰的流量系数 m

P_1/H	边坡系数		流量系数 m		
	$\cot\theta_1$	$\cot\theta_2$	$\dfrac{H}{\delta} = 2$	$\dfrac{H}{\delta} = 1 \sim 2$	$\dfrac{H}{\delta} = 0.5 \sim 1$
3~5	0.5	0.5	0.42~0.43	0.38~0.40	0.35~0.36
	1.0	0	0.44	0.42	0.40
	2.0	0	0.43	0.41	0.39
2~3	0	1	0.42	0.40	0.38
	0	2	0.40	0.38	0.36
	3	0	0.42	0.40	0.38
	4	0	0.41	0.39	0.37
	5	0	0.40	0.38	0.36

续表

P_1/H	边坡系数		流量系数 m		
	$\cot\theta_1$	$\cot\theta_2$	$\frac{H}{\delta}=2$	$\frac{H}{\delta}=1\sim2$	$\frac{H}{\delta}=0.5\sim1$
1~2	10	0	0.38	0.36	0.35
	0	3	0.39	0.37	0.35
	0	5	0.37	0.35	0.34
	0	10	0.35	0.34	0.33

在按式（4-2）对实用堰进行水力计算时，由于一些系数常与待求量有关，因此无法直接求解。例如，已知 H 求 Q，因为 $H_0 = H + \frac{\alpha_0 v_0^2}{2g}$，其中行近流速 v_0 与流量 Q 有关，同时系数 ε、σ_s 往往与 H_0 有关，所以即使已给定 H 值，也不能直接求得 Q 值。此时需要先进行某些假设，再进行逐次渐近计算，直至求得正确的答案。

练一练（判断题）

1. 实用堰可分为折线型实用堰和曲线型实用堰。（　　）
2. 曲线型实用堰的剖面形状一般由上游直线段、堰顶曲线段、下游斜坡段和反弧段四部分组成。（　　）
3. 在曲线型实用堰的剖面形状中，下游斜坡段对过流能力的影响最大，是设计的关键。（　　）
4. WES 剖面具有流量系数大、节省工程量、堰面负压小、较安全稳定、设计施工方便等优点，在我国被广泛应用。（　　）

四、宽顶堰的水力计算

在泄水建筑物和引水建筑物中，除采用曲线型实用堰外，宽顶堰也被采用得较多。例如，水库的溢洪道进口、闸孔全开或无压的涵管和涵洞进口、隧洞进口、施工围堰和渡槽进口等，这些地方均可以发生宽顶堰堰流，如图 4-12 所示。

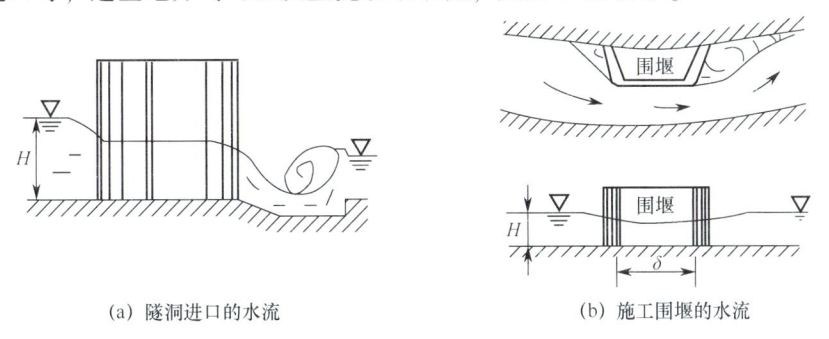

(a) 隧洞进口的水流　　(b) 施工围堰的水流

图 4-12　宽顶堰堰流示意图

宽顶堰的流量计算公式与实用堰相同，为 $Q = \sigma_s m \varepsilon B \sqrt{2g} H_0^{3/2}$。

（一）有坎宽顶堰

1. 流量系数

有坎宽顶堰的流量系数取决于有坎宽顶堰的进口类型和相对高度 P_1/H。有坎宽顶堰的进口有直角进口、圆角进口、斜坡式进口等，如图 4-13 所示。有坎宽顶堰的流量系数可根据表 4-6 和表 4-7 确定，也可采用以下公式计算。

（1）若有坎宽顶堰的进口为直角进口，则其流量系数为

$$m = 0.32 + 0.01 \times \frac{3 - \dfrac{P_1}{H}}{0.46 + 0.75 \dfrac{P_1}{H}} \tag{4-13}$$

当 $P_1/H \geq 3$ 时，取 $m = 0.32$。

（2）若有坎宽顶堰的进口为圆角进口［见图 4-13（a）］，则其流量系数为

$$m = 0.36 + 0.01 \times \frac{3 - \dfrac{P_1}{H}}{1.2 + 1.5 \dfrac{P_1}{H}} \tag{4-14}$$

当 $P_1/H \geq 3$ 时，取 $m = 0.36$。

（3）若有坎宽顶堰的进口为斜坡式进口［见图 4-13（b）］，则其流量系数可通过查表 4-6 获得。

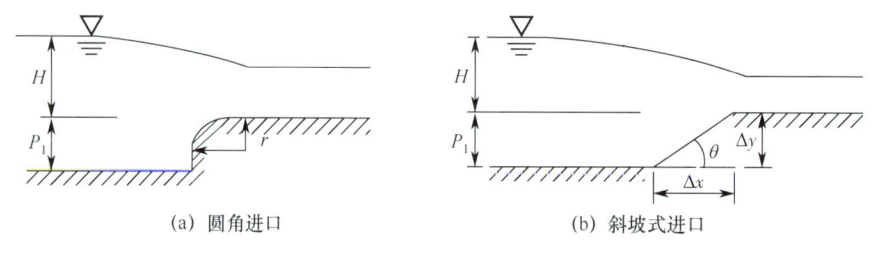

(a) 圆角进口　　　　　(b) 斜坡式进口

图 4-13　宽顶堰进口形式示意图

表 4-6　直角和斜坡式进口的流量系数 m

P_1/H	$\cot\theta$ ($\Delta x/\Delta y$)					
	0	0.5	1.0	1.5	2.0	≥ 2.5
≈ 0	0.385	0.385	0.385	0.385	0.385	0.385
0.2	0.366	0.372	0.377	0.380	0.382	0.382
0.4	0.356	0.365	0.373	0.377	0.380	0.381
0.6	0.350	0.361	0.370	0.376	0.379	0.380
0.8	0.345	0.357	0.368	0.375	0.378	0.379

续表

P_1/H	$\cot\theta$ ($\Delta x/\Delta y$)					
	0	0.5	1.0	1.5	2.0	≥2.5
1.0	0.342	0.355	0.367	0.374	0.377	0.378
2.0	0.333	0.349	0.363	0.371	0.375	0.377
4.0	0.327	0.345	0.361	0.370	0.374	0.376
6.0	0.325	0.344	0.360	0.369	0.374	0.376
8.0	0.324	0.343	0.360	0.369	0.374	0.376
≈∞	0.320	0.340	0.358	0.368	0.373	0.375

表 4-7　圆角进口的流量系数 m

P_1/H	r/H							
	0.025	0.05	0.100	0.200	0.400	0.600	0.800	≥1.00
≈0	0.385	0.385	0.385	0.385	0.385	0.385	0.385	0.385
0.2	0.372	0.374	0.375	0.377	0.379	0.380	0.381	0.382
0.4	0.365	0.368	0.370	0.374	0.376	0.377	0.379	0.381
0.6	0.361	0.364	0.367	0.370	0.374	0.376	0.378	0.380
0.8	0.357	0.361	0.364	0.368	0.372	0.375	0.377	0.379
1.0	0.355	0.359	0.362	0.366	0.371	0.374	0.376	0.378
2.0	0.349	0.354	0.358	0.363	0.368	0.371	0.375	0.377
4.0	0.345	0.350	0.355	0.360	0.366	0.370	0.373	0.376
6.0	0.344	0.349	0.354	0.359	0.366	0.369	0.373	0.376
≈∞	0.340	0.346	0.351	0.357	0.364	0.368	0.372	0.375

2. 侧收缩系数 ε

有坎宽顶堰的侧收缩系数仍可采用 WES 型实用堰的侧收缩系数计算公式 [式 (4-12)]。

3. 淹没条件和淹没系数 σ_s

当下游水位较低，有坎宽顶堰自由出流时，水面呈两次跌落，从堰口到堰顶有一次跌落，并在距进口约 $2H$ 处形成收缩断面且收缩断面水深 $h_c<h_k$，堰顶水流为急流；从堰顶到下游再一次跌落，为自由出流；当下游水位高于堰顶（$h_s/H_0<0.8$），但低于临界水深线 $K—K$ 时，收缩断面水深仍小于临界水深，堰顶水流继续保持急流状态，仍为自由出流，如图 4-14 (a) 所示。

当下游水位继续上升，直至高于临界水深线时，堰顶产生波状水跃，如图 4-14 (b) 所示。随着下游水位不断上升，水跃位置向上游移动。实践证明，当堰顶以上水深 $h_s \geq (0.75 \sim 0.85) H_0$ 时，水跃移至收缩断面上游，收缩断面水深大于临界水深，堰顶水流为缓流状态，堰流为淹没出流，如图 4-14 (c) 所示。故有坎宽顶堰淹没出流的判别条

件为 $h_s \geq 0.8H_0$。淹没系数 σ_s 可通过表 4-8 查得。

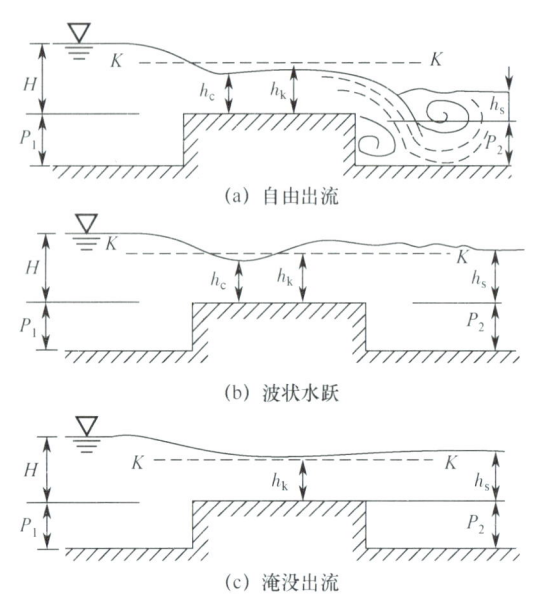

图 4-14 有坎宽顶堰淹没条件示意图

表 4-8 有坎宽顶堰淹没系数 σ_s

h_s/H_0	≤0.80	0.81	0.82	0.83	0.84	0.85	0.86	0.87	0.88	0.89
σ_s	1.00	0.995	0.990	0.98	0.97	0.96	0.95	0.93	0.90	0.87
h_s/H_0	0.90	0.91	0.92	0.93	0.94	0.95	0.96	0.97	0.98	
σ_s	0.84	0.82	0.78	0.74	0.70	0.65	0.59	0.50	0.40	

（二）无底坎宽顶堰

在实际工程中，当明渠水流流经桥墩、渡槽、隧洞的进口建筑物时，由于进口段的过水断面在平面上收缩，过水断面减小，流速加大，部分势能转化为动能，因此也会形成水面跌落，这种水流现象称为无坎宽顶堰流（见图 4-15）。计算无坎宽顶堰的流量时，仍可使用宽顶堰的流量计算公式。但在计算中不再单独考虑侧收缩的影响，而是把它包含在流量系数中，即

$$Q = \sigma_s m_0 nb \sqrt{2g} H_0^{3/2} \tag{4-15}$$

式中 m_0——包含侧收缩影响在内的流量系数，可根据进口翼墙和闸墩的形状、闸孔宽度 b 与行近槽宽 B_0 的比值，通过查表 4-9 获得。

1. 多孔闸堰流

流量系数按下式计算：

$$m_0 = \frac{m_p(n-1) + m_a}{n} \tag{4-16}$$

式中 m_p——中孔流量系数，可通过查表 4-9 时，将 $\dfrac{b}{B_0}$ 用 $\dfrac{b}{b+d}$ 代替来获得，d 为墩厚；

m_a——边孔流量系数，可通过查表 4-9 时，将 $\dfrac{b}{B_0}$ 用 $\dfrac{b}{b+\Delta b}$ 代替来获得，当多孔闸只开少数孔时，Δb 为边墩边缘与上游引渠水边线之间的水平距离。

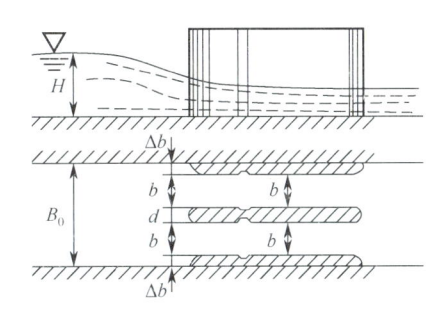

图 4-15　无坎宽顶堰流示意图

2. 单孔闸堰流

单孔闸堰流的流量系数因进口翼墙形式（见图 4-16）不同而异，可通过查表 4-9 获得。

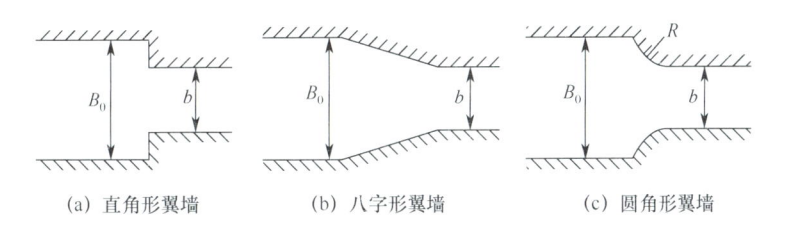

(a) 直角形翼墙　　(b) 八字形翼墙　　(c) 圆角形翼墙

图 4-16　进口翼墙形式示意图

无坎宽顶堰的淹没系数 σ_s 可通过查表 4-8 获得。

注意：计算宽顶堰的流量时，需要注意行近流速水头的影响。宽顶堰在堰高较小或无坎的情况下，行近流速水头往往占总水头相当大的比重。

表 4-9　无坎宽顶堰的流量系数 m_0

$\dfrac{b}{B_0}$	直角形翼墙	八字形翼墙 $\cot\theta$				圆角形翼墙 R/b				
		0.5	1.0	2.0	3.0	0.1	0.2	0.3	0.4	≥0.5
0	0.320	0.343	0.350	0.353	0.350	0.342	0.349	0.354	0.357	0.360
0.1	0.322	0.344	0.351	0.354	0.351	0.344	0.350	0.355	0.358	0.361
0.2	0.324	0.346	0.352	0.355	0.352	0.345	0.351	0.356	0.359	0.362
0.3	0.327	0.348	0.354	0.357	0.354	0.347	0.353	0.357	0.360	0.363
0.4	0.330	0.350	0.356	0.358	0.356	0.349	0.355	0.359	0.362	0.364
0.5	0.334	0.352	0.358	0.360	0.358	0.352	0.357	0.361	0.363	0.366

续表

$\dfrac{b}{B_0}$	直角形翼墙	八字形翼墙				圆角形翼墙				
		cotθ				R/b				
		0.5	1.0	2.0	3.0	0.1	0.2	0.3	0.4	≥0.5
0.6	0.340	0.356	0.361	0.363	0.361	0.354	0.360	0.363	0.365	0.68
0.7	0.346	0.360	0.364	0.366	0.364	0.359	0.363	0.366	0.368	0.370
0.8	0.355	0.365	0.369	0.370	0.369	0.365	0.368	0.371	0.372	0.373
0.9	0.367	0.373	0.375	0.376	0.375	0.373	0.375	0.376	0.377	0.378
1.0	0.385	0.385	0.385	0.385	0.385	0.385	0.385	0.385	0.385	0.385

练一练（判断题）

1. 当堰顶水头及其他条件相同时，实用堰的流量大于宽顶堰的流量。（　　）
2. 无侧收缩的实用堰与有侧收缩的实用堰相比，当堰顶水头、堰型及其他条件相同时，后者通过的流量比前者大。（　　）
3. 宽顶堰泄流时，若下游水位低于堰顶，则为自由出流。（　　）
4. 堰流计算公式中的流量系数 m 与堰型无关。（　　）
5. 堰顶下泄水流为急变流。（　　）

4.1.4　拓展案例

一、薄壁堰的水力计算

（一）矩形薄壁堰

【**案例 4-1**】有一矩形无侧收缩薄壁堰，已知堰宽 $B=0.5\text{m}$，上、下游堰高 $P_1=P_2=0.5\text{m}$，堰顶水头 $H=0.2\text{m}$，求下游水深为 $h_t=0.4\text{m}$ 时通过薄壁堰的流量。

【**分析与计算**】

由于 $h_t=0.4\text{m}<P_1=0.5\text{m}$，因此下游水位低于堰顶，为自由出流。按式（4-5）计算 m_0：

$$m_0 = 0.4034 + 0.0534\frac{H}{P_1} + \frac{1}{1610H - 4.5}$$

$$= 0.4034 + 0.0534 \times \frac{0.2}{0.5} + \frac{1}{1610 \times 0.2 - 4.5}$$

$$\approx 0.428$$

按式（4-3）计算 Q：

$$Q = m_0 B \sqrt{2g} H^{3/2} = 0.428 \times 0.5 \times \sqrt{2 \times 9.8} \times (0.2)^{3/2} \approx 0.0847\text{m}^3/\text{s}$$

（二）三角形薄壁堰

【**案例 4-2**】有一无侧收缩的直角三角形薄壁堰，已知堰宽 $B=0.6\text{m}$，堰高 $P_1=$

50cm，堰顶水头 $H=0.2$m，求直角三角形薄壁堰的流量。

【分析与计算】

按式（4-9）计算 Q：

$$Q = 1.343H^{2.47} = 1.343 \times 0.2^{2.47} \approx 0.0252 \text{m}^3/\text{s}$$

二、实用堰的水力计算

【案例 4-3】 某水利枢纽溢流坝采用标准 WES 型实用堰，如图 4-17 所示。闸墩头部为半圆形，边墩头部为圆弧形，共 17 个孔，每孔净宽 $b=14$m。已知堰顶高程为 110m，上、下游河床高程均为 30m，当上游设计水位为 125m 时，相应的下游水位为 52m，流量系数 $m=0.502$，求过堰流量。

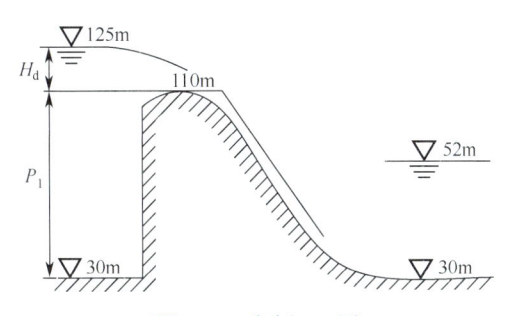

图 4-17 案例 4-3 图

【分析与计算】

（1）因下游水位比堰顶低很多，故为自由出流，$\sigma_s = 1$。

（2）因 $P_1/H_d = 80/15 \approx 5.33 > 1.33$（WES 型实用堰的高、低堰界限大致为 $P_1/H_d = 1.33$），故该堰为高堰，可不计行近流速水头的影响，即 $H_0 \approx H$。

（3）计算侧收缩系数。

按式（4-12）计算 ε。查表 4-3 得圆弧形边墩的形状系数 $\zeta_k = 0.7$，查表 4-4 得半圆形闸墩的形状系数 $\zeta_0 = 0.45$，则侧收缩系数为

$$\varepsilon = 1 - 0.2[\zeta_k + (n-1)\zeta_0]\frac{H_0}{nb}$$

$$= 1 - 0.2 \times [0.7 + (17-1) \times 0.45] \times \frac{15}{17 \times 14} \approx 0.90$$

（4）计算过堰流量。

$$Q = \sigma_s m \varepsilon B \sqrt{2g} H_0^{3/2}$$

$$= 1 \times 0.502 \times 0.90 \times 14 \times 17 \times \sqrt{2 \times 9.8} \times 15^{3/2} \approx 27656 \text{m}^3/\text{s}$$

所以，过堰流量为 27656m^3/s。

三、宽顶堰的水力计算

【案例 4-4】 某灌溉渠道上的进水闸，闸底坎为具有圆角进口的宽顶堰，堰顶高程

为 25m，渠底高程为 24m，共 7 个孔，每孔净宽 8m，闸墩头部为半圆形，边墩头部为圆弧形。当闸门全开时，上游水位为 29m，下游水位为 25m，闸前河道宽度为 90m，求过闸流量。

【分析与计算】

（1）求流量系数 m。

因为闸底坎为圆角进口，所以采用式（4-14）计算流量系数。上游堰高为

$$P_1 = 25 - 24 = 1\text{m}$$

堰顶水头为

$$H = 29 - 25 = 4\text{m}$$

流量系数为

$$m = 0.36 + 0.01 \times \frac{3 - \frac{P_1}{H}}{1.2 + 1.5 \frac{P_1}{H}} = 0.36 + 0.01 \times \frac{3 - \frac{1}{4}}{1.2 + 1.5 \times \frac{1}{4}} \approx 0.377$$

（2）求侧收缩系数。

查表 4-3 得边墩形状系数 $\zeta_k = 0.7$，因 $h_s = 25 - 24 = 1\text{m}$，先忽略行近流速水头的影响，$\frac{h_s}{H} = \frac{1}{4} = 0.25 < 0.75$，查表 4-4 得 $\zeta_0 = 0.45$，故侧收缩系数为

$$\varepsilon = 1 - 0.2[\zeta_k + (n-1)\zeta_0]\frac{H_0}{nb} = 1 - 0.2 \times [0.7 + (7-1) \times 0.45] \times \frac{4}{7 \times 8} \approx 0.951$$

（3）判别下游是否淹没。

因 $\frac{h_s}{H} = \frac{1}{4} = 0.25 < 0.8$，故为自由出流，$\sigma_s = 1$。

（4）因为流量未知，所以行近流速水头无法求出，可先设 $H_0 \approx H$，求过闸流量。

$$Q = \sigma_s m \varepsilon B \sqrt{2g} H_0^{3/2}$$
$$= 1 \times 0.377 \times 0.951 \times 7 \times 8 \times \sqrt{2 \times 9.8} \times 4^{3/2}$$
$$\approx 711.10 \text{m}^3/\text{s}$$

（5）计入行近流速水头，求过闸流量。

$$v_0 = \frac{Q}{A} = \frac{Q}{B_0(H+P)} = \frac{711.10}{90 \times (4+1)} \approx 1.58 \text{m/s}$$

$$H_0 = H + \frac{v_0^2}{2g} = 4 + \frac{1.58^2}{2 \times 9.8} \approx 4.13 \text{m}$$

因 $\frac{h_s}{H_0} = \frac{1}{4.13} \approx 0.242 < 0.8$，故为自由出流，$\sigma_s = 1$。

侧收缩系数为

$$\varepsilon = 1 - 0.2[\zeta_k + (n-1)\zeta_0]\frac{H_0}{nb}$$

$$= 1 - 0.2 \times [0.7 + (7-1) \times 0.45] \times \frac{4.13}{7 \times 8}$$

$$\approx 0.950$$

则过闸流量 Q 为

$$Q = \sigma_s m \varepsilon B \sqrt{2g} H_0^{3/2}$$

$$= 1 \times 0.377 \times 0.950 \times 7 \times 8 \times \sqrt{2 \times 9.8} \times 4.13^{3/2}$$

$$\approx 745.26 \text{m}^3/\text{s}$$

由于第二次计算得到的过闸流量与第一次计算得到的过闸流量不等,故选取不同的 v_0,再次求过闸流量,方法同上,计算结果如表 4-10 所示。

表 4-10 不同 v_0 取值时的计算结果

试算次数	v_0/(m/s)	H_0/m	$\frac{h_s}{H_0}$	ζ_0	σ_s	ε	m	Q/(m³/s)
1	0	4.0	0.25	0.45	1.0	0.951	0.377	711.10
2	1.58	4.13	0.242	0.45	1.0	0.950	0.377	745.26
3	1.66	4.14	0.242	0.45	1.0	0.950	0.377	747.96
4	1.66	4.14	0.242	0.45	1.0	0.950	0.377	747.96

最后确定过闸流量为 747.96m³/s。

技能训练

一、选择题

1. 下列堰的分类中哪个正确?(　　)

A. $\frac{\delta}{H}>0.67$,为薄壁堰　　　　　　B. $0.67<\frac{\delta}{H}<10$,为宽顶堰

C. $0.67<\frac{\delta}{H}\leq 2.5$,为实用堰　　　D. $\frac{\delta}{H}>2.5$,为薄壁堰

2. 堰流的流量与堰顶总水头的(　　)成正比。

A. 1/2 次方　　　B. 3/2 次方　　　C. 2 次方　　　D. 1 次方

3. 某堰顶厚度 $\delta=5$m,堰顶水头 $H=2$m,则该堰流属于(　　)。

A. 薄壁堰堰流　　B. 实用堰堰流　　C. 宽顶堰堰流　　D. 明渠水流

4. 下列关于堰顶设闸墩的宽顶堰流量计算公式中 B 的叙述,错误的是(　　)。

A. 堰顶宽　　　　　　　　　　　　B. 不包括闸墩厚度

C. 堰顶过流净宽　　　　　　　　　D. 与闸孔单孔宽度有关

5. 宽顶堰流量系数 m 的最大值是（　　）。
   A. 0.385　　　　B. 0.502　　　　C. 0.75　　　　D. 0.30

6. 下列不影响宽顶堰的侧收缩系数 ε 的因素是（　　）。
   A. 闸墩形状　　　B. 闸孔宽度　　　C. 闸门孔数　　　D. 闸孔型式

7. 堰流的流量计算公式 $Q=\sigma_s m\varepsilon B\sqrt{2g}H_0^{3/2}$ 中，B 是（　　）。
   A. 堰顶宽　　　　B. 堰顶过流宽度　　C. 堰厚　　　　D. 堰长

8. 当堰流为自由出流时，堰流的流量计算公式 $Q=\sigma_s m\varepsilon B\sqrt{2g}H_0^{3/2}$ 中，淹没系数 σ_s 应为（　　）。
   A. $\sigma_s=1$　　B. $\sigma_s=0$　　C. $\sigma_s<1$　　D. $\sigma_s>1$

9. 都江堰水利工程中的飞沙堰是确保成都平原不受水灾的关键组成部分。飞沙堰属于（　　）。
   A. 薄壁堰　　　　B. 实用堰　　　　C. 宽顶堰　　　　D. 都不是

二、简答题

1. 堰流自由出流和淹没出流有什么不同？它们的过流能力是否相同？为什么？
2. 影响流量系数的因素有哪些？试简单解释这些因素如何对流量系数产生影响。
3. 宽顶堰下游产生淹没式水跃时，是否一定是淹没出流？宽顶堰的淹没出流如何判别？

三、计算题

1. 有一无侧收缩的矩形薄壁堰，上游堰高 $P_1=0.5m$，堰顶宽 $B=0.8m$，堰顶水头 $H=0.6m$，求下游水深 h_t 分别为 1.0m 和 1.4m 时通过薄壁堰的流量。

2. 有一三角形薄壁堰，堰口夹角 $\theta=90°$，夹角顶点高程为 0.6m，溢流时上游水位为 0.82m，下游水位为 0.4m，求过堰流量。

3. 有一宽顶堰，堰顶厚度 $\delta=16m$，堰顶水头 $H=2.0m$，若上、下游水位及堰高均不变，则当 δ 分别减小至 8.0m 及 4.0m 时，其是否还属于宽顶堰？

4. 为了满足灌溉需要，在某河道上修建一座溢流坝。溢流坝采用堰顶上游为三圆弧段的 WES 型实用堰。单孔边墩为圆弧形，溢流坝的设计洪水流量为 $100m^3/s$。相应的上、下游设计洪水位分别为 50.7m 和 48.1m，坝趾处上、下游河床高程差为 38.5m，坝前河道过水断面面积为 $524m^2$。根据灌溉水位要求，已确定坝顶高程为 48m，求溢流坝的溢流宽度。

5. 某电站溢洪坝拟采用 WES 型实用堰，如图 4-18 所示。已知：上游设计水位高程为 267.85m，设计流量为 $684\ m^3/s$，对应的下游水位为 210.5m；筑坝处河底高程为 180m，上游河道近似为矩形过水断面，水面宽度 $B=200m$，已知溢流坝共 3 孔，每孔净宽 $b=16m$，闸墩头部为半圆形，边墩头部为圆弧形。试确定：

（1）堰顶高程。

（2）当上游水位分别为 267m 和 269m 时，自由出流情况下通过 WES 型实用堰的泄流量。

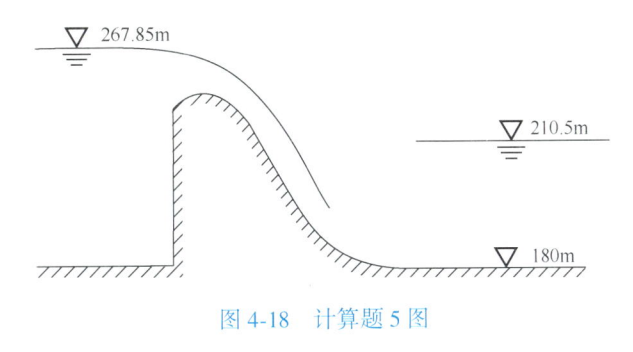

图 4-18　计算题 5 图

任务 2　闸孔出流的水力计算

4.2.1　任务导入

国内规模最大的分洪水利枢纽——荆江分洪闸

荆江分洪闸是荆江分洪工程的重要组成部分，是荆江分洪工程的主体，在荆江分洪工程中占有重要地位。荆江分洪闸位于长江荆江段南岸湖北省公安县南北两端，由进洪闸、节制闸组成。

微课视频

荆江分洪工程的进洪闸、节制闸分别有 54 个孔和 32 个孔，全部采用钢筋混凝土浇筑建成，工程雄伟，规模庞大，设计造型独特，在当时的历史条件下修建如此浩大的工程，非常不易。荆江分洪工程始建于 1952 年春末夏初之交，曾经历过抗日战争和解放战争的 10 万人民解放军指战员从全国奔赴荆江分洪工地。他们把工地当战场，承担最艰苦最困难的工程任务。与此同时，20 多万民工水陆并进，从四面八方乘坐数万只木船和车辆，开赴荆江分洪工地，云集在长江和虎渡河两岸的水陆工地，处处飘扬着鲜艳的战旗，为消除荆江水患危害，30 多万劳动大军日夜战天斗地、争分夺秒。中国人民和中国共产党一条心，同呼吸共命运，是攻无不克，战无不胜的。

当时机械化程度很低，建材的运输都靠参建人员肩挑背扛。由于浇灌混凝土需要大量碎石子，因此 19 岁的松滋姑娘辛志英创造了 "鹞子翻身碎石法"；使多角形的大石块尖角朝下，平面朝上，形如鹞子，再运锤猛打。她还和大家用废草袋、麻袋编成 "稳石箍"，箍住石块，再用力猛锤，工效是原来的 30 倍。1952 年 6 月 20 日，荆江分洪工程赶在汛期之前竣工，用时 75 天，比原计划提前 15 天。在这短短的两个半月内，完成这么巨大的工程，建设者们付出了多少汗水、多少心血可想而知！荆江分洪工程完工后，很多国际友人参观时都惊叹不已，追问是如何创造的奇迹。

荆江分洪闸中的进洪闸是荆江分洪工程的重要组成部分，位于分洪区北端的公安县太平口，又称北闸（见图4-19）。进洪闸为钢筋混凝土底板、空心垛墙、箱式岸墩轻型开敞式结构，共54个孔，全长约1054m。钢质弧形闸门采用55台电动机和手摇启闭机两种方式启闭，设计进洪流量为8000m³/s。进洪闸的功能是宣泄荆江上游的超标准洪水，确保荆江大堤安全。

图4-19 荆江分洪闸进洪闸

荆江分洪闸中的节制闸也是荆江分洪工程的重要组成部分，位于湖北省公安县黄山头虎渡河上，毗邻湖南省安乡县，地处荆江分洪区最南端，故又名南闸（见图4-20）。节制闸为开敞式钢筋混凝土1级建筑物，总长约336.8m，闸宽148.5m，共32个孔，闸面高程为45.65m，闸底坎高程为36.20m。节制闸的作用是控制虎渡河向洞庭湖下泄流量最大不超过3800m³/s，与南线大堤共同组成一道防洪屏障，保护洞庭湖区的安全。

图4-20 荆江分洪闸中的节制闸

1954年7—8月，长江出现罕见的全流域组合型大洪水，荆江大堤、江汉平原、武汉三镇告急。荆江成为长江抗洪的主战场，公安县成为荆江抗洪的前沿阵地，荆江分洪区先后三次开闸分洪，蓄纳洪水122.6亿立方米，有效削减洪峰，降低水位，为确保荆江大堤、武汉及京广大动脉的安全发挥了至关重要的作用。

七十多年来，荆江分洪闸仍然是荆江大堤防洪工程系统的重要组成部分，是解决荆江河段较大和特大洪水危害的重要保障。荆江分洪工程是新中国成立后建设的第一项大型水利工程，是中国人民为世界和平事业所作出的贡献，有较高的历史价值。

任务： 荆江分洪闸中的进洪闸共54个孔，全长约1054m，设计进洪流量为

8000m³/s；荆江分洪闸中的节制闸总长约 336.8m，闸宽 148.5m，共 32 个孔，闸面高程为 45.65m，闸底坎高程为 36.20m。过闸流量如何计算？

4.2.2 闸孔出流的特点分析

在实际水利工程中，引水建筑物、分水建筑物及泄水建筑物中常设置闸门来控制水位和流量。闸底坎有宽顶堰和实用堰两种；闸门主要有平板闸门和弧形闸门两类。如果闸前水头 H 和闸门的开度（开启高度）e 不随时间发生变化，则闸孔出流的流速和流量也不随时间变化，为恒定闸孔出流，否则为非恒定闸孔出流。闸孔出流水力计算的目的是研究闸孔出流的水力特征，闸孔出流过闸流量的大小与闸孔尺寸、闸门的开度、上下游水位、闸门类型及闸底坎型式等的关系，并给出相应的水力计算公式，下面分别进行阐述。

微课视频

一、宽顶堰上闸孔出流的水力特征

为了简化，首先分析平地渠槽的平板闸门闸孔出流，如图 4-21 所示。水流经闸孔出流后，由于水流惯性作用且受平板闸门的约束，在距平板闸门$(0.5～1.0)e$ 处出现水深最小的收缩断面 $c—c$。收缩断面 $c—c$ 处的水深 h_c 一般小于临界水深 h_k，水流为急流，而闸孔下游渠槽中的水深 h_t 一般大于临界水深 h_k，水流为缓流，因此闸后必然发生水跃现象。发生水跃的位置随下游水深的大小而变化，发生水跃的位置不同，对闸孔出流的影响就不一样，使得闸孔出流主要分为自由出流和淹没出流两类。

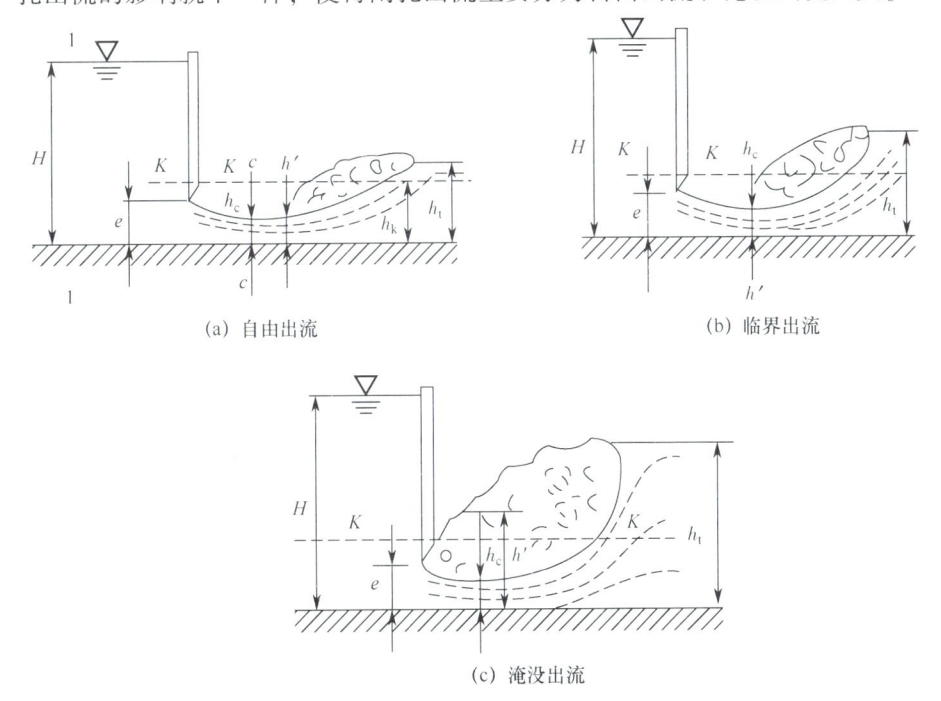

(a) 自由出流

(b) 临界出流

(c) 淹没出流

图 4-21 平地渠槽的平板闸门闸孔出流

设 h_c'' 为收缩断面水深 h_c 的跃后共轭水深。当下游水深较小，即 $h_t < h_c''$ 时，闸后发生远离式水跃，如图4-21（a）所示；而当 $h_t = h_c''$ 时，闸后发生临界式水跃，如图4-21（b）所示。发生以上两种水跃时，下游水位不影响闸孔的过流能力，闸孔出流为自由出流。当下游水深较大，$h_t > h_c''$ 时，闸后发生淹没式水跃，如图4-21（c）所示，下游水位影响了闸孔的过流能力，闸孔出流为淹没出流。

注意：对于有坎宽顶堰上的闸孔出流，只要闸孔断面位于有坎宽顶堰进口后一定距离处且收缩断面位于堰顶之上（见图4-22），上述判别条件也完全适用。

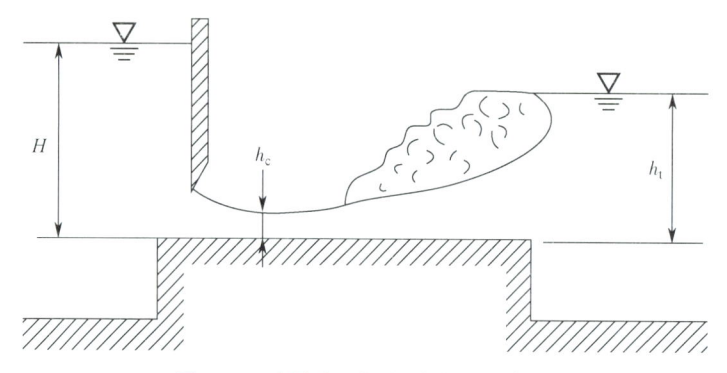

图4-22 有坎宽顶堰闸孔出流示意图

闸孔出流收缩程度可用垂直收缩系数 ε' 表示，其值的大小主要取决于闸门类型、闸门的相对开度 $\dfrac{e}{H}$ 及闸底坎型式。

$$\varepsilon' = \frac{A_c}{A} = \frac{h_c}{e} \tag{4-17}$$

平板闸门的垂直收缩系数通过理论分析求得，并已经过试验验证，可按表4-11选用。

表4-11 平板闸门的垂直收缩系数 ε'

$\dfrac{e}{H}$	0.10	0.15	0.20	0.25	0.30	0.35	0.40
ε'	0.615	0.618	0.620	0.622	0.625	0.628	0.630
$\dfrac{e}{H}$	0.45	0.50	0.55	0.60	0.65	0.70	0.75
ε'	0.638	0.645	0.650	0.660	0.675	0.690	0.705

闸底坎为平底的弧形闸门垂直收缩系数 ε' 主要取决于闸门底缘切线与水平线的夹角 θ。ε' 与 θ 之间的关系可由图4-23看出，根据表4-12选用。

模块 4　泄水建筑物水力计算

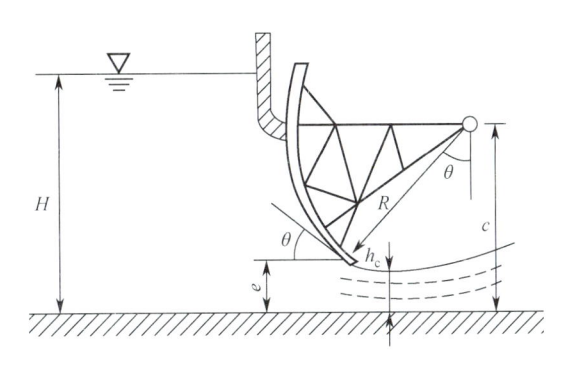

图 4-23　平底的弧形闸门闸孔出流示意图

表 4-12　弧形闸门的垂直收缩系数 ε'

θ	35°	40°	45°	50°	55°	60°	65°	70°	75°	80°	85°	90°
ε'	0.789	0.766	0.742	0.720	0.698	0.678	0.662	0.646	0.635	0.627	0.62	0.620

θ 值可按下式计算：

$$\cos\theta = \frac{c-e}{R} \tag{4-18}$$

式中　c——弧形闸门的转轴高度；

　　　R——弧形闸门的旋转半径。

二、曲线型实用堰上闸孔出流的水力特征

曲线型实用堰上的闸孔出流时，由于闸前水流在整个堰前水深范围内向闸孔汇集，因此闸孔出流的收缩比平底上的闸孔出流更充分、更完善。但是，出闸后的水舌在重力作用下，紧贴堰面下泄，无明显的收缩断面。

曲线型实用堰上的闸孔出流也分为自由出流和淹没出流，如图 4-24 所示。当闸下水位高于闸底坎，闸下出现淹没式水跃，水跃前端接触闸门底缘时，则产生淹没出流。一般情况下，曲线型实用堰为高堰，闸孔出流多为自由出流，只有曲线型实用堰为低堰时，闸孔出流才为淹没出流。

(a) 闸孔出流为自由出流　　　　(b) 闸孔出流为淹没出流

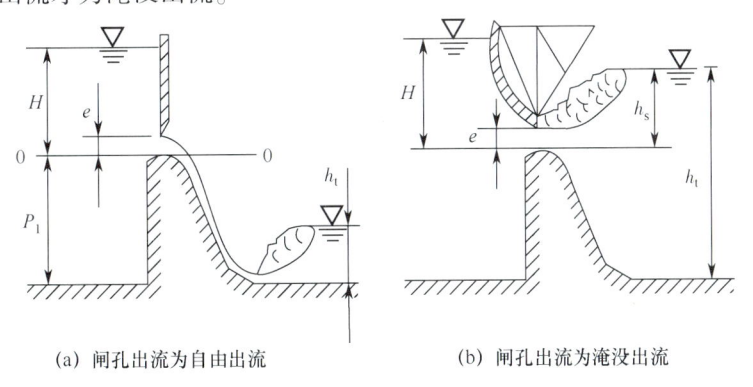

图 4-24　曲线型实用堰闸孔出流示意图

> **练一练（判断题）**

1. 闸孔出流的上下游水面线是不连续的。（　　）
2. 闸孔出流的水头损失主要为局部水头损失。（　　）
3. 闸孔出流为淹没出流的条件是闸后发生临界式水跃。（　　）
4. 堰流和闸孔出流都属于急变流。（　　）
5. 当曲线型实用堰为高堰时，闸孔出流多为自由出流。（　　）

4.2.3　闸孔出流的计算方法

一、闸孔自由出流

图 4-21（a）所示为平板闸门下的自由出流，在上游取过水断面 1—1 和闸后收缩断面 c—c，列能量方程：

$$H + 0 + \frac{\alpha_0 v_0^2}{2g} = h_c + \frac{\alpha_c v_c^2}{2g} + \zeta \frac{v_c^2}{2g}$$

整理得

$$v_c = \frac{1}{\sqrt{1+\zeta}} \sqrt{2g(H_0 - h_c)}$$

令 $\varphi = \dfrac{1}{\sqrt{1+\zeta}}$ 为流速系数，设闸孔的宽度为 b，则收缩断面的面积 $A_c = b\varepsilon' e$，通过闸孔的流量为

$$Q = \varphi \varepsilon' b e \sqrt{2g(H_0 - h_c)} \tag{4-19}$$

为了便于应用，式（4-19）还可以简化为更简单的形式。整理上式可得

$$Q = \varphi \varepsilon' \sqrt{1 - \varepsilon' \frac{e}{H_0}} be \sqrt{2gH_0}$$

令 $\mu = \varphi \varepsilon' \sqrt{1 - \varepsilon' \dfrac{e}{H_0}}$，$\mu$ 称为闸孔出流的流量系数，则得

$$Q = \mu b e \sqrt{2gH_0} \tag{4-20}$$

式（4-19）、式（4-20）即为闸孔自由出流的流量计算公式。式（4-20）形式简单，更便于使用。

注意：

（1）对于多孔、有边墩或闸墩的闸孔出流，因为侧收缩相对于垂直收缩来说，影响很小，所以一般情况下不必考虑，但流量计算公式中的 b 应变为 B，$B = nb$。n 为闸孔数，b 为单孔宽度。流量计算公式为

$$Q = \mu B e \sqrt{2gH_0} \tag{4-21}$$

（2）对于有坎宽顶堰、实用堰底坎的闸孔出流，式（4-20）同样适用，主要区别

在于出流边界条件发生变化，流量系数不同。

（3）由式（4-21）可知，闸孔出流的流量与上游作用水头 H_0 的 1/2 次方成正比，即 $Q \propto H_0^{1/2}$。这一点与堰流的流量-水头关系 $Q \propto H_0^{3/2}$ 不同。

（4）当闸前水头 H 较大或上游闸底坎高度 P_1 较大而闸孔的开度 e 较小时，行近流速水头可忽略不计，即可取 $H_0 \approx H$ 代入公式计算。

（一）宽顶堰上闸孔出流的流量系数 μ

由上述推导过程可知，平底宽顶堰上的闸孔出流流量系数的表达式为

$$\mu = \varphi \varepsilon' \sqrt{1 - \varepsilon' \frac{e}{H_0}} \tag{4-22}$$

式中　ε'——垂直收缩系数，可通过查表 4-11、表 4-12 获得；

φ——流速系数，反映了过闸水流的局部水头损失和收缩断面或闸孔断面的流速分布不均匀性的影响。

φ 值取决于闸孔入口的边界条件，与闸底坎型式、闸门底缘形状和闸门的相对开度 $\frac{e}{H}$ 等因素有关，目前尚无准确的计算方法，一般可通过查阅相应资料获得。平板闸门的流速系数 φ 如表 4-13 所示。

表 4-13　平板闸门的流速系数 φ

闸底坎型式	水 流 图 形	φ
闸孔出流的跌水		0.97~1.00
闸下底孔		0.95~1.00
堰顶有闸门的曲线型实用堰		0.85~0.95
闸底坎高于渠底的闸孔		0.85~0.95

流量系数也可以根据经验公式计算。

（1）平底平板闸门（下游平坡）的流量系数为

$$\mu = 0.454\left(\frac{e}{H}\right)^{-0.138} \tag{4-23}$$

（2）平底弧形闸门（下游平坡）的流量系数为

$$\mu = 1 - 0.0166\theta^{0.723} - (0.582 - 0.0371\theta^{0.547})\frac{e}{H} \tag{4-24}$$

在经验公式中，$\frac{e}{H} \geqslant 0.03$。

（二）曲线型实用堰上闸孔出流的流量系数

对于曲线型实用堰上的闸孔出流，如果取闸孔断面代替闸后收缩断面 $c—c$，进行推导可得其流量系数的表达式为

$$\mu = \varphi\sqrt{1 - \beta\frac{e}{H_0}} \tag{4-25}$$

式中 β——闸孔断面的平均测压管水头与闸孔开度的比值，它也取决于闸孔入口的边界条件和闸孔的相对开度 $\frac{e}{H}$。

综上所述，闸孔自由出流的流量系数取决于闸底坎型式、闸门型式及闸孔相对开度 $\frac{e}{H}$ 的大小。

可利用经验公式求 μ 值。

（1）平板闸门曲线型实用堰上闸孔出流的流量系数为

$$\mu = 0.530\left(\frac{e}{H}\right)^{-0.12} \tag{4-26}$$

（2）弧形闸门曲线型实用堰上闸孔出流的流量系数为

$$\mu = 0.531\left(\frac{e}{H}\right)^{-0.139} \tag{4-27}$$

在经验公式中，$\frac{e}{H} \geqslant 0.03$。

二、闸孔淹没出流

（一）淹没条件

如图 4-21（c）所示，闸孔出流的淹没条件为：当下游水深 h_t 较大且 $h_t > h''_c$ 时，闸后产生淹没式水跃，闸孔出流为淹没出流。闸孔淹没出流时，下游水深变化将影响闸孔的过流能力，闸孔淹没出流的流量计算公式为

$$Q = \sigma_s \mu b e\sqrt{2gH_0} \tag{4-28}$$

式中 σ_s——闸孔出流的淹没系数，它反映了下游水深对过闸水流的淹没影响程度。

注意：闸孔淹没出流时，流量系数 μ 与闸孔自由出流时的值相同。

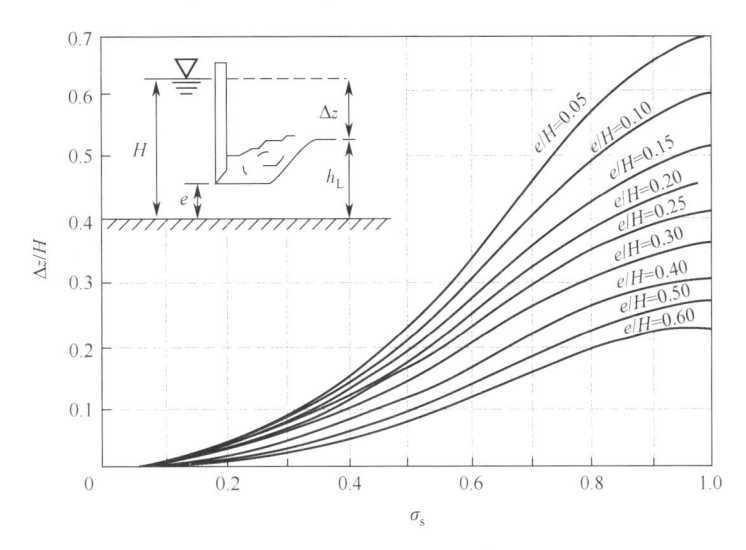

图 4-25 平板闸门淹没系数图

（二）淹没系数

对于平板闸门，当水流为淹没出流时，可利用 e/H、$\Delta z/H$ 通过查图 4-25 获得淹没系数。

练一练（判断题）

1. 闸孔出流的流量与上游作用水头的 2 次方成正比。（   ）
2. 闸孔出流闸后可能发生临界式水跃、淹没式水跃和远离式水跃。（   ）
3. 如果闸后发生远离式水跃，则闸孔出流一定是自由出流。（   ）
4. 淹没出流的流量等于自由出流的流量乘淹没系数。（   ）

4.2.4 拓展案例

【案例 4-5】在某矩形渠道中修建一水闸，共 3 个闸孔，每个闸孔的宽度为 3m，闸门为平板闸门，闸底坎与渠底齐平，闸前水头为 5m，闸门开度为 1.2m，求闸孔自由出流的流量。

【分析与计算】

（1）判断是否为闸孔出流。

堰流和闸孔出流的判别：可根据堰闸型式和实测的闸门相对开度 e/H 值进行判别，当 e/H 小于或等于 $(e/H)_c$ 时，为闸孔出流；当 e/H 大于 $(e/H)_c$ 时，为堰流。实用堰的 $(e/H)_c$ 为 0.75，而宽顶堰、平底闸门的 $(e/H)_c$ 为 0.65。

因为 $\dfrac{e}{H} = \dfrac{1.2}{5} = 0.24 < 0.65$，故为闸孔出流，忽略闸门上游行近流速水头的影响，$H \approx H_0$。

（2）计算流量系数。

① 利用式（4-22）计算流量系数。

根据 $\dfrac{e}{H} = 0.24$ 查表 4-11，用内插值法求得 $\varepsilon' = 0.6216$，查表 4-13，取流速系数 $\varphi = 0.97$，则流量系数为

$$\mu = \varphi \varepsilon' \sqrt{1 - \varepsilon' \dfrac{e}{H_0}} = 0.97 \times 0.6216 \times \sqrt{1 - 0.6216 \times 0.24} \approx 0.556$$

② 利用经验公式计算流量系数。

$$\mu = 0.454 \left(\dfrac{e}{H}\right)^{-0.138} = 0.454 \times 0.24^{-0.138} \approx 0.553$$

由上述计算结果可知，采用两种计算流量系数的方法所得的值基本相同。

（3）计算流量。

利用式（4-21）计算流量，即

$$Q = \mu B e \sqrt{2gH_0} = 0.556 \times 3 \times 3 \times 1.2 \times \sqrt{2 \times 9.8 \times 5} \approx 59.4 \text{m}^3/\text{s}$$

【案例 4-6】某闸底坎与渠底齐平，如图 4-26 所示。闸底坎高程为 104m，共 3 个闸孔，每个闸孔的宽度 $b = 5$m，闸前水位为 110m，弧形闸门半径 $R = 7$m，转轴高程为 107m。当闸门开度 $e = 1.2$m 时，闸下水位较低不影响出流，不计闸前行近流速水头的影响，试计算过闸流量。

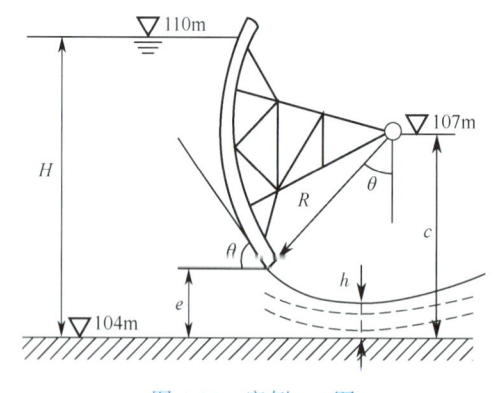

图 4-26　案例 4-6 图

【分析与计算】

（1）判断是否为闸孔出流。

$H = 110 - 104 = 6$m，$\dfrac{e}{H} = \dfrac{1.2}{6} = 0.2 < 0.65$，故为闸孔出流。

由于下游水位不影响出流，故为自由出流。

$c = 107 - 104 = 3\text{m}$，$e = 1.2\text{m}$，$R = 7\text{m}$，则

$$\cos\theta = \frac{c-e}{R} = \frac{3-1.2}{7} \approx 0.257$$

$$\theta = 75.11°$$

（2）计算流量系数。

流量系数根据式（4-24）计算：

$$\mu = 1 - 0.0166\theta^{0.723} - (0.582 - 0.0371\theta^{0.547})\frac{e}{H}$$

$$= 1 - 0.0166 \times 75.11^{0.723} - (0.582 - 0.0371 \times 75.11^{0.547}) \times 0.2$$

$$\approx 0.585$$

（3）计算流量。

过闸流量根据式（4-21）计算：

$$Q = \mu Be\sqrt{2gH_0} = 0.585 \times 3 \times 5 \times 1.2 \times \sqrt{2 \times 9.8 \times 6} \approx 114.19\text{m}^3/\text{s}$$

【案例 4-7】 在案例 4-5 中，若下游水深升高为 4m，其他条件不变，求闸孔出流的流量。

【分析与计算】

（1）判别闸后水跃形式。

因下游水深 $h_t = 4\text{m} > e = 1.2\text{m}$，故可能为淹没出流。

根据 $\frac{e}{H} = 0.24$ 查表 4-11，用内插值法得 $\varepsilon' = 0.6216$，查表 4-13，取流速系数 $\varphi = 0.97$，则

$$h_c = \varepsilon' e = 0.6216 \times 1.2 \approx 0.746\text{m}$$

$$v_c = \varphi\sqrt{2g(H_0 - h_c)} = 0.97 \times \sqrt{2 \times 9.8 \times (5 - 0.746)} \approx 8.86\text{m/s}$$

$$h_c'' = \frac{h_c}{2}\left(\sqrt{1 + 8\frac{v_c^2}{gh_c}} - 1\right) = \frac{0.746}{2} \times \left(\sqrt{1 + 8 \times \frac{8.86^2}{9.8 \times 0.746}} - 1\right) \approx 3.10\text{m} < h_t$$

下游水深大于临界式水跃的跃后水深，为淹没式水跃，故闸孔出流为淹没出流。

（2）查淹没系数 σ_s。

根据 $\frac{\Delta z}{H} = \frac{5-4}{5} = 0.2$，$\frac{e}{H} = 0.24$，查图 4-25 得 $\sigma_s = 0.56$。

（3）求闸孔出流的流量。

$$Q = \sigma_s \mu be\sqrt{2gH_0} = 0.56 \times 0.556 \times 3 \times 3 \times 1.2 \times \sqrt{2 \times 9.8 \times 5} \approx 33.3\text{m}^3/\text{s}$$

技能训练

一、选择题

1. 闸门相对开度 e/H 中，H 称为（　　）。

A. 闸门的开度　　B. 闸门的宽度　　C. 闸前总水头　　D. 闸前水头

2. 闸孔自由出流的流量计算公式为（　　）。

A. $Q=\mu n e\sqrt{2gH_0}$　　　　　　　　B. $Q=\sigma_s \mu be\sqrt{2gH_0}$

C. $Q=\mu n b e\sqrt{2gH_0}$　　　　　　　D. $Q=\mu n b\sqrt{2gH_0}$

3. 某一闸孔出流，闸底坎高程为 70m，闸前河底高程为 65m，闸前水位高程为 80m，则闸前水头 H 为（　　）m。

A. 18　　　　　B. 5　　　　　C. 10　　　　　D. 21

4. 闸孔为淹没出流时，淹没系数（　　）。

A. $\sigma_s>1$　　　B. $\sigma_s=1$　　　C. $\sigma_s<1$　　　D. $\sigma_s\geq 1$

5. 在闸孔出流的流量计算公式 $Q=\sigma_s \mu n b e\sqrt{2gH_0}$ 中，μ 称为（　　）。

A. 闸前总水头

B. 闸孔出流的流量系数

C. 闸门的开度

D. 闸孔出流的侧收缩系数

二、计算题

1. 某宽顶堰式水闸共有 6 个闸孔，每个闸孔的宽度 $b=6$m，具有尖圆形闸墩墩头和圆弧形边墩，其尺寸如图 4-27 所示，其中 $\cot\theta=2$。已知上游河宽为 48m，求通过水闸的流量。

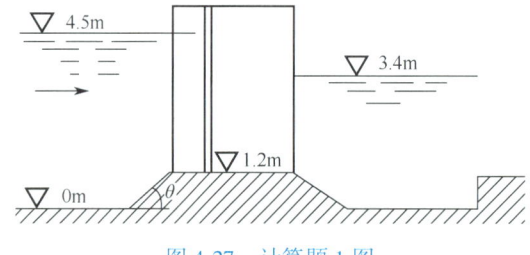

图 4-27　计算题 1 图

2. 从河道引水灌溉的某干渠引水闸，具有半圆形闸墩墩头和八字形翼墙。为了防止河中泥沙进入渠道，水闸进口（宽顶堰）设直角形闸底坎，坎顶高程为 31m，并且高于河床 1.8m。已知水闸设计流量 $Q=61.8$ m³/s，相应的上游河道水位和下游渠道水位分别为 34.25m 和 33.75m。忽略上游行近流速水头的影响，并限制水闸每个闸孔的宽度不大于 4m。求水闸宽度和闸孔数。

3. 一泄水闸采用 WES 型实用堰，堰顶设有弧形闸门，如图 4-28 所示。已知单孔宽度 $b=8$m，泄水闸共有 3 个闸孔，堰顶水头 $H=6$m，闸门开度 $e=1.5$m，不计行近流速水头的影响，泄水闸下游为自由出流。求泄水闸的泄流量 Q。

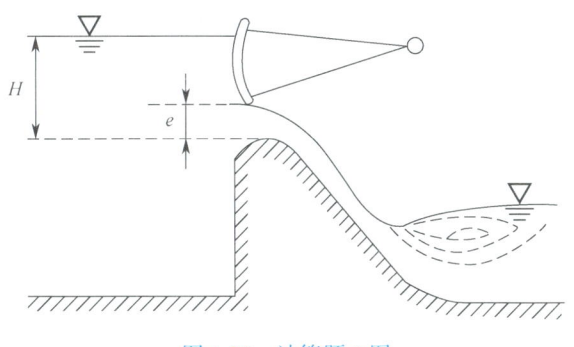

图 4-28　计算题 3 图

任务 3　消能防冲的水力计算

4.3.1　任务导入

三峡大坝泄洪

2020 年，长江流域中上游自 6 月开始遭逢暴雨侵袭，多地发生洪灾。2020 年 8 月 17 日，"长江 2020 年第 5 号洪水"在长江上游形成，长江上游发生自 1981 年以来的最大洪水，2020 年 8 月 20 日 8 时，"长江 2020 年第 5 号洪水"洪峰抵达三峡水利枢纽，入库流量高达 75000m³/s，这是三峡水利枢纽自建库以来遭遇的最大入库洪峰。

当时按照最新防汛调度指令，三峡大坝（见图 4-29）已开启 11 个泄洪孔洞，出库流量按 49200m³/s 下泄，削峰率达 34.4%。本次泄洪过程刷新了三峡水利枢纽建库以来的两项纪录：最大洪峰、最大下泄流量。

图 4-29　三峡大坝

近距离目睹过三峡大坝开闸泄洪的人大概都难以忘记那气势磅礴、惊心动魄的一幕：十几个巨大的水柱以排江倒海之势从泄洪深孔喷涌而出，冲向江面，激起滔天浊浪，水花翻飞，雾气弥漫，轰鸣声不绝于耳，很是壮观。而这壮观景色背后的真实目的是消除高速水流的动能。这一刻，人类智慧与自然奇迹完美融合，让人不禁为之澎湃、感慨万千。

三峡大坝的泄洪段在河床的中部，长483m的前缘设有22个溢流表孔和23个泄洪深孔，溢流表孔孔口宽度为8m，泄流深孔孔口宽度为9m，两种孔型的消能方式都是鼻坎挑流。三峡大坝主要采用的消能方式是挑流衔接与消能。这种方式通过将水流从上向下倾泻入水体，利用水流在空中与空气摩擦，以及入水后形成的漩涡、冲击、掺混和扩散等作用来消耗能量。挑流消能适用于具有坚硬岩石基础结构的高坝或中坝，三峡大坝下游的基岩是花岗岩，其强度高，能够抵抗泄洪时巨大水流的冲击。

三峡大坝是一项集防洪保安、清洁能源生产、航运通畅及水资源高效利用等多重功能于一身的超级工程，极大地缓解了长江流域的洪涝灾害威胁，为国家经济社会发展提供了强大的能源支撑，并为交通提供了便利。它的建成标志着中国水利工程技术达到了前所未有的高度，在全球水利工程史上树立了新的里程碑，成为人类与自然和谐共生的典范，更体现了中国共产党和中国政府改造自然、服务人民的雄心和伟力！

任务："水滴石穿"这个词揭示了水的破坏力。如果水利工程不对水流进行消能和控制，后果必将是灾难性的。所以，需在泄水建筑物下游设置消能工程，以消除下泄水流能量，保证建筑物的安全。在工程中如何根据建筑物的特点进行消能防冲设计呢？

4.3.2 消能防冲的特点分析

一、常见的消能形式

常用的消能方式有底流式衔接与消能、挑流式衔接与消能和面流式衔接与消能三大类。其基本措施都是加剧水流内部质点之间、水质点与空气或固体壁面之间的摩擦和碰撞，但各种消能方式在消能措施上各有侧重。

（一）底流式衔接与消能

水流自闸、坝下泄时，势能逐渐转化为动能，流速增大，水深减小，到达过水断面 c—c 时，水深最小，称该过水断面为收缩断面，其水深以 h_c 表示，h_c 一般小于临界水深，收缩断面处的水流属于急流，而下游河渠中的水深 h_t 常大于临界水深，下游河渠中的水流属于缓流。由急流向缓流过渡，必然会发生水跃，如图4-30（a）所示。底流式衔接与消能就是在泄水建筑物下游修建消力池［见图4-30（b）、图4-30（c）］，控制水跃在消力池内发生，利用水跃消能（可消耗大部分下泄水流能量），同时可以减小急流范围，使水流安全地与下游缓流衔接。在这种衔接与消能过程中，因为水流主流靠近河床底部，所以称这种衔接与消能为底流式衔接与消能。底流式衔接与消能多用于中、低水头及下游地质条件较差的泄水建筑物下游。

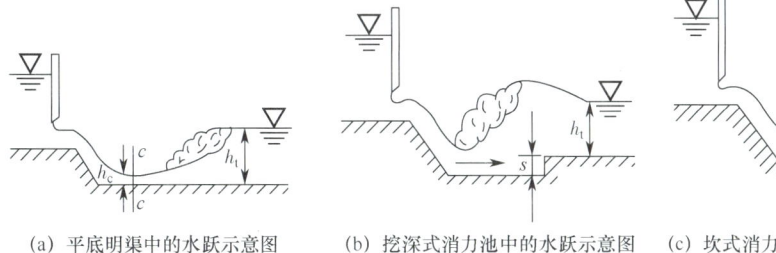

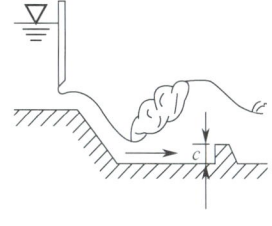

(a) 平底明渠中的水跃示意图　　(b) 挖深式消力池中的水跃示意图　　(c) 坎式消力池中的水跃示意图

图 4-30　底流式衔接与消能示意图

(二) 挑流式衔接与消能

这种消能方式是指在泄水建筑物的末端利用下泄水流本身的动能，因势利导，采用挑坎（又称挑流鼻坎）将水流抛射入空中，使水流扩散并与空气摩擦，消耗部分动能，当水流落入水中时，又与下游水流和河床摩擦碰撞，从而进一步消耗能量。这种消能方式将高速水流抛射至远离泄水建筑物的下游，使下落水流对河床的冲刷不危及泄水建筑物的安全，如图 4-31 所示。因为水流被挑向下游与下游水流进行衔接，所以称这种衔接与消能为挑流式衔接与消能。挑流式衔接与消能多用于高水头且下游河床地质条件好的泄水建筑物下游。

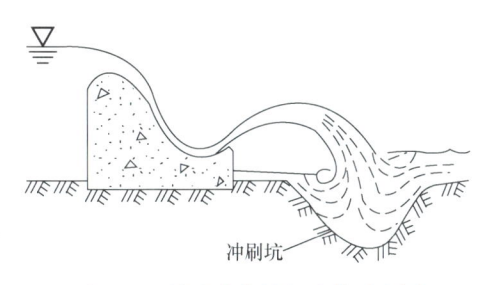

图 4-31　挑流式衔接与消能示意图

(三) 面流式衔接与消能

当下游水深较大且较稳定时，常在泄水建筑物的末端设置一个比下游水位低的水平的或仰角较小的导流坎，如图 4-32 所示。下泄的水流被送到下游水域的表层，底部形成巨大的漩涡，然后主流在垂直方向逐渐扩散，并与下游水流衔接。其消能是在底部旋滚和主流扩散的过程中实现的，由于在消能段中，高流速的主流位于表面部分，故称这种衔接与消能为面流式衔接与消能。

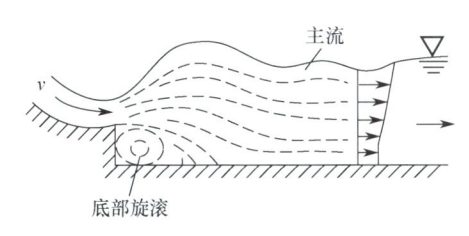

图 4-32　面流式衔接与消能示意图

实际工程中采用的衔接与消能方式除上述三种基本方式外，还有戽流式消能、孔板式消能、竖井涡流消能、对冲式消能、宽尾墩消能等方式，这些消能方式一般是基本消能方式的结合或在工程具体条件下的发展应用。图 4-33 所示为一种底流式衔接与消能和面流式衔接与消能相结合的方式，称为戽流式消能。消能方式的选择是比较复杂的问题，需要根据每个工程的泄流条件、工程运用要求，以及下游河道的地形、地质条件进行综合分析研究，因地制宜地加以选择。

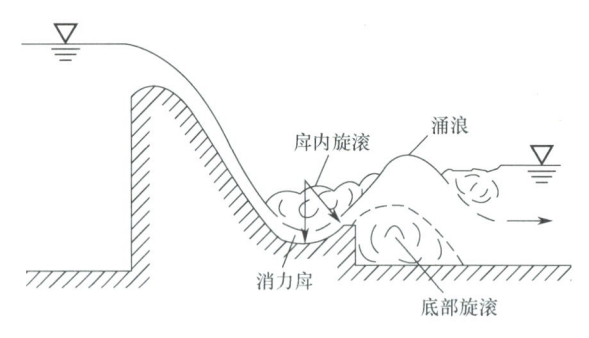

图 4-33 戽流式消能示意图

重要的水利工程往往需要进行水工模型试验，以确定消能方式。本任务只介绍常用的底流式衔接与消能、挑流式衔接与消能的水力计算方法。

练一练（判断题）

1. 底流式衔接与消能是利用水跃进行消能的。　　　　　　　　　　　　（　　）
2. 泄水建筑物下游常见的消能方式有底流式衔接与消能、面流式衔接与消能和挑流式衔接与消能。　　　　　　　　　　　　　　　　　　　　　　　　（　　）
3. 面流式衔接与消能是利用水跃进行消能的。　　　　　　　　　　　　（　　）
4. 挑流式衔接与消能常用于上下游水位落差较大的山区性河流。　　　　（　　）

二、底流式衔接与消能的形式

从泄水建筑物下泄的水流一般具有较大的流速，多属于急流，而下游河道中的水流，流速较小，多属于缓流。水流从急流过渡到缓流必然会发生水跃。

图 4-34 所示为溢流坝坝趾下游水跃段及跃后段（合称水跃消能段）各过水断面铅垂线上的流速分布图。

在跃前断面 1—1 上，水流的流速最大，流速分布比较均匀，是渐变流过水断面。在水跃区内，过水断面 a—a 上的流速分布呈 S 形，表面旋滚的上半部分流速指向上游，下半部分流速指向下游，接近底部的水流流速最大，但断面平均流速比跃前断面 1—1 小。跃后断面 2—2 的流速进一步减小，但底部水流的流速仍比表面水流的流速大。跃后断面 2—2 下游的流速分布情况沿程改变（如过水断面 b—b），直到水跃下游距离较远的过水断面 3—3，其流速分布才与下游原河道的水流流速分布一致。由总水头线的变化可知，从跃前断面 1—1 至过水断面 a—a，总水头线急剧降落，从过水断面 a—a 至跃后断面 2—2，降落也很显著，说明水跃区中能量消耗较大。过水断面 2—2 至过水断面 3—3 的跃后段，总水头线缓缓降低，斜率较小，说明在此段的能量消耗较小。

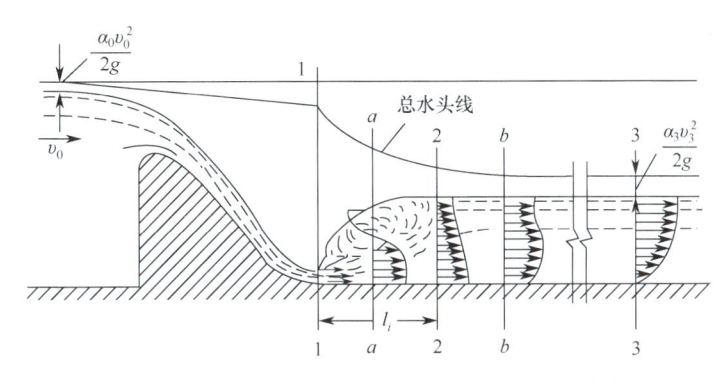

图 4-34　水跃消能段各过水断面铅垂线上的流速分布图

由于水跃的最大流速靠近底部，所以将利用水跃进行消能的方式称为底流式消能。当工程中采用底流式消能时，必须先知道水跃发生的位置，因为如果水跃发生在距离坝趾较远处，则下游河床的加固段较长，工程量大，不经济。因此，要求水跃尽可能在靠近坝趾处发生。这样就必须讨论水跃可能发生的位置。

从收缩断面的急流通过水跃过渡到下游缓流，其水跃发生的位置可以有图 4-35 所示的三种形式。在图 4-35（a）中，水跃发生在收缩断面处，称这种形式的水跃为临界水跃；在图 4-35（b）中，水跃发生在收缩断面的下游，远离收缩断面，称这种形式的水跃为远离式水跃；在图 4-35（c）中，收缩断面被淹没，称这种形式的水跃为淹没式水跃。

会发生何种形式的水跃取决于泄水建筑物下游收缩断面水深 h_c 所对应的跃后水深 h_c'' 与下游水深 h_t 的大小。判断方法是：先以收缩断面水深为跃前水深（$h_c = h'$），将 h_c 代入水跃方程求得跃后水深 h_c''，然后将求得的 h_c'' 与下游水深 h_t 比较，可出现 $h_t = h_c''$、$h_t < h_c''$、$h_t > h_c''$ 三种情况，由此可判断发生何种水跃。

（一）$h_t = h_c''$

$h_t = h_c''$ 表明此时下游水深 h_t 正好等于收缩断面水深 h_c 所对应的跃后水深 h_c''，水跃恰好在收缩断面处发生，即临界式水跃，这种水流衔接称为临界式水跃衔接，如图 4-35（a）所示。

（二）$h_t < h_c''$

当 $h_t < h_c''$ 时，下游水深 h_t 小于与收缩断面水深 h_c 所对应的跃后水深 h_c''。下游水深 h_t 即为实际跃后水深，由水跃函数曲线可知，较小的跃后水深需要较大的跃前水深与之对应，因而 h_t 应大于 h_c，所以应在收缩断面后、水深增大到正好等于 h_t 的共轭水深

h' 时开始发生水跃，如图 4-35（b）所示。这种水跃称为远离式水跃，这种衔接称为远离式水跃衔接。

(a) $h_t = h_c''$

(b) $h_t < h_c''$

(c) $h_t > h_c''$

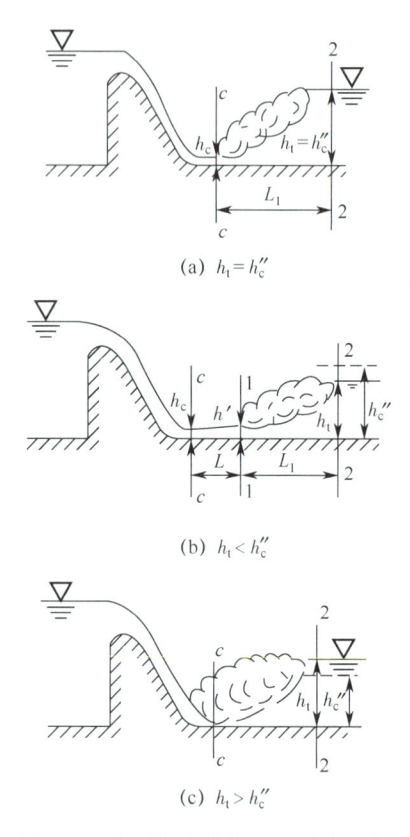

图 4-35　水跃发生的位置和形式示意图

（三）$h_t > h_c''$

这种情况与第二种情况正好相反，即收缩断面水深所对应的跃后水深比下游水深小，水跃被水深较大的下游水流向前推移，收缩断面被淹没，因而称这种水跃为淹没式水跃，这种衔接为淹没式水跃衔接，如图 4-35（c）所示。

水跃的淹没程度常用 $\sigma = \dfrac{h_t}{h_c''}$ 来表示，称 σ 为水跃的淹没系数。显然，对于临界式水跃，$\sigma = 1$；对于远离式水跃，$\sigma < 1$；对于淹没式水跃，$\sigma > 1$。在进行泄水建筑物下游的消能设计时，一般要求 $\sigma = 1.05 \sim 1.1$。

以上三种形式的水跃都能起到衔接和消能的作用。理论和试验研究表明，临界式水跃无论是发生位置还是消能效果，对工程都是有利的，但临界式水跃不稳定，当流量稍有增大或下游水深稍有变动时，很容易转变为远离式水跃或淹没式水跃。远离式水跃的消能效果较差，而且从收缩断面到跃前断面为急流，流速较大，对河床的冲刷能力很强，如果采用这种方式进行消能，则必须对该段河床进行加固，工程量大，很不经济，所以工程中不采用远离式水跃衔接。对于淹没式水跃，当淹没系数 $\sigma>1.2$，即淹没程度较大时，消能效率降低，也不经济。但当淹没系数 $\sigma=1.05\sim1.1$ 时，淹没式水跃的消能效果接近临界式水跃，而且不易变为远离式水跃。

所以，选取淹没系数 $\sigma=1.05\sim1.1$ 的稍有淹没程度的淹没式水跃衔接形式最好。当泄水建筑物下游水流的自然衔接形式经判断为远离式水跃或临界式水跃衔接时，则需要设置底流式消能工（消能工程），此时要进行相应的消能水力计算，避免出现这两种水跃衔接形式。设置底流式消能工的目的就是迫使泄水建筑物下游发生淹没系数 $\sigma=1.05\sim1.1$ 的稍有淹没程度的淹没式水跃，使水流的衔接形式为稍有淹没程度的淹没式水跃衔接。

练一练（判断题）

1. 底流式衔接与消能要求水跃尽可能在靠近坝趾处发生。（　）
2. 根据发生的位置不同，水跃可分为临界式水跃、远离式水跃和淹没式水跃三种。（　）
3. 临界式水跃无论是发生位置还是消能效果，对工程都是有利的，所以工程上通常采用此消能方法。（　）
4. 工程上选取淹没系数 $\sigma=1.05\sim1.1$ 的、稍有淹没程度的淹没式水跃衔接形式最好。（　）

4.3.3　消能防冲的计算方法

一、收缩断面水深的计算

收缩断面可视为渐变流过水断面，水流为急流。以图 4-36 所示的溢流坝为例，建立计算收缩断面水深的基本方程。以收缩断面底部的水平面为基准面，对过水断面 0—0 和过水断面 c—c 列能量方程，可得

$$E_0 = h_c + \frac{\alpha_c v_c^2}{2g} + h_w \tag{4-29}$$

式中　h_c、v_c——收缩断面的水深与流速；

h_w——过水断面 0—0 至过水断面 c—c 的水头损失；

E_0——坝前总水头。

由图 4-36 可以看出：

$$E_0 = P_1 + H_0 = P_1 + H + \frac{\alpha_0 v_0^2}{2g}$$

令 $h_w = \zeta v_c^2/(2g)$，流速系数 $\varphi = 1/\sqrt{\alpha_c + \zeta}$，则式（4-29）可写为

$$E_0 = h_c + \frac{v_c^2}{2g\varphi^2} = h_c + \frac{Q^2}{2g\varphi^2 A_c^2} \tag{4-30}$$

式中 Q——下泄流量；

A_c——收缩断面的面积。

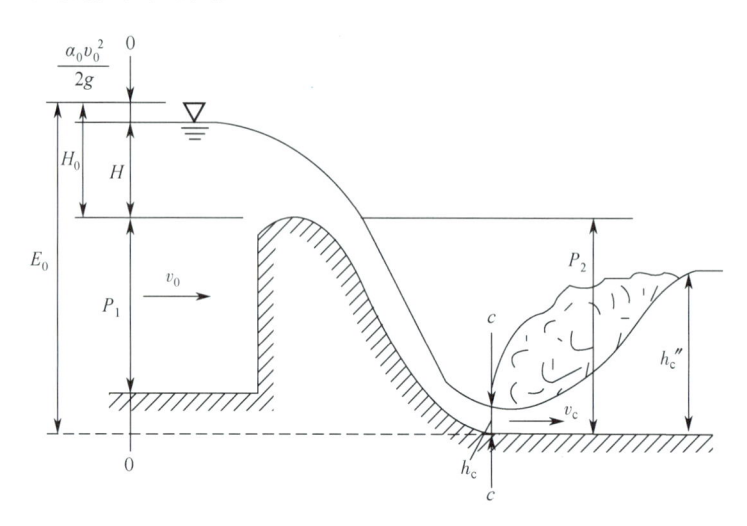

图 4-36 溢流坝水流示意图

式（4-30）为计算 h_c 的一般公式，可以看出，求 h_c 要解高次方程，需要用试算法求解。

对于矩形收缩断面：$A_c = bh_c$，取单宽流量 $q = \dfrac{Q}{b}$，则

$$E_0 = h_c + \frac{q^2}{2g\varphi^2 h_c^2} \tag{4-31}$$

整理可得

$$h_c = \frac{\dfrac{q}{\varphi\sqrt{2g}}}{\sqrt{E_0 - h_c}} \tag{4-32}$$

式（4-32）虽是针对溢流坝导出的公式，但对闸孔出流也完全适用。

φ 为泄水建筑物的流速系数，φ 值的大小主要取决于泄水建筑物的型式和尺寸，可按表 4-14 选用，也可采用经验公式计算：对于高坝，可采用式（4-33）计算；对于坝前水流无明显掺气且 $P_1/H < 30$ 的曲线型实用堰，可采用式（4-34）计算。

$$\varphi = \left(\frac{q^{2/3}}{s}\right)^{0.2} \tag{4-33}$$

$$\varphi = 1 - 0.0155 \frac{P_1}{H} \tag{4-34}$$

式（4-32）是 h_c 的三次方程，不便直接求解，一般采用逐次渐近法求解 h_c。

采用逐次渐近法求解 h_c 的步骤如下。

（1）将 $h_c = 0$ 代入式（4-32）的等号右侧计算得 h_{c1}。

表 4-14　泄水建筑物的流速系数 φ

泄水建筑物的泄流方式	图　形	φ
表面光滑的曲线型实用堰平板闸门闸孔自由出流		0.85~0.95
表面光滑的曲线型实用堰自由出流： 1. 溢流面长度较短 2. 溢流面长度中等 3. 溢流面长度较长		1.0 0.95 0.90
平板闸门闸孔自由出流		0.97~1.00
折线型实用堰自由出流		0.80~0.90
宽顶堰自由出流		0.85~0.95
无闸门跌水		1.00
末端设有闸门的跌水		0.97~1.00

（2）将 h_{c1} 代入式（4-32）的等号右侧计算得 h_{c2}，比较 h_{c1} 和 h_{c2}，若二者相等，则 h_{c2} 即为所求 h_c；否则，将 h_{c2} 代入式（4-32）的等号右侧计算得 h_{c3}，比较 h_{c2} 和 h_{c3}，若二者仍不相等，则继续上述过程，就这样逐次渐近，直至二者近似相等为止。求出收缩断面水深 h_c 之后，可由水跃方程求出 h_c''。

求出收缩断面的水深 h_c 及其共轭水深 h_c'' 之后，将 h_c'' 与下游水深 h_t 进行比较，即可判别泄水建筑物下游水流的衔接形式。

二、底流式衔接与消能的水力计算

如果判定泄水建筑物下游发生临界式水跃或远离式水跃，则需要增大下游水深，以迫使淹没式水跃能发生，但没有必要增大整个河道的水深，只需在靠近泄水建筑物下游的较短距离内建消力池（水池），使池内水深增大到能够产生 $\sigma = 1.05 \sim 1.1$ 的淹没式水跃即可，底流式衔接与消能就是利用上述建消力池的方法，使池内恰好产生淹没式水跃，以达到消能目的的。消力池的水力计算就是求消力池的池深和池长。由于池内水流湍急，因此池底需进行强化加固，这种加固结构称为护坦。

微课视频

（一）消能工的形式

1. 实际工程中常见的消力池

（1）挖深式消力池：主要适用于河床易开挖且造价比较经济的情况，在泄水建筑物下游原河床下挖（降低护坦高程），形成所需消力池，使内产生所需水跃，如图 4-37（a）所示。

（2）坎式消力池：又称消力坎，当河床不易开挖或开挖太深、造价不经济时，可在原河床上修建一道坎（墙），使坎前形成消力池，壅高池内水深，使池内产生所需水跃，如图 4-37（b）所示。

（3）综合式消力池：若单纯开挖，开挖量太大，单纯建坎，坎又太高、不经济且坎后易形成远离式水跃，冲刷河床，则可二者兼用。这种既降低护坦高程，又修建消力坎的消力池称为综合式消力池，如图 4-37（c）所示。

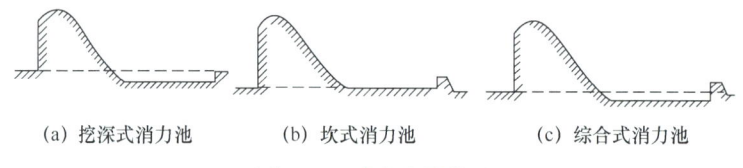

(a) 挖深式消力池　　(b) 坎式消力池　　(c) 综合式消力池

图 4-37　消力池的类型

上述各种消能设施统称为消能工。消能工水力计算的主要内容是计算消力池的池深、池长或坎的高度。

2. 底流式衔接与消能的辅助消能工

为提高消能效果，可在消力池中设置辅助消能工，如趾墩、消力墩、尾坎等，如图 4-38 所示。

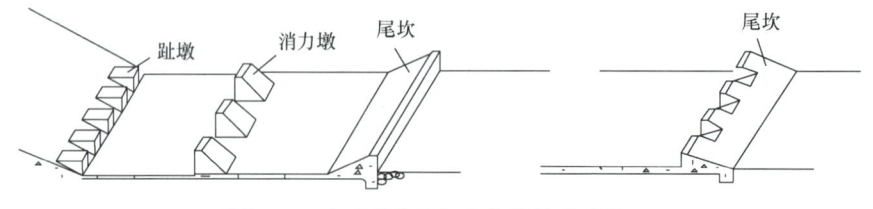

图 4-38　底流式衔接与消能的辅助消能工

（1）趾墩。

趾墩又称分流墩，常布置在消力池入口处。它的作用是发散入池水股，加剧消力池中水流的紊动掺混，提高消能效率。单独加设的趾墩可以增大收缩断面水深 h_c，使共轭水深 h_c'' 减小，因此可以减小消力池所需的池深 S。

（2）消力墩。

消力墩常布置在消力池内的护坦上，除分散水流、形成更多漩涡，以提高消能效果外，还有迎拒水流、对水流产生反冲击力的作用。分析动量方程可知，消力墩对水流的反冲击力将降低水跃的共轭水深，从而减小消力池所需的池深 S。

（3）尾坎。

尾坎的作用是将池末流速较大的底部水流挑起，改变下游水流的流速分布，使表面水流流速较大、底部水流流速较小，从而降低出池水流对池后河床或海漫的冲刷能力。

辅助消能工的水力计算可查阅有关水力计算手册。

（4）护坦下游的河床加固。

由于消力池的出流紊动仍很剧烈，底部水流的流速较大，故对河床仍有较强的冲刷能力。所以，在消力池后，除河床岩质较好，足以抵抗冲刷外，一般都要设置较为简易的河床保护段，这个保护段称为海漫。海漫不依靠旋滚来消能，而通过加糙、加固过流边界，促使流速加速衰减，并改变流速分布，使海漫末端的流速沿水深的分布接近天然河床，以降低水流的冲刷能力，保护河床。因此，海漫通常用粗石料或表面凹凸不平的混凝土砌块铺砌而成，如图 4-39 所示。海漫的长度一般采用经验公式估算。

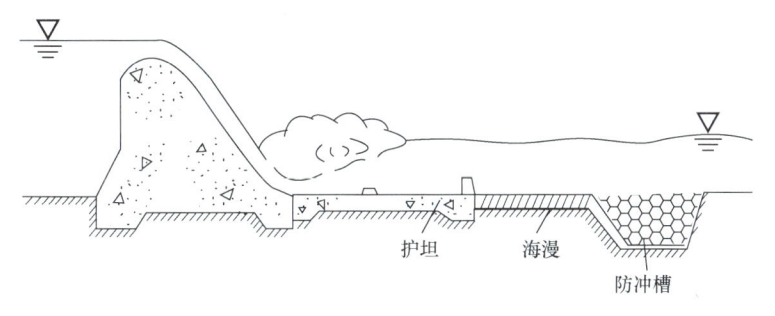

图 4-39　海漫示意图

（二）挖深式消力池的水力计算

1. 池深 S 的计算

将下游河床下挖一深度 S 后，形成挖深式消力池，池内水流现象如图 4-40 所示。出池水流由于垂向收缩，过水断面减小，动能增加，形成水面跌落 Δz，出池水流可视为宽顶堰流，由图 4-40 可得池末水深 h_T 为

$$h_T = S + h_t + \Delta z \tag{4-35}$$

为保证池内发生稍有淹没程度的淹没式水跃，要求池末水深 $h_T > h_c''$，即要求

$$h_T = \sigma h_c'' = S + h_t + \Delta z$$

式中 σ——淹没系数，通常取 $1.05 \sim 1.1$。

由上述条件可得池深 S 的计算公式为

$$S = \sigma h_c'' - (h_t + \Delta z) \tag{4-36}$$

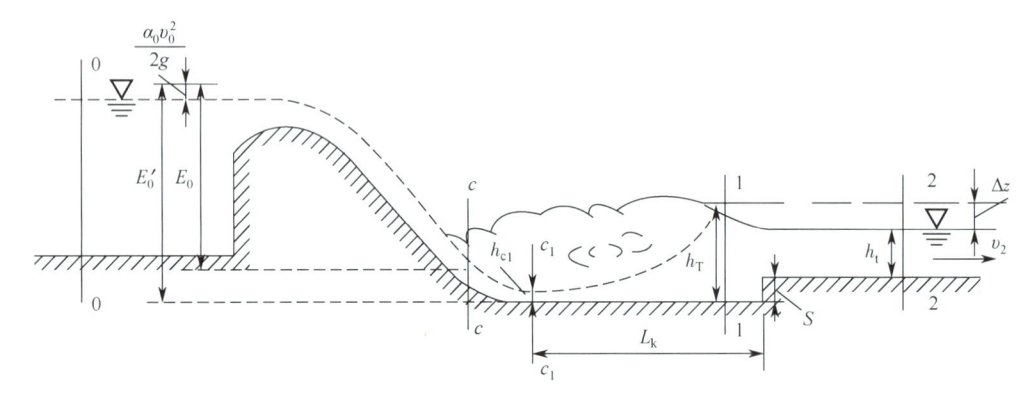

图 4-40 挖深式消力池池内水流现象

水面跌落 Δz 的计算公式可通过对消力池出口过水断面 1—1 及下游过水断面 2—2 列能量方程（以通过过水断面 2—2 底部的水平面为基准面）获得：

$$\Delta z + \frac{v_1^2}{2g} = \frac{v_2^2}{2g} + \zeta \frac{v_2^2}{2g}$$

将 $v_1 = \dfrac{q}{h_T}$，$v_2 = \dfrac{q}{h_t}$，$\varphi' = \dfrac{1}{\sqrt{1+\zeta}}$ 代入上式得

$$\Delta z = \frac{q^2}{2g}\left[\frac{1}{(\varphi' h_t)^2} - \frac{1}{(\sigma h_c'')^2}\right] \tag{4-37}$$

式中 φ'——消力池出口的流速系数，一般取 0.95。

应当注意的是，应用式（4-36）和式（4-37）求解池深 S 时，式中的 h_c'' 应是护坦高程降低以后的收缩断面水深 h_c 对应的跃后水深。而护坦高程降低 S 值后，E_0 增至 $E_0'' = E_0 + S$，收缩断面位置下移，据式（4-32）可知，h_c 值必然发生改变，与其对应的 h_c'' 值也随之改变。显然，S 与 h_c'' 之间是复杂的隐函数关系，所以求解 S 一般采用试算法。

求解 S 的试算步骤如下。

（1）估算池深 S。初估时可用略去 Δz 的近似式：

$$S = \sigma h_c'' - h_t \tag{4-38}$$

式中 σ——水跃的淹没系数，通常取 1.05；

h_c''——近似用建池前的 h_c'' 代替建池后的 h_c''，仅供估算使用。

（2）计算建池后的 h_c 和 h_c''。

$$h_c = \frac{\dfrac{q}{\varphi\sqrt{2g}}}{\sqrt{E'_0 - h_c}} \tag{4-39}$$

$$h''_c = \frac{h_c}{2}\left(\sqrt{1 + \frac{8q^2}{gh_c^3}} - 1\right)$$

(3) 计算 Δz（采用建池后的 h''_c）。

$$\Delta z = \frac{q^2}{2g}\left[\frac{1}{(\varphi' h_t)^2} - \frac{1}{(\sigma h''_c)^2}\right]$$

(4) 计算 σ（采用建池后的 h''_c）。

$$\sigma = \frac{S + h_t + \Delta z}{h''_c} \tag{4-40}$$

若 σ 在 1.05~1.1 的范围内，则消力池的池深 S 满足要求，否则调整 S，重复（2）~（4）步，直到满足要求为止。

2. 消力池池长 L_k 的计算（适用于挖深式消力池、坎式消力池）

消力池除需具有足够的深度外，还需有足够的长度，以保证水跃不冲出池外，不对下游河床产生不利影响。试验表明，池内淹没式水跃因受尾坎产生的反向力作用，由池内收缩断面算起的水跃长度 L'_j 比平底渠道中产生的自由水跃长度 L_j 短 20%~30%，即

$$L'_j = (0.7 \sim 0.8)L_j$$

当泄水建筑物为曲线型实用堰时，消力池的池长 L_k 等于池内水跃长度 L'_j，即

$$L_k = L'_j = (0.7 \sim 0.8)L_j \tag{4-41}$$

当泄水建筑物为跌坎或宽顶堰时，消力池长度还应考虑跌坎或宽顶堰到收缩断面间的距离，具体计算可以查阅有关水力计算手册或其他书籍。

3. 消力池的设计流量 Q_S、Q_L

上述消力池池深、池长的计算是在某一固定流量情况下进行的，而建好后的消力池要通过一定范围内的流量，那么用哪一个流量来计算池深和池长才能使全部流量能在消力池内发生稍有淹没的淹没式水跃呢？显然，应该考虑最不利的情况，即要选取具有最大池深和最大池长的流量作为消力池的设计流量（Q_S 为池深设计流量，Q_L 为池长设计流量）。

由简化公式 $S = \sigma h''_c - h_t$ 可知，$\sigma h''_c - h_t$ 的值最大时池深 S 最大，因此 $\sigma h''_c - h_t$ 的值最大时所对应的流量就是池深设计流量，所以只要在包含 Q_{max}、Q_{min} 在内的流量变化范围内选取几个 Q 值，算出相应的 h''_c、h_t，绘出 Q 与 $\sigma h''_c - h_t$ 的关系曲线，从曲线上选取最大 $\sigma h''_c - h_t$ 值对应的流量，即为消力池的池深设计流量 Q_S。实践证明，池深设计流量一般比 Q_{max} 小。

需注意，池长设计流量不等于池深设计流量，即 $Q_S \neq Q_L$，一般情况下，水跃长度

随流量的增大而增大，因此池长设计流量 Q_L 就是泄水建筑物所通过的最大流量 Q_{max}。

综上所述，底流式衔接与消能水力计算的步骤如下。

（1）利用式（4-32）计算建池前 h_c。

（2）计算建池前 h_c''，判断水跃衔接形式。

（3）经判别为临界式水跃或远离式水跃时拟建消力池。

① 应用式（4-36）~式（4-39）求池深 S。

② 应用式（4-41）求池长 L_k。

三、挑流式衔接与消能的水力计算

在中高水头的泄水建筑物中，因下泄水流的流速和单宽流量往往较大，常采用挑流式衔接与消能形式。挑流式衔接与消能的辅助消能工的作用是使水流通过挑坎时被挑入空中，使之跌落在远离泄水建筑物的下游河床。

挑流式衔接与消能的消能原理：一是空中消能，即利用被挑坎挑射出的水股在空中的扩散掺气消耗一部分动能；二是水下消能，即利用扩散了的水舌落入下游河床时，与下游河道水体发生碰撞，并在水舌入水点附近形成的两个大旋滚消耗剩余的大部分动能。若潜入河底的水舌的冲刷能力仍大于河床的抗冲刷能力，则将对河床造成冲刷，形成冲刷坑。随着坑深的增加，坑内水垫厚度增加，潜入河底的水舌的冲刷能力逐渐减弱，冲刷坑趋于稳定。

挑流式衔接与消能水力计算的主要任务如下。

（1）计算挑距。

（2）估算冲刷坑深度 T。

（3）选择挑坎形式，确定挑坎高程、反弧半径 r_0、挑射角 θ。

（一）挑距的计算

挑距是指挑坎末端与冲刷坑最深点间的水平距离。

计算挑距的目的是确定冲刷坑最深点的位置。挑距由空中挑距 L_0 和水下挑距 L_1 组成，即

$$L = L_0 + L_1 \tag{4-42}$$

1. 空中挑距 L_0

空中挑距 L_0 是指挑坎末端至水舌轴线与下游水面交点的水平距离。

平滑的连续式挑坎如图 4-41 所示。假定挑坎出口断面 1—1 上流速分布均匀且为 v_1，忽略空气阻力和水舌扩散的影响，把抛射水流的运动视为自由抛射体的运动，应用质点自由抛射运动原理可导出空中挑距。

$$L_0 = \varphi^2 S_1 \sin 2\theta \left(1 + \sqrt{1 + \frac{a - h_t}{\varphi^2 S_1 \sin^2 \theta}}\right) \tag{4-43}$$

式中　S_1——上游水面与挑坎顶部的高程差；

a——挑坎高度，即下游河床与挑坎顶部的高程差；

θ——挑射角；

h_t——冲刷坑下游水深；

φ——坝面流速系数，可按经验公式计算。

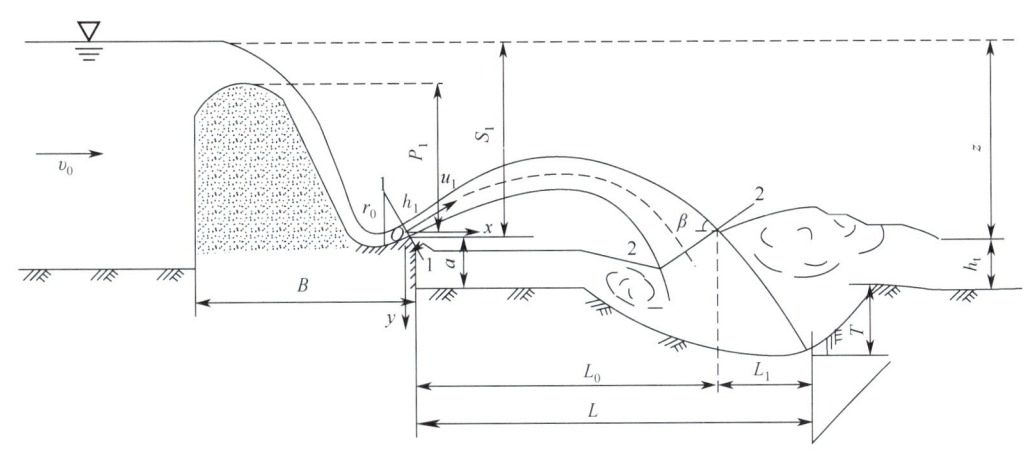

图 4-41　平滑的连续式挑坎

根据长江水利委员会整理的一些原型观测资料及模型观测资料，φ 的经验公式为

$$\varphi = \sqrt[3]{1 - \frac{0.055}{K^{0.5}}} \qquad (4-44)$$

式中　K——流能比，$K = \dfrac{q}{\sqrt{g} S_1^{1.5}}$。

式（4-44）的适用条件为 $K = 0.004 \sim 0.15$，当 $K > 0.15$ 时，取 $\varphi = 0.95$。

2. 水下挑距 L_1

水舌自过水断面 2—2 进入下游水体后，属于射流的潜没扩散运动，与质点自由抛射运动有一定区别，可近似认为是直线运动，因此

$$L_1 = \frac{T + h_t}{\tan\beta} \qquad (4-45)$$

式中　T——冲刷坑深度；

h_t——冲刷坑下游水深；

β——水舌的入水角，可按下式近似计算。

$$\tan\beta = \sqrt{\tan^2\theta + \frac{a - h_t + \dfrac{h_1}{2}\cos\theta}{\varphi^2(S_1 - h_1\cos\theta)\cos^2\theta}} \qquad (4-46)$$

式中　h_1——过水断面 1—1 的水深。

对于高坎，由于 $S_1 \gg h_1$，因此 h_1 可忽略（$h_1 = 0$）。将式（4-43）、式（4-45）代

入式 (4-42) 得

$$L = L_0 + L_1 = \varphi^2 S_1 \sin 2\theta \left(1 + \sqrt{1 + \frac{a - h_t}{\varphi^2 S_1 \sin^2\theta}}\right) + \frac{T + h_t}{\sqrt{\tan^2\theta + \frac{a - h_t}{\varphi^2 S_1 \cos^2\theta}}} \quad (4\text{-}47)$$

(二) 冲刷坑深度的估算

冲刷坑深度取决于水舌跌入下游水面后的冲刷能力及河床的抗冲刷能力。

水舌的冲刷能力主要与单宽流量、上下游水位差、下游水深、坝面形式、水流在空中的能量损失、掺气程度及入水角等因素有关，而河床的抗冲刷能力则与河床的地质条件有关。

综上所述，影响冲刷坑深度的因素众多且复杂。因此，目前工程上还只能依靠一些经验公式来估算冲刷坑的深度。我国普遍采用的估算公式为

$$T = K_s q^{0.5} z^{0.25} - h_t \quad (4\text{-}48)$$

式中　T——冲刷坑深度，单位为 m；

　　　z——上下游水位差，单位为 m；

　　　h_t——冲刷坑下游水深，单位为 m；

　　　K_s——抗冲刷系数，与河床的地质条件有关。我国有关水利工程的研究和规范提出：对于坚硬完整的基岩，$K_s = 0.9 \sim 1.2$；对于坚硬但完整性较差的基岩，$K_s = 1.2 \sim 1.5$；对于软弱破碎、裂隙发育的基岩，$K_s = 1.5 \sim 2.0$。

冲刷坑是否会危及泄水建筑物的基础，一般用冲刷坑后坡 i 来判断。冲刷坑后坡 i 是指冲刷坑最深点和挑坎末端与河床交点的连线的坡度，$i = T/L$。当 $i < i_c$ 时，就认为冲刷坑不会危及泄水建筑物安全。i_c 为许可的最大冲刷坑后坡，$i_c = 1/2.5 \sim 1/5$。

(三) 连续式挑坎尺寸的拟定

1. 挑坎形式

常用的挑坎有连续式挑坎和差动式挑坎两种（见图 4-42）。连续式挑坎施工方便，比相同条件下的差动式挑坎射程远。差动式挑坎将挑坎制作成齿状，使通过挑坎的水流分成上下两层，在垂直方向上有较大的扩散，从而减轻对河床的冲刷，但水流流速高时易产生空蚀。目前采用较多的是连续式挑坎。

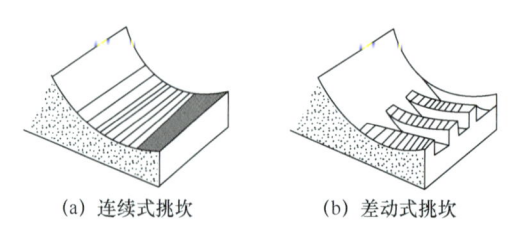

(a) 连续式挑坎　　　(b) 差动式挑坎

图 4-42　挑坎形式

2. 连续式挑坎的尺寸

（1）挑坎高程。挑坎高程越低，出口过水断面的流速越大，射程越远。同时，挑坎高程低时，工程量也小，可以降低造价。但是，当下游水位较高，超过挑坎达一定程度时，水流挑不出去，达不到消能的目的。所以，工程设计中常使挑坎最低高程等于或略低于下游最高水位。这时，由于挑流水舌将水流推向下游，因此，紧靠挑坎下游的水位仍低于挑坎高程。

（2）反弧半径。水流在挑坎反弧段内运动时产生的离心力，将使反弧段内的压强加大。反弧半径越小，离心力越大，挑坎内水流的压能增大，动能减小，射程也减小。因此，为保证有较好的挑流条件，反弧半径 r_0 至少应大于 $4h$（h 为校核洪水位时反弧段最低处的水深），一般取 $r_0 = (6\sim10)h$。

（3）挑射角 θ。根据质点抛射运动可知，当挑坎高程与下游水位同高时，挑射角 θ 越大，空中挑距 L_0 越大，但同时入水角 β 也增大，水下挑距 L_1 减小，所以 $L=L_0+L_1$ 变化不大。并且，入水角 β 的增大将导致冲刷坑深度 T 增加。当 $Q_{实}<Q_{起挑}$ 时，由于动能不足，水流挑不出去，将在反弧段内形成漩涡。所以，挑射角 θ 不宜过大，一般为 $15°\sim35°$。

4.3.4 拓展案例

【案例 4-8】某水闸单宽流量 $q=12.5\text{m}^3/(\text{s}\cdot\text{m})$，上游水位为 28m，下游水位为 24.5m，渠底高程为 21m，闸底高程为 22m，$\varphi=0.95$，如图 4-43 所示。求水闸下游收缩断面水深 h_c，并判断水闸下游水流的衔接形式。

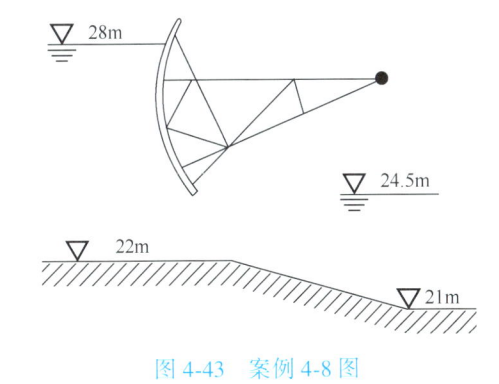

图 4-43 案例 4-8 图

【分析与计算】

（1）计算 E_0。

下游堰高 P_2 为

$$P_2 = 22 - 21 = 1\text{m}$$

求闸前总水头 H_0：

$$H = 28 - 22 = 6\text{m}$$

$$v_0 = \frac{q}{H} = \frac{12.5}{6} \approx 2.08 \text{m/s}$$

$$H_0 = H + \frac{v_0^2}{2g} = 6 + \frac{2.08^2}{2 \times 9.8} \approx 6.22 \text{m}$$

堰前总水头为

$$E_0 = P_2 + H_0 = 1 + 6.22 = 7.22 \text{m}$$

（2）采用逐次渐近法求 h_c。

由式（4-32）可得

$$h_c = \frac{\dfrac{q}{\varphi\sqrt{2g}}}{\sqrt{E_0 - h_c}} = \frac{\dfrac{12.5}{0.95 \times \sqrt{2 \times 9.8}}}{\sqrt{E_0 - h_c}} \approx \frac{2.972}{\sqrt{E_0 - h_c}}$$

令上式等号右侧的 $h_c = 0$，则

$$h_{c1} = \frac{2.972}{\sqrt{7.22 - 0}} \approx 1.106 \text{m}$$

$$h_{c2} = \frac{2.972}{\sqrt{7.22 - 1.106}} \approx 1.202 \text{m}$$

$$h_{c3} = \frac{2.972}{\sqrt{7.22 - 1.202}} \approx 1.211 \text{m}$$

$$h_{c4} = \frac{2.972}{\sqrt{7.22 - 1.211}} \approx 1.212 \text{m}$$

由于 h_{c3} 与 h_{c4} 很接近，因此取 $h_c = 1.212$m。

将 $h_c = 1.212$m 代入水跃方程得

$$h_c'' = \frac{h_c}{2}\left(\sqrt{1 + \frac{8q^2}{gh_c^3}} - 1\right) = \frac{1.212}{2} \times \left(\sqrt{1 + \frac{8 \times 12.5^2}{9.8 \times 1.212^3}} - 1\right) \approx 4.56 \text{m}$$

$$h_t = 24.5 - 21 = 3.5 \text{m}$$

由于 $h_t < h_c''$，因此水闸下游发生远离式水跃，需设置消能工。

【案例 4-9】某水闸单宽流量 $q = 12.5 \text{m}^3/(\text{s} \cdot \text{m})$，上游水位为 28m，下游水位为 24.5m，渠底高程为 21m，闸底高程为 22m，拟在水闸下游建一挖深式消力池，求挖深式消力池的尺寸（挖深式消力池出口的流速系数 $\varphi' = 0.95$）。

【分析与计算】

（1）确定池深 S。

① 估计池深 S：

$$S = \sigma h_c'' - h_t = 1.05 \times 4.56 - 3.5 = 1.288 \text{m}$$

② 计算建池后的 h_c''。

$$E_0' = E_0 + S = 7.22 + 1.288 = 8.508 \text{m}$$

将 E'_0、q、φ' 代入 $h_c = \dfrac{\dfrac{q}{\varphi'\sqrt{2g}}}{\sqrt{E'_0 - h_c}}$，经计算求得 $h_c = 1.091\text{m}$。

$$h''_c = \dfrac{h_c}{2}\left(\sqrt{1 + \dfrac{8q^2}{gh_c^3}} - 1\right) = \dfrac{1.091}{2} \times \left(\sqrt{1 + \dfrac{8 \times 12.5^2}{9.8 \times 1.091^3}} - 1\right) \approx 4.89\text{m}$$

③ 计算 Δz。

$$\Delta z = \dfrac{q^2}{2g}\left[\dfrac{1}{(\varphi' h_t)^2} - \dfrac{1}{(\sigma h''_c)^2}\right]$$

$$= \dfrac{12.5^2}{2 \times 9.8} \times \left[\dfrac{1}{(0.95 \times 3.5)^2} - \dfrac{1}{(1.05 \times 4.89)^2}\right] \approx 0.419\text{m}$$

④ 计算 σ。

$$\sigma = \dfrac{S + h_t + \Delta z}{h''_c} = \dfrac{1.288 + 3.5 + 0.419}{4.89} \approx 1.065$$

因为 σ 在 1.05～1.1 范围内，所以池深满足要求，为方便施工，取池深 $S = 1.3\text{m}$。

(2) 确定池长。

$$L_k = (0.7 \sim 0.8)L_j$$

$$L_j = 6.9(h''_c - h_c) = 6.9 \times (4.89 - 1.091) \approx 26.21\text{m}$$

$$L_k = (0.7 \sim 0.8)L_j = 0.7 \times 26.21 \sim 0.8 \times 26.21 \approx 18.35 \sim 20.97\text{m}$$

取池长 $L_k = 20\text{m}$。

【案例 4-10】某 WES 型溢流坝如图 4-44 所示，坝高 50m，连续式挑坎高 8.5m，挑射角 $\theta = 30°$。下游河床为坚硬但完整性较差的基岩。溢流坝的设计水头为 6m，设计发生洪水时的下游水深为 6.5m，试估算冲刷坑深度、挑距，并检验冲刷坑是否危及溢流坝安全。

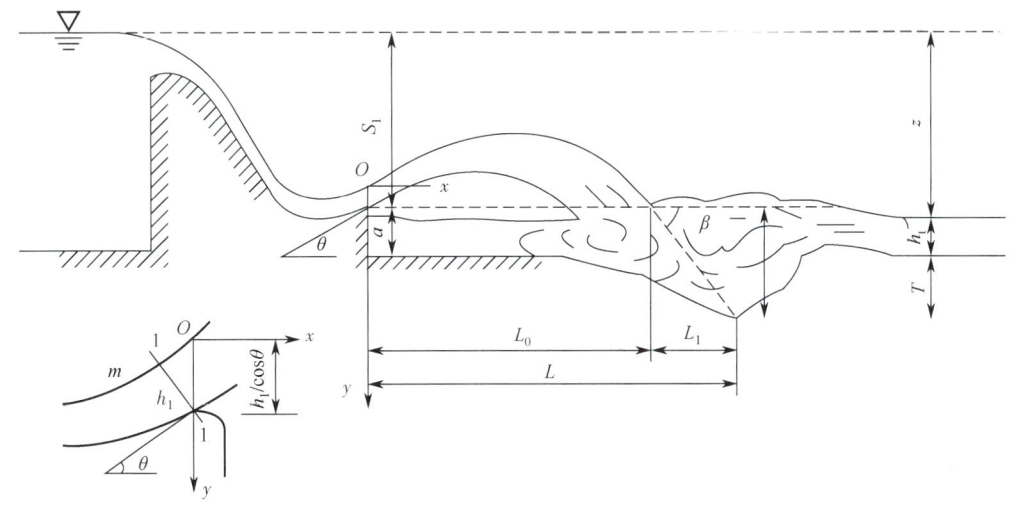

图 4-44 案例 4-10 图

【分析与计算】

（1）计算冲刷坑深度。

$z = 50 + 6 - 6.5 = 49.5\text{m}$，$S_1 = 50 + 6 - 8.5 = 47.5\text{m}$，$a = 8.5\text{m}$，$\sin^2\theta = 0.25$，$\sin 2\theta = 0.866$，$\cos^2\theta = 0.75$，$\tan^2\theta = 0.333$。

对于 WES 型溢流坝，可取流量系数 $m_d = 0.502$。

因 $h_t < P$，$h_s < 0$，且 $P/H = 50/6 = 8.33 > 2$，故溢流坝为自由出流。

单宽流量为

$$q = m_d \sqrt{2g} H_0^{3/2} = 0.502 \times \sqrt{2 \times 9.8} \times 6^{3/2} = 32.7\text{m}^3/(\text{s}\cdot\text{m})$$

下游河床为坚硬但完整性较差的基岩，取 $K_s = 1.3$。

冲刷坑深度为

$$T = K_s q^{0.5} z^{0.25} - h_t = 1.3 \times 32.7^{0.5} \times 49.5^{0.25} - 6.5 \approx 13.2\text{m}$$

（2）计算挑距。

流能比为

$$K = \frac{q}{\sqrt{g} S_1^{1.5}} = \frac{32.7}{\sqrt{9.8} \times 47.5^{1.5}} \approx 0.032$$

坝面流速系数为

$$\varphi = \sqrt[3]{1 - \frac{0.055}{K^{0.5}}} = \sqrt[3]{1 - \frac{0.055}{0.032^{0.5}}} \approx 0.885$$

挑距为

$$L = L_0 + L_1 = \varphi^2 S_1 \sin 2\theta \left(1 + \sqrt{1 + \frac{a - h_t}{\varphi^2 S_1 \sin^2\theta}}\right) + \frac{T + h_t}{\sqrt{\tan^2\theta + \frac{a - h_t}{\varphi^2 S_1 \cos^2\theta}}}$$

$$= 0.885^2 \times 47.5 \times 0.866 \times \left(1 + \sqrt{1 + \frac{8.5 - 6.5}{0.885^2 \times 47.5 \times 0.25}}\right)$$

$$+ \frac{13.2 + 6.5}{\sqrt{0.333 + \frac{8.5 - 6.5}{0.885^2 \times 47.5 \times 0.75}}} = 98.70\text{m}$$

（3）检验冲刷坑是否危及溢流坝安全。

$$\iota = T/L = 13.2/98.68 \approx 0.13 < \iota_c = 1/2.5 \sim 1/5$$

故认为冲刷坑不会危及溢流坝安全。

技能训练

一、选择题

1. 关于泄水建筑物下游的水流特征，下列说法错误的是（　　）。

A. 单宽流量大　　　B. 动能很大　　　C. 位能很大　　　D. 能量较为集中

2. 关于泄水建筑物上游的水流特征，下列说法正确的是（　　）。

A. 单宽流量大　　　B. 动能很大　　　C. 位能很大　　　D. 流速很大

3. 向家坝水电站是金沙江上四大水电站中的最后一级，其下游采用底流式衔接与消能形式，下列说法不正确的是（　　）。

A. 底流式衔接与消能需要修建消力池

B. 泄水建筑物下游均采用底流式衔接与消能形式

C. 底流式衔接与消能的高流速主流在底部，故为底流式衔接与消能

D. 底流式衔接与消能借助一定工程措施控制水跃位置，通过形成一定形式的水跃消除能量

4. 下面哪个不是挑流式衔接与消能水力计算的主要内容？（　　）

A. 冲刷坑深度　　　B. 空中挑距　　　C. 收缩断面水深　　　D. 水下挑距

二、简答题

1. 自闸、坝下泄的水流对泄水建筑物有什么影响？

2. 工程中常见的水流衔接与消能的措施有哪几种？其消能原理是什么？

3. 底流式消能要求泄水建筑物下游的水流衔接形式是什么？若不满足消能要求，可采取什么工程措施？

4. 底流式消能工有哪些类型？作用是什么？

三、计算题

1. 在河道上修建一无侧收缩的曲线型实用堰，堰高 $P_1=P_2=10\text{m}$，当泄流单宽流量为 $q=8\text{ m}^3/(\text{s}\cdot\text{m})$ 时，堰的流量系数 $m=0.45$，流速系数 $\varphi=0.95$。当下游水深 h_t 分别为 5m、4.61m、3.5m 时，试判别下游水流的衔接形式。

2. 某矩形单孔引水闸，闸门宽度等于河底宽度，闸前水深 $H=8\text{m}$，闸门开度 $e=2.5\text{m}$ 时，泄流单宽流量 $q=12\text{m}^3/(\text{s}\cdot\text{m})$，下游水深 $h_t=3.5\text{m}$，闸下出流的流速系数 $\varphi=0.97$。试判别下游水流的衔接形式。若需要消能工，请计算消力池的池深和池长。

参考文献

[1] 李炜. 水力计算手册 [M]. 2版. 北京：中国水利水电出版社，2006.
[2] 罗全胜，王勤香. 水力分析与计算 [M]. 郑州：黄河水利出版社，2011.
[3] 高学平. 水力学 [M]. 北京：中国水利水电出版社，2019.
[4] 杨小林，刘起霞. 水力学 [M]. 北京：中国水利水电出版社，2018.
[5] 高海鹰. 水力学 [M]. 南京：东南大学出版社，2011.
[6] 孙东坡，丁新求. 水力学 [M]. 2版. 郑州：黄河水利出版社，2016.
[7] 黄儒钦. 水力学教程 [M]. 4版. 成都：西南交通大学出版社，2013.
[8] 吴玮，张维佳. 水力学 [M]. 北京：中国建筑工业出版，2020.
[9] 吴持恭. 水力学 [M]. 5版. 北京：高等教育出版社，2016.
[10] 王勤香，田静，王宇. 水力分析与计算 [M]. 北京：中国水利水电出版社，2022.
[11] 刘润生，何建京，王忖，等. 水力学 [M]. 南京：河海大学出版社，2007.
[12] 陈一华，高玉清. 水力学 [M]. 武汉：华中科技大学出版社，2013.
[13] 赵振兴，何建京. 水力学 [M]. 2版. 北京：清华大学出版社，2010.
[14] 邓小玲. 水力学 [M]. 北京：科学出版社，2005.
[15] 梅锦山，侯传河，司富安. 水工设计手册：第2卷 规划、水文、地质 [M]. 2版. 北京：中国水利水电出版社，2014.
[16] 清华大学水力学教研组. 水力学 [M]. 北京：人民教育出版社，1980.
[17] 《水利技术标准汇编》编委会. 水利技术标准汇编：灌溉排水卷·节水灌溉 [G]. 北京：中国水利水电出版社，2002.
[18] 刘纯义，张耀先. 水力学 [M]. 北京：中国水利水电出版社，2001.
[19] 王宇，王勤香. 水力分析与计算习题集 [M]. 郑州：黄河水利出版社，2017.
[20] 陈明杰，潘孝兵. 水力分析与计算 [M]. 北京：中国水利水电出版社，2010.
[21] 肖明葵. 水力学 [M]. 3版. 重庆：重庆大学出版社，2012.
[22] 者建伦，张春娟，余金凤. 工程水力学 [M]. 郑州：黄河水利出版社，2009.
[23] 张伟丽. 水力分析与计算 [M]. 郑州：黄河水利出版社，2014.